抗氧化剂与抗氧化机制

Antioxidants and Antioxidant Mechanism

翁新楚　著

科 学 出 版 社

北　京

内 容 简 介

本书是基于食品抗氧化和食用抗氧化剂来完成的。但是为了从理论上研究和讨论更方便，完整性更强，全书中出现了不少非食用化合物，甚至是高毒性的化合物。

油脂及脂肪食品氧化和抗氧化是一对矛盾，要深入系统地研究抗氧化剂和抗氧化机制，对氧化的机制也必须有全面深入的掌握。第 1 章即是对脂类的自动氧化进行讨论。第 2~3 章是全书的总纲，对抗氧化剂的定义、分类和抗氧化剂的抗氧化机制，以及抗氧化剂的测定方法、测定原理和各自的适应范围进行了概述。第 4 章介绍了几种常见合成食用抗氧化剂的抗氧化活性，以及参加抗氧化后所生成新的化合物的抗氧化活性。第 5 章从酚类(芳胺类)的化学结构、空间效应以及电子效应对酚类化合物抗氧化活性进行研究讨论。第 6~7 章对醌类和脂肪胺类的抗氧化活性及其抗氧化机制进行了专门的讨论和研究。第 8 章对抗氧化剂在乳浊液中的抗氧化活性规律和在油中有很大的不同进行了专门的研究。有关抗氧化剂在乳浊液中活性研究的参考文献和资料的丰度相对较小，其研究的深度、广度相对是有欠缺的，故此章的内容选择上受到一定的限制。第 9 章从捕捉自由基的能力研究抗氧化剂的方法。第 10 章研究如何设计高效高温抗氧化剂。第 11 章综述了天然抗氧化剂的研究。第 12 章讲述一般抗氧化剂合成的理论和实践。同时为保证本书的完整性，作者也利用第 13~14 章来论述抗氧化剂的营养和保健功能以及安全性和毒副作用。

本书可作为食品、粮油加工、医药、石油化工等专业本科生、研究生和研究技术人员的参考用书。

图书在版编目(CIP)数据

抗氧化剂与抗氧化机制/翁新楚著. —北京：科学出版社，2015. 8

ISBN 978-7-03-044612-1

Ⅰ. ①抗…　Ⅱ. ①翁…　Ⅲ. ①抗氧化剂-研究　Ⅳ. ①TQ047.1

中国版本图书馆 CIP 数据核字(2015)第 124838 号

责任编辑：李　悦　张海洋/责任校对：张怡君

责任印制：吴兆东/责任设计：北京铭轩堂设计公司

科学出版社 出版

北京东黄城根北街 16 号

邮政编码：100717

http://www.sciencep.com

北京厚诚则铭印刷科技有限公司印刷

科学出版社发行　各地新华书店经销

*

2015 年 8 月第　一　版　开本：720×1000 1/16

2025 年 1 月第八次印刷　印张：11 3/4

字数：240 000

定价：75.00 元

(如有印装质量问题，我社负责调换)

前　言

作者从接触抗氧化剂这个概念至今已经有30多个年头了，即使从正式进入这一方向的研究，屈指算来也已27年了。在这一狭小的研究领域里，作者从攻读博士学位开始对抗氧化剂及抗氧化机理的研究就从未间断过。从中得到唯一的感叹是"人生短暂而学海无涯"！到今天，我们对其中的内在规律还远未穷尽。

在自然界中，在工农业生产中，在日常生活中，在我们的体内，氧化与抗氧化时刻发生着，只是有时我们难以觉察。从塑料、橡胶轮胎的老化，人体老年斑的出现，到久存的饼干、方便面散发出的"哈味"，再到食用油脂的酸败都是自动氧化引起的。大部分氧化可归结为自动氧化，而自动氧化的过程中伴随自由基的产生。现代医学证明，许多疾病也与氧化和自由基相关，如癌症、老化、动脉粥样硬化、老年斑、白内障，以及糖尿病等。

人类在千百年的生活、生产实践中，发现利用烟熏和食用辛香料处理食用肉类，不但防止了肉类的腐败，也阻止了肉类中脂肪的氧化酸败，极大地延长了存放期。实际上，金华火腿和腊肉的制作，就是绝好的例子，这些传统的食品制作过程中不自觉地运用到了食用辛香料中黄酮类和其他酚类，以及柴火燃烧过程中产生的酚类化合物的抗氧化活性的事实。

由于自动氧化给我们的生活、生产带来了意想不到的经济损失，如油脂和脂肪食品氧化酸败后不仅产生难以接受的刺鼻气味，而且食用后会对身体产生很大的危害，所以只能销毁这些氧化酸败了的油脂和食品，这给商家和消费者都带来不小的经济损失。工程塑料和橡胶的氧化会使它们的工程强度大幅度降低，带来严重的安全隐患。大型运动机械的润滑油由于高温和过渡金属的催化作用，也很容易发生氧化分解，产生的有机酸会腐蚀机械，并且会使润滑油的润滑作用降低。随着科学的发展，尤其是化学研究的进展，人们有意识地来寻找一些延缓橡胶和塑料老化的添加剂。后来通过硫化和添加一定量的天然化合物，即抗氧化剂，如BHT达到了这个目的。实际上，几种常用的食用合成抗氧化剂也是从橡胶和塑料抗氧化剂，即化工原料衍生转化过来的。

在生育酚（维生素E）被发现后，人们对抗氧化剂在体内的作用有了更多的研究。到目前为止，除了抗氧化以外，还未发现生育酚在人体内有其他更重要的生理作用。小鼠实验证明，具有很强抗氧化活性的二苯胺能起到维生素E的生理作用，在喂养的饲料中无维生素E的情况下，二苯胺能使小鼠顺利地传代；而在喂养的饲料中既无维生素E，又无二苯胺的情况下，则小鼠完全失去了生殖繁衍能力。

本书的主要内容是多年来作者及所带团队和学生对这一领域研究成果的总结。本书酝酿动笔始于 2001 年，此后断断续续。有一段时间我准备放弃，因为太耗时，太繁杂，且当时的杂事也很多，有很多具体事务的干扰。一个偶然的机会，又使本书起死回生：我用过的一台电脑给学生使用，他在重新整理安装时发现了本书稿，问怎么回事。我说这些书稿已经存放在电脑中很久了，觉得太忙，没有精力继续完善了，准备放弃本书稿。他说看了部分书稿，觉得内容很有意思，放弃太可惜，并且自告奋勇帮助整理这些稿件。这才有本书稿的今生今世。现在想来，人生何不如此！成就任何一件有意义的事业都少不了周边的支持、帮助和鼓励，更需要自己的毅力和耐心，半途而废将一事无成。在此，真诚地感谢帮助我的老师、同事和学生！

本书能够出版，首先要感谢河南工业大学的叶彩文老师，没有她的鼓励和支持，是不可能完成本书的。叶老师对全书的初稿进行了三次全面细致入微的校对，同时对全书的结构、章节的排序与分布提出了建设性的建议。对一些专业和学术性的问题，也提出了不少好的意见。还要特别感谢我的恩师，英国 Reading 大学的 Mikael Gordon 教授，是他把我带进了这一十分有趣的研究领域，培养熏陶了我的科学精神，并且本书中也有一些我们合作研究的成果。感谢我的博士研究生侯建平和硕士生亓顺平，他们对本书的完成也做出了很大的贡献，他们帮助查阅了大量的文献资料。同时也要感谢任国谱、段杉、姜竹茂以及硕士研究生张晨晓、李嘉燚、黄滟和蒋志武等对本书内容的贡献。衷心感谢科学出版社的编辑进行的精心编校工作。科学出版社确实是一家令人尊敬的出版机构，对书中的文字表述精益求精，对图表的处理也尽善尽美，其科学精神实至名归。

由于作者水平有限，书中难免有疏漏之处，恳请读者不吝指正。如果本书能够对读者有所裨益，我们将会感到无比欣慰。欢迎读者通过 E-mail 和作者讨论相关的学术问题。

作　者

wxch@staff.shu.edu.cn

2015 年 5 月

目　　录

第1章 脂类的空气氧化及其氧化机制

自然界中，氧化和抗氧化作为物质运动中的一对矛盾体，无时无处不在发生。从塑料橡胶的老化到生命的运动和衰老，再到油脂和脂肪食品的酸败变质都涉及氧化。这些氧化机制和脂类的氧化有相当大的相似性。因此，弄清脂类的空气氧化及其氧化机制，对深入、系统地理解和研究脂类抗氧化剂及其抗氧化机制是十分必要的。

脂类的氧化大致可分为三大类，即脂类的化学试剂氧化、代谢氧化和空气自动氧化。化学试剂氧化往往是根据产品的需要或研究脂类本身结构的需要，按人的主观意志控制进行的化学反应；脂类在生物体内的代谢氧化是在特种酶催化作用下的氧化，是为生物体提供生存能量的重要途径；脂类的空气自动氧化反应则主要发生在油脂工业和食品工业中，这种氧化往往产生一些有害的物质，是人们要设法避免的。但是，有种情况是例外的，即桐油或其他干性油作为油漆使用的增稠和干燥反应(自动氧化聚合反应)。

氧气约占大气体积的21%，它在水中的溶解度为0.212mol/L(25℃)。在非极性液体中，氧的溶解度是在水中的7～8倍。氧在水或有机溶剂中的溶解度是随温度的升高而降低的。在大气中，氧以三线基态($^3\Sigma_gO_2$)(图 1-1)形式存在。在高空的大气层中，存在一个臭氧(O_3)层，吸收了大量太阳紫外线的辐射，保护了地球生物及人类的健康。在光和光敏物质的作用下，基态氧被激发成单线态氧($^1\Delta_gO_2$)和高能单线态氧($^1\Sigma_gO_2$)(图 1-1)。

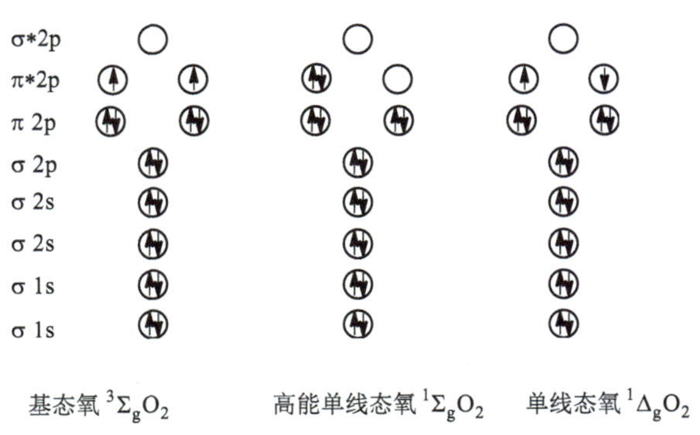

图 1-1 三线基态氧和两种单线态氧的分子轨道

脂类的空气氧化诱因有多种，反应历程也各不相同。脂类的空气氧化可以分为光氧化、酶催化氧化、金属催化氧化和自动氧化等形式，它们和脂类的化学试剂氧化不同，也和脂类的代谢氧化不同，但是它们都有共同的特征，即其初级产物几乎都是过氧化物，特别是氢过氧化物占绝对优势。

1.1　自由基

谈到脂类的自动氧化和抗氧化，就不能绕开自由基，否则就无法对其机制进行深入的讨论，在这里有必要将自由基的理化性质作一介绍。

所谓自由基，就是任何含有一个或多个未配对电子，能独立存在的原子或基团。根据这一定义，人们最熟悉的，并且是生命时时刻刻不可缺少的氧气(基态氧)就是一种自由基，而高能单线态氧是非自由基(图 1-1)。

对于自由基来说，大多数是极不稳定的，反应活性很强。但也有部分自由基是比较稳定的，能够存在数秒或数小时，甚至数年，如铁盐、钴盐、铜盐、镍盐溶液中的金属离子和空气中的氧(基态氧 O_2)，以及三苯基甲烷自由基(图 1-2 中 1)和 Galvinoxyl 自由基(图 1-2 中 2)等，都是很稳定的自由基。一般说来，半衰期小于或等于千分之一秒($t_{1/2} \leqslant 10^{-3}$ s)的自由基为不稳定自由基，半衰期为大于千分之一秒到小于或等于十分之一秒的自由基为亚稳定自由基(10^{-1} s $\geqslant t_{1/2} > 10^{-3}$ s)；半衰期在大于十分之一秒到小于或等于十秒之间的自由基为稳定自由基(10s $\geqslant t_{1/2} > 10^{-1}$ s)；半衰期大于十秒的为超稳定自由基($t_{1/2} >$ 10s)。图 1-2 所示的几种自由基都是比较稳定的自由基。其中，自由基 1、3、6、7、8 能以自由基状态存在数秒或数小时，自由基 2、4、5 存在的时间可以达到数年，这些都可称

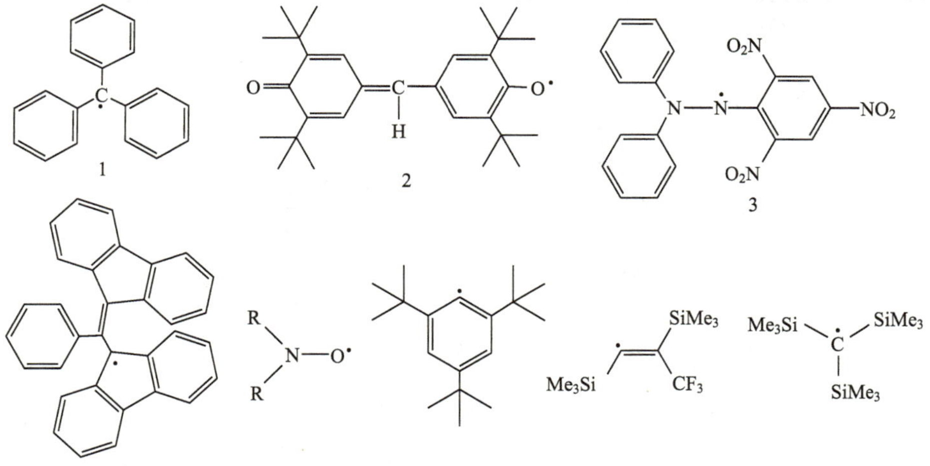

图 1-2　几种典型的自由基结构

为超稳定自由基。在自由基 1、4、6、7 和 8 中，空间效应对其稳定性起着主要作用，其中自由基 1 和 4 中，电子效应也有较大的作用；而自由基 2、3 和 5 的稳定性主要是热力学或电子效应贡献的，在自由基 3 中，空间效应也有较大的贡献。

自由基的稳定性取决于式(1-1)中的反应能ΔH，而ΔH 主要取决于自由基 R$^{\bullet}$的热力学稳定性。共轭效应、超共轭效应、杂化效应及对电子的推拉效应(captodative effect)等，或总称为电子效应，又决定自由基 R$^{\bullet}$的热力学稳定性。但是也有一些自由基的稳定性远高于ΔH 所对应的稳定性，这往往是由动力学稳定性所决定的，它主要由空间效应支配。

$$R—H \xrightarrow{\Delta H} R^{\bullet} + H^{\bullet} \tag{1-1}$$

自由基 R$^{\bullet}$相对于自由基 $CH_3^{\bullet}$的稳定性可用式(1-2)定义出。各种物质 R-H 离解后的自由基 R$^{\bullet}$的稳定化能见表 1-1。

$$Es(R^{\bullet}) = BDE(CH_3—H) - BDE(R—H) \tag{1-2}$$

表 1-1　各物质中的氢原子从分子均裂所需能量，即离解键能(BDE)*，以及它们和甲烷离解键能之差[Es(R$^{\bullet}$)]*

R—H	BDE	Es(R$^{\bullet}$)	R—H	BDE	Es(R$^{\bullet}$)
CH_3—H	105	0	$BrCH_2$—H	103	2
CH_3CH_2—H	101	4	$ClCH_2$—H	103	2
$(CH_3)_2CH$—H	99	6	FCH_2—H	103	2
$(CH_3)_3C$—H	95	10	Cl_3C—H	96	5
$(CH_3)_3CCH_2$—H	100	5	F_3C—H	108	−3
CH_2=$CHCH_2$—H	86	19	cyclopropyl—H	106	−1
$PhCH_2$—H	85	20	cyclobutyl—H	97	8
	73	32	CH_2=CH—H	104	1
$CH_3C(O)CH_2$—H	92	13	Ph—H	111	−6
H—$CH_2CO_2CH_3$	99	6	CH_3O—H	104	1
RC(O) —H	86	19	PhO—H	87	18
H—CH_2NO_2	96	9	$HOCH_2$—H	94	11
H—CH_2CO_2H	97	8	CH_3OCH_2—H	93	12
H—CH_2NH_2	95	10	Ph_3C—H	77	28

* 键能单位为 kcal/mol，1cal=4.1868J。

所有自由基的共同特点是它们都有顺磁性，能被电子旋转共振(electron spin resonance，ESR)光谱仪测出。

1.2 光氧化反应

当脂类含有光敏物质(photosensitiser)，并有光直接照射时，无论是紫外光还是可见光，光氧化(photoxidation)都会产生。

所谓光敏物质就是一类能吸收光能，然后释放能量激发其他化学反应的物质。更准确地说，光敏物质是一类催化剂，能起到传递能量、激活电子和加速反应的作用。当缺少光敏物质时，脂类的光氧化反应就很难进行。

根据其反应机制，光敏物质又可分为两类(Foote，1976; Swern, 1979)：第一类光敏物质(又称为底物光敏剂，简称为 Sens 1)能直接把反应底物活化成自由基，如核黄素；第二类光敏物质(又称为氧光敏剂，简称为 Sens 2)首先将基态氧激发成单线态氧，如叶绿素。光氧化机制如式(1-3)所示，光将光敏物质激发成单线态。尽管三线态的光敏物质更稳定些，且在反应中起着主要作用，但是单线态光敏物质是吸收光后的初级产物(Foote，1976)[式(1-3)]。

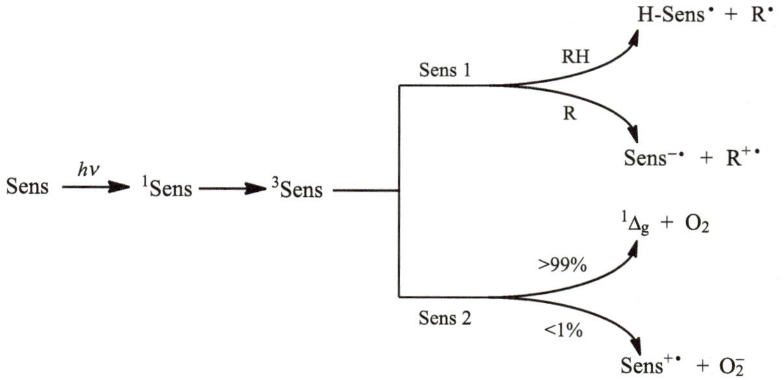

(1-3)

由于第一类光敏物质和底物作用产生了自由基，故能启动自由基的链锁反应，所以其氧化产物和自动氧化产物相似。但第二类光敏物质使超过99%的基态氧被激发成单线态氧，只有少于1%的氧生成带负电荷的自由基(Foote，1976)。由于两种单线态氧的电子分布违反了洪德规则，故其能量远高于基态氧(分别高出95kJ/mol 和153kJ/mol)，非常活泼。所以第二类光敏物质诱发的反应主要是先将三线基态氧激发成高能单线态氧，然后高能单线态氧再和底物协同氧化反应[式(1-4)]，其氢过氧化产物不同于自动氧化反应的产物。

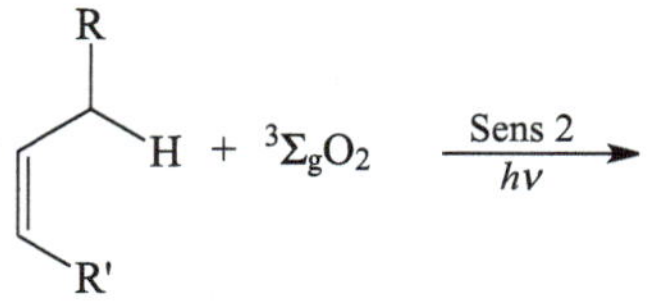

(1-4)

Allen(1983)报道，高能单线态氧和油酸甲酯的反应要比基态氧和油酸甲酯的反应快 1500 倍。Gunstone 和 Norris(1983)的研究表明，油酸、亚油酸和亚麻酸的光氧化速度比是 1∶1.3∶2.3。与此相对照，它们的自动氧化速度之比是 1∶27∶77。显而易见，和自动氧化相比，脂类的不饱和度对光氧化速度的影响要小得多。自动氧化和光氧化的产物也不同。现以油酸甲酯的光氧化产物为例，在控制条件下，它们由 51% 9-OOHΔ^{10} 和 49% 10-OOHΔ^{8} 组成，而没有 8-OOH 和 11-OOH 的亚油酸存在(Neff and Frankel，1980)。而在自动氧化中，有 4 种异构体：25% 8-OOH、25% 9- OOHΔ^{10}、22% 10- OOHΔ^{8} 及 28% 11-OOH(Neff and Frankel，1980)。

有人认为，油脂的自动氧化反应可能部分地由光氧化所诱发，因为即使在油脂得到了较好的精炼后，仍有一些起光敏作用的色素(如叶绿素)残留其中。带有 11 个共轭双键以上的类胡萝卜素[carotenoid，式(1-5)中简写为 Carot]能有效地将三线态光敏物质和高能单线态氧猝灭，其能量以热能的形式释放出来。故一般说来，类胡萝卜素，尤其是β-胡萝卜素是很有效的光氧化阻止剂(Min and Smouse，1988)。

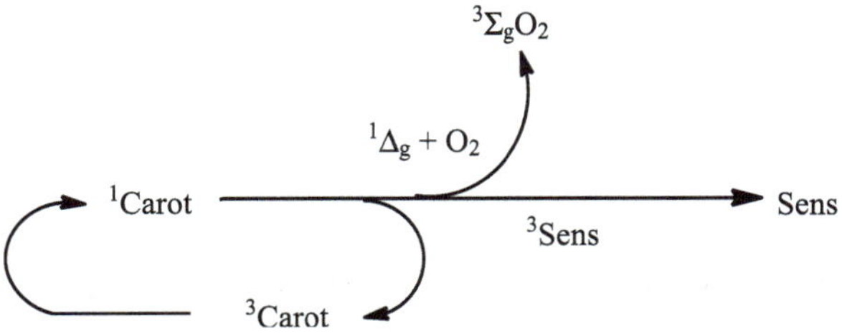

(1-5)

1.3　酶催化氧化反应

脂氧酶(lipoxygenase)催化的过氧化反应主要发生在生物体内及未加工的植物种子和果子中，这些酶能有选择地催化多不饱和脂肪酸的氧化反应。

脂氧酶首先在黄豆粉中被发现。后来，这些酶又从黄豆中以结晶形式被分离出来。

研究表明，有几种不同催化特性的脂氧酶，其中一种脂氧酶能催化三酰甘油的氧化，而另一种只能催化脂肪酸的氧化。黄豆中至少存在 4 种脂氧酶。此外还有不少植物中含有脂氧酶，如花菜蕾、亚麻籽、小麦胚芽、玉米胚芽、茄子、燕麦、番茄、土豆及青椒等。

脂氧酶的活性中心含有一个铁原子，必需脂肪酸是它们主要的氧化底物(Eskin et al.，1977)。如式(1-6)所示，来自大豆中的脂氧酶-1 把亚油酸氧化成了 13-*S*-OOH-顺-9-反-11-十八碳共轭二烯酸(翁新楚，1993)。而其他从玉米、番茄、土豆中制取的脂氧酶则将亚油酸氧化成 9-R-OOH-反-10-顺-12-十八碳共轭二烯酸。与此相对照，自动氧化和光氧化则将亚油酸氧化生成更为复杂的手性异构体的混合物。而在动物体内，一组脂氧酶能够将花生四烯酸通过过氧化物的途径转化成一系列的前列腺素(Gunstone and Norris，1983)。

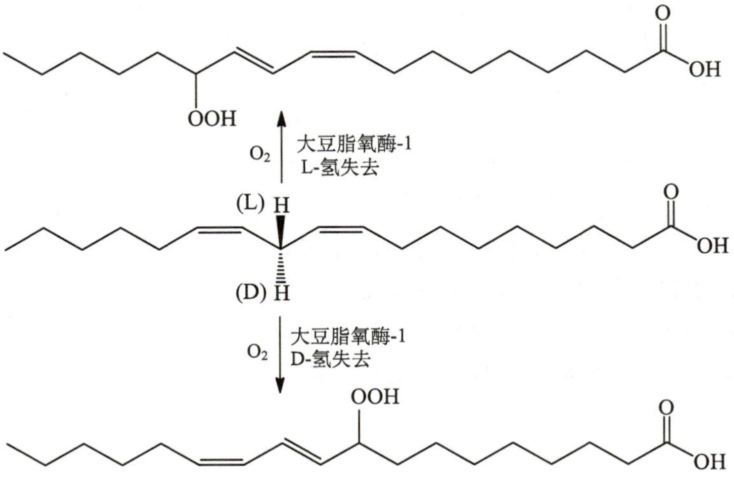

(1-6)

1.4　金属催化氧化

金属催化氧化(Weng and Gordon，1992)的本质也是自由基反应，之所以把它单独列出来研究，是因为这一类反应的重要性和复杂性。金属催化氧化反应本身有独特之处。

众所周知，金属或其离子无处不在，尽管有时极为微量，但是常见的几种金属及其离子具有很强的催化活性。尤其是在油脂的制取、运输、储存、精炼和氢化过程中，往往被金属设备和催化剂所污染，使得金属催化氧化成为诱发油脂变质的最主要的途径之一。在脂类的氧化过程中，金属通过价态的变化起着传递电子的作用，脂类的自动氧化由此而诱发、催化。

作者和 Gordon 发现，2ppm[①]的三价铁离子能大大地加速油脂的氧化速度，使得醌类和酚类的抗氧化能力极大地受到抑制(Weng and Gordon，1992；Gordon and Weng，1992)。三价铁离子是非常强的自由基诱发剂，能极大地诱发自由基的链

① 1ppm=1×10^{-6}。

锁反应(Chan，1987)。另外，三价铁离子也可直接将酚类抗氧化剂氧化，使其失去抗氧化活性。铁的氧化催化机制可通过铁原子的价电子层结构来加以解释(图1-3)。

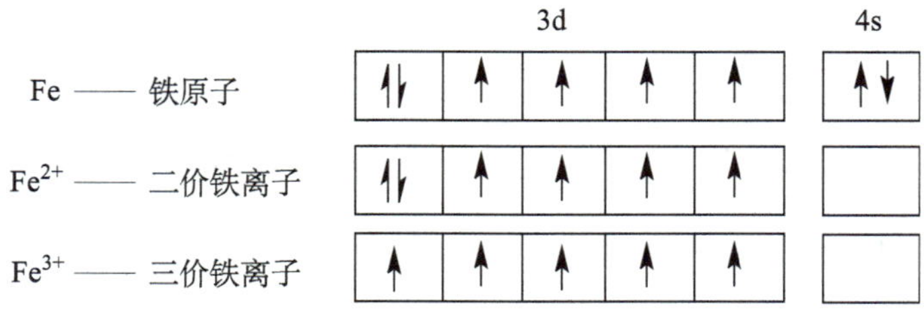

图 1-3　铁原子及其离子的价电子在轨道上的分布情况

在 3d 轨道上，铁原子及其离子都有未配对电子，故根据自由基的定义，铁及其离子都是自由基。三价铁离子可通过式(1-7)的途径来诱发自由基反应。

$$R{:}H + {}^{\bullet}Fe^{3+} \longrightarrow R\cdots H\cdots Fe^{3+\bullet} \xrightarrow{-R^{\bullet}} [H{:}Fe]^{3+} \longrightarrow H^{+} + Fe^{2+} \qquad (1\text{-}7)$$

从另外一个角度来说，三价铁离子是强的路易斯酸，而 $R^{\delta+}$：$H^{\delta-}$可看作较弱的路易斯碱。三价铁离子可能通过式(1-8)的方式来启动自由基反应。

$$R{:}H + {}^{\bullet}Fe^{3+} \longrightarrow Fe^{3+}\cdots \overset{\delta-}{R}\cdots \overset{\delta+}{H} \xrightarrow{-H^{+}} [Fe{:}R]^{2+} \longrightarrow Fe^{2+} + R^{\bullet} \qquad (1\text{-}8)$$

又因铁原子价态的变化，可起到传递电子的作用，故具有双自由基特性的基态氧也能和自由基的 Fe^{2+}反应，如式(1-9)所示。

$${}^{\bullet}Fe^{2+} + O_2^{\bullet} \longrightarrow [Fe{:}O_2^{\bullet}]^{2+} \xrightarrow{-Fe^{3+}} O_2^{\bullet-} \xrightarrow{+H^{+}} HOO^{\bullet} \qquad (1\text{-}9)$$

省略过渡状态，整个过程可以用式(1-10)来表示这个循环。

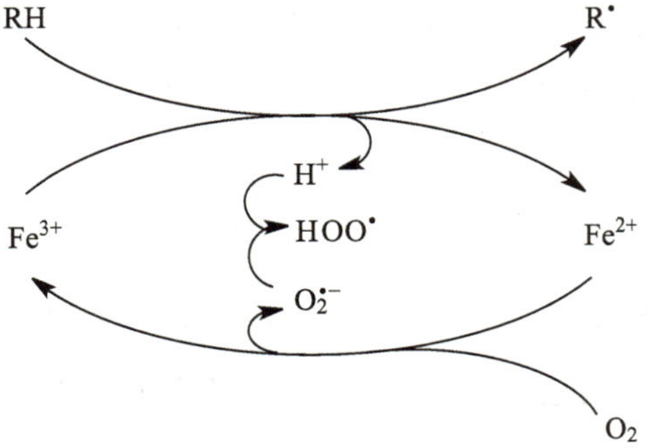

(1-10)

或更为简洁地表达成式(1-11)。

$$RH + O_2 \xrightarrow{Fe^{3+}} R^{\cdot} + HOO^{\cdot} \tag{1-11}$$

当变价金属离子的浓度超过一定限度时，这些变价金属离子能从其他自由基上夺得电子[式(1-13)]或将电子给予自由基[式(1-12)](Chan，1987a)，从而使自由基非自由化。

$$ROO^{\cdot} + M^{n+} \longrightarrow ROO^{-}\cdots M^{n+1} \longrightarrow ROO^{-} + M^{n+1} \tag{1-12}$$

$$R—CH_2—\dot{C}H—R' + M^{n+1} \longrightarrow R—CH{=}CH—R' + M^{n+} + H^{+} \tag{1-13}$$

三价铁离子也可直接和脂类双键反应，生成脂类自由基正离子，而三价铁离子被还原成二价铁离子。二价铁离子又和氧反应生成三价铁离子和负离子自由基氧。然后，相邻的负离子自由基氧和碳结合生成环状过氧化物。至此，一个循环完成，见式(1-14)。

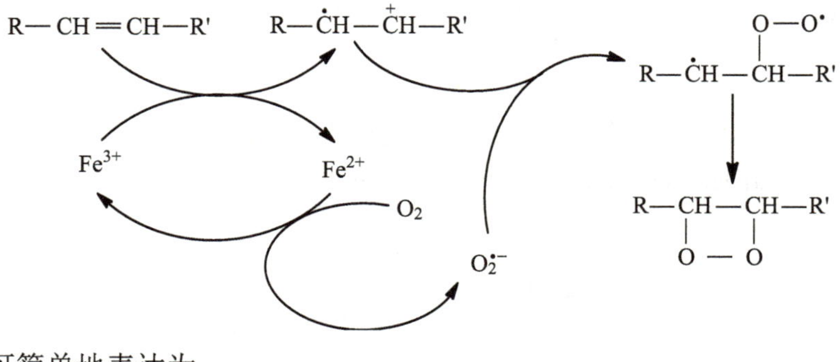

(1-14)

或可简单地表达为

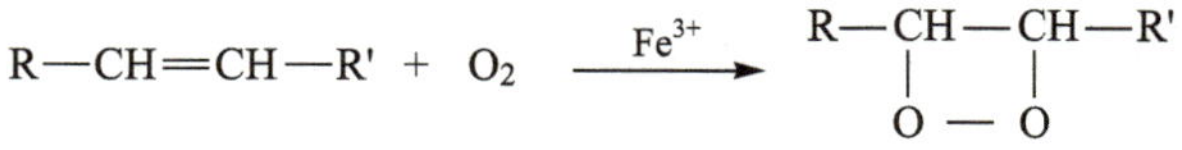

(1-15)

当然，式(1-14)中所生成的脂自由基正离子可能更多地直接参与链锁反应(见自动氧化反应机制)。

在氢过氧化物存在时，因为过氧化键(O—O)的键能(142kJ/mol)很低，比亚油酸 11-位上的 C—H 键的键能(299kJ/mol)低得多，所以，铁离子能非常有效地

催化氢过氧化物分解成脂氧自由基和脂过氧自由基。其循环表达式为

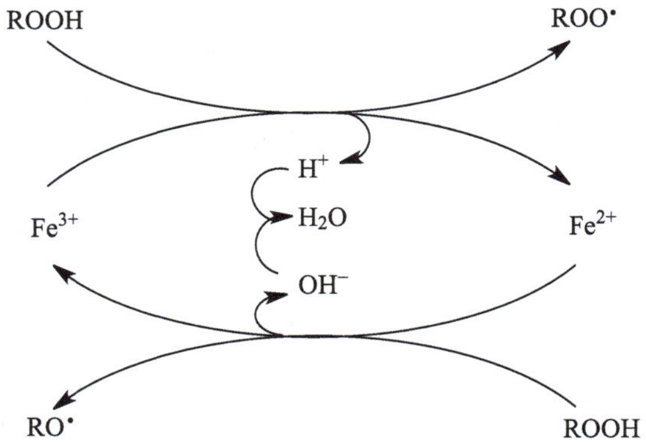

(1-16)

或简洁地表示为

$$2ROOH \xrightarrow{Fe^{3+}} RO^{\cdot} + ROO^{\cdot} + H_2O \qquad (1\text{-}17)$$

由于所生成的各种自由基非常活泼，脂类的自动氧化多由此而诱发。

并非所有的金属都有催化脂类氧化的能力，有催化氧化能力的主要是一些变价金属，如铜、铁、钴、镍、钒、锰和钛等。当然，最重要的金属非铁莫属，因为它的用途最广，如储存和运输使用的容器，油脂加工机械大多都是铁质的，且其催化氧化能力很强。其次为铜、钴、镍，因为它们经常被用作催化剂，在一些加工、储存和运输的设施中，作为合金材料的组成成分而存在。这些金属在油脂的制取、运输、储存和加工过程中，也可微量地溶于油脂中。但是，碱金属、碱土金属及其他金属，其催化氧化的能力很小或没有，因为它们没有传递电子的能力。各种金属催化氧化的能力由其本身的特性所决定，但也与其所处环境与条件，如浓度、温度、水分、杂质(包括抗氧化剂的种类)等，以及金属离子的价态有关(Chan，1987)。在常温下，铜的氧化催化能力最强。但是在高浓度下(如 2～10ppm)，铁的氧化催化性比铜强；在高温下(如深炸 180～200℃)，铜的催化作用比室温下要低得多。在 200℃下，经 25h 煎炸后的葵花籽油，重金属对其变质的效应为：Fe > Mn > Cu > Co > Ni (Min and Smouse，1988)。

如油中加入柠檬酸，则柠檬酸对三价铁离子的螯合能力要远远大于对二价铜离子的螯合能力，更大于对一价铜离子的螯合能力。但当螯合剂含有多个巯基(—SH)和氨基(—NH_2)基团时，则情况就相反了。同一种络合剂对同一金属的不同价态的络合能力也不一样。柠檬酸对三价铁离子的络合稳定性常数是二价铁离子的 1000 万倍！

1.5　自动氧化机制（彭风鼎，1992）

自动氧化是化合物和空气中的氧，在室温、未经任何直接光照、未添加任何催化剂等条件下的氧化反应。整个反应过程是完全自发的。随着反应的进行，其中间状态及初级产物即自由基和过氧化物，又能加速其反应速率，故有时又称为自动催化氧化。

在室温下，自动氧化是一个极其缓慢的过程，人们难以在短期内觉察到。并且其初始产物为过氧化物，无色无味，人的感官也测不出来。

脂类的自动氧化反应和氧化稳定性具有极其普遍的意义。特别是在油脂工业及食品工业（脂肪食品）中，如何减缓油脂的自动氧化即有效地增加油脂的氧化稳定性成为一大难题。特别是近年来随着人民生活水平的提高，国内市场中高级精炼油的消费比例越来越大，一些厂家生产的高级精炼油往往只有2～4个月的货架寿命期，这经常给油厂带来一些损失。这种油脂的变质，绝大多数是自动氧化造成的。故研究油脂的自动氧化和氧化稳定性，不仅有重要的理论意义，而且非常有经济价值。

尽管脂类的自动氧化极为复杂，但由于它具有极高的理论价值和经济价值，故许多学者对自动氧化进行了认真、仔细、极其深入的研究。目前从理论上，对自动氧化机制基本上弄清楚了，即它是一个自由基链锁反应。

有几个事实佐证了这个结论。

(1) 不饱和脂肪酸的自动氧化产物是氢过氧化物。

(2) 自由基的清除剂能阻止或减缓脂类自动氧化反应；相反，自由基的诱发剂能加速自动氧化反应。

(3) 90%以上的亚油酸自动氧化产物共轭化了，且其中一个双键变成了反式双键。

(4) 最有说服力的是，电子旋转共振光谱（ESR）能直接测出自动氧化过程中自由基的存在。

自动氧化酸败通常可以分为4个步骤。

(1) 诱导期。在这个阶段，开始形成自由基，一般情况下，脂类（RH）直接生成自由基 $R^{\bullet}$ 和 $H^{\bullet}$ 是不可能发生的[式(1-1)]，它的活化能太高，如以亚油酸为例的活化能估算为299kJ/mol以上（Chan，1987）。RH和基态氧生成 $R^{\bullet}$ 和 $HOO^{\bullet}$ 的可能性也不大，其活化能为146kJ/mol（Chan，1987）。所以，是一些诱发剂（如过渡金属、脂氧酶及光敏物质催化氧化所形成的自由基和过氧化物）诱发了自动氧化反应。但是经蒸馏所得的脂肪酸甲酯在无光敏物、微生物或脂氧酶的存在下，即使在低温无光的条件下，自动氧化仍然发生。这也让人难以理解。但可以想象，任何玻璃器皿(或其他器皿)，要绝对无任何变价金属的污染是不可能的，即使是非常微量，以至于很灵敏的仪器也难以检测出，这样的痕量金属也能启动自动氧化反应，所以可以得出这样一个结论：绝对意义上的真正自动氧化反应是不存在的，换言之，所谓的脂类自动氧化反应并不真正的“自动”。

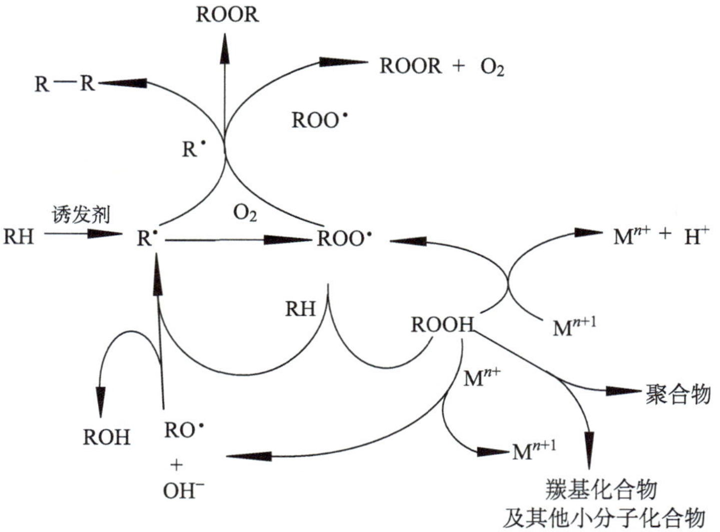

(1-18)

式(1-18)较清晰地表明了脂类自动氧化的机制、过程和产物。在有变价金属存在时 RH 和 O_2 反应生成 R·和 ROO·，活化能为−60kJ/mol(Chan，1987)。

根据 Arrhenius 方程，反应速率常数、温度与反应活化能的关系为

$$k = Ae^{-E/RT} \tag{1-19}$$

当温度为室温(25℃)时，有过渡金属存在下的速率常数 k_2(E_2=−60kJ/mol)和无过渡金属存在的速率常数 k_1(E=146kJ/mol)之比为

$$\frac{k_2}{k_1} = \frac{Ae^{-E_2/RT}}{Ae^{-E_1/RT}} \tag{1-20}$$

在 25℃时，$k_2/k_1=4.1\times10^{36}$。

故有变价金属存在下的自由基诱发反应速率是无变价金属参与下的反应速率的 4.1×10^{36} 倍。实际上，多数油脂的自动氧化反应是在金属催化作用下诱发的。

(2)传播期。在这个过程中，已生成的自由基夺取别的脂类分子中活泼亚甲基上的氢原子，形成氢过氧化物和新的自由基，依次往复循环。

(3)终止期。当自由基不断聚集到一定浓度，则相互碰撞的频率大大增加，两个自由基能有效碰撞生成一个稳定的双聚物。

(4)二次产物的形成。在这个步骤中，分解和进一步聚合反应同时进行，形成低分子产物如醛、酮、酸、醇和高分子化合物。整个氧化酸败的反应过程描述在式(1-18)中。在此过程中，脂类各个化学组分的变化如图 1-4 所示(翁新楚，1993b)。

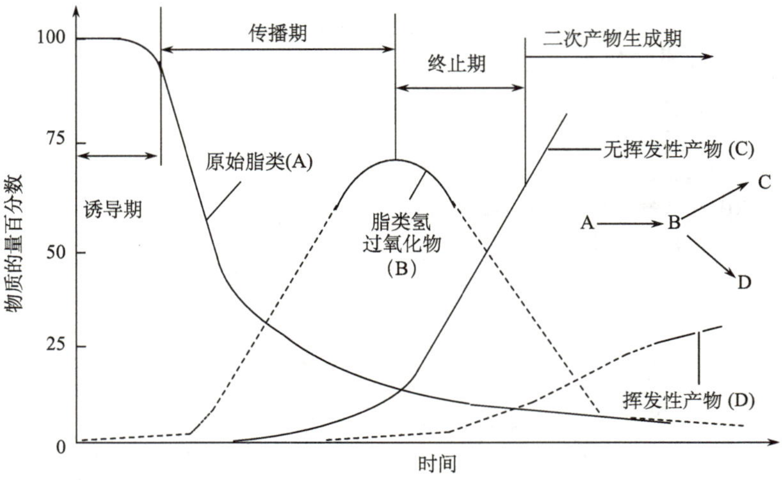

图 1-4　脂类氧化酸败过程中的 4 个时期各类化合物含量的变化

将氧化酸败从理论上划分为 4 个阶段是为了更清晰地解释说明问题。但实际上这 4 个阶段并无绝对界线，它们有相互包含的关系，只不过在某一阶段，以哪类反应为主，在其量上哪类反应占优势。如在诱导期间，有的初级产物就分解成二级产物，而在二次产物生成期，也有新的自由基产生，只是各个阶段的主要反应产物在量上占绝对优势而已。式(1-18)和图 1-4 能很好地说明这个问题。

在实际工作中，最有意义的是油脂氧化过程中诱导期的确定。油脂的诱导期是油脂质量最为重要的指标之一，即衡量油脂氧化稳定性。由于油脂的氧化速度在常温下很慢，在实验室，一般用加温来提高氧化反应速率，使整个测试周期大大缩短。

诱导期可由油脂吸收氧的速度随时间的变化或通过测定过氧化值或由 Rancimat 和 OSI 仪来确定。

在诱导期，氧化进行得很慢。在这期间所产生的自由基被抗氧化剂有效地清除掉。然而，在一段时间过后，由于抗氧化剂被耗掉，自由基传播逐渐加快。当油脂开始有酸败味时，或多或少地标志着诱导期的结束，或传播期(繁殖期)的开始，如图 1-4 所示，此后，氧化速度猛增，通常将氧化速度非常缓慢的这段时间定义为诱导期。

1.6　影响脂类氧化速度的诸因素

有许多因素影响脂类的氧化速度 (Chan,1987)，但最主要的因素是脂类本身的不饱和程度与抗氧化剂、金属及光敏物质等的种类和含量，其次是水分及其储存条件（如温度及光线和储存容器中的含氧量等）。

亚油酸和其他多不饱和脂肪酸的氧化速度比油酸的高得多，因为 11 位上的亚甲基被两边的双键大大地活化了，表 1-1 中 1,4-二氢苯的碳氢键的离解能与甲烷上的碳氢键离解能之差就很好说明这一点。在饱和脂肪酸上亚甲基碳氢键的离解能为400kJ/mol，油酸的离解能约为350kJ/mol，而亚油酸的离解能约为299kJ/mol，可见它们的活泼程度相差很大。如前所述，油酸甲酯、亚油酸甲酯、亚麻酸甲酯的自动氧化速度比为 1∶27∶77，这就是亚麻籽油、大豆油、红花籽油等相对容易被氧化，而棕榈油、椰子油、茶籽油和橄榄油相对稳定得多的内因之一。

抗氧化剂是影响油脂氧化速度最重要的因素，油脂中有无抗氧化剂，其含量的多少是油脂稳定性的决定因素。通常未加任何抗氧化剂的动物脂和全精炼过的植物油的氧化稳定性较新鲜的植物毛油的氧化稳定性要低得多。显然，这是因为毛油中含有较多的天然抗氧化剂。一般情况下，对于酚类抗氧化剂来说，最佳浓度为 0.02%。如太低，则油脂得不到充分的稳定作用，这时随着抗氧化剂量的增加，油脂的稳定性急剧增强；但当超过一定的浓度时，油脂的稳定性增加很缓慢。有些抗氧化剂的浓度太高时，油脂的稳定性反而下降。但对于某些醌类抗氧化剂来说，当其浓度很高时，油脂的氧化稳定性还有上升的趋势。例如，在猪油中加入 0.46%的丹参已烷萃取物时，其氧化稳定性就有明显的随浓度的增加而增加的趋势（Weng，1991）。在油酸甲酯中加入 0.3%的丹参新醌和 0.3%的 9,10-菲醌，也有很强的抗氧化效应。而一般的酚类抗氧化剂在如此高的浓度下的抗氧化效果反而有所降低。

不同抗氧化剂的混合使用会增强它们的抗氧化效果。例如，2-叔丁基-4-甲氧基苯酚（BHA）和 2,6-二叔丁基-对甲基苯酚（BHT）等量混用，其效果比单独使用要增加一倍。

高温时（80℃以上），脑磷脂的存在能使酚类和醌类抗氧化剂的抗氧化性大大增加（Weng and Gordon，1993）。

过渡金属的存在，使得抗氧化剂对油脂的抗氧化性大大降低。如 2ppm Fe^{3+}，使得酚类和醌类抗氧化剂的抗氧化活性几乎完全丧失。但 0.01%的柠檬酸可有效地螯合、钝化大多数变价金属（Weng，1991；Weng and Gordon，1992；Gordon and Weng，1992）。

水分的影响虽不及抗氧化剂及变价金属那么大，但确实对油脂的稳定性有一定的影响。一般说来，少量的水分(0.2%)被认为有益于油脂的稳定性，水能水化金属离子，降低其催化活性，研究表明，0.2%的水能防止亚油酸的氢过氧化物分解而产生自由基。但大量的水分能促进油脂的水解而加速氧化(Chan，1987)。

温度的影响是比较显著的，温度每提高10℃，油脂的氧化速度加快一倍。

光的影响也是不小的，特别是在有光敏物存在的情况下油脂的氧化速度会大大增加。

最后还要强调一点的是，储存油脂的容器的材质对油脂的稳定性也是实际中要考虑的因素之一。

1.7 结论

从以上研究和探讨中可得出以下结论。

(1)油脂氧化是一个很重要的理论和实际问题，对油脂、食品工业具有重要的意义。橡胶产品、石油产品、醛类、油脂产品及含油脂食品等的老化或变质，都或多或少地起因于自动氧化。只有在弄清氧化机制以后，才能更得心应手地采取各种抗氧化措施，保证各种产品的质量。

(2)虽然自动氧化很复杂，但其机制基本上已弄清楚，它是自由基的链锁反应。

(3)启动自由基链锁反应的诱发剂可能是脂氧酶、光敏物质，但大多数情况下是过渡金属离子。影响氧化速度及氧化稳定性的因素有抗氧化剂(种类和浓度)、金属(种类和含量)、脂类本身的不饱和度、温度、光线及水分等。在全精炼油和动物油中应加入0.02%的抗氧化剂(最好是混合的，如0.01%BHA和0.01%BHT)及0.01%柠檬酸，能起到很好的抗氧化作用，大大地增加其抗氧化效率。油脂应尽量在低温、避光的条件下保存。

(4)光氧化只有在光敏物质存在的情况下才能发生，其速度是自动氧化的千倍以上。故油脂中的光敏物质在精炼过程中应尽量除尽。

(5)脂氧酶催化氧化只发生在生物体内及未加工的油料中。一般可加温使酶失活。

(6)尽管自动氧化理论已趋于完善，但至少在两个方面还有不少工作可做：①自动氧化理论，即油脂的自动氧化到底是由何诱发的及如何诱发的；②金属对油脂的自动氧化催化机制有待进一步研究。

参考文献

彭风鼎. 1992. 氧在油脂自动氧化中的作用机理. 郑州粮食学院学报, (3): 52-57.

翁新楚. 1993a. 抗氧化剂及其抗氧化机制. 郑州粮食学院学报, (03): 20-29.

翁新楚. 1993b. 脂类的空气氧化.中国粮油学报, 8(3): 22-28.

Allen J C. 1983. Rancidity in Foods. London: Applied Science Publishers Ltd:1-20.

Chan H. 1987. Autoxidation of Unsaturated Lipids. London: Academic Press:1-16, 51-93, 141-206.

Eskin N A, Grosssman S, Pinsky A. 1977. Biochemistry of lipoxygenase in relation to food quality. CRC Critical Reviews in Food Science & Nutrition, 9(1): 1-40.

Foote C S. 1976. Free Radicals in Biology. New York: Academic Press: 85-133.

Gordon M H, Weng X C. 1992. Antioxidant properties of extracts from tanshen (*Salvia miltiorrhiza* Bunge). Food Chemistry, 44(2): 119-122.

Gunstone F D, Norris F A. 1983. Lipid in Foods, Chemistry, Biochemistry and Technology. Oxford: Pergamon Press: 58-69.

Min D B, Smouse T H. 1983. Flavor Chemistry of Lipid Foods. USA. Illinois: The American Oil Chemists, Society:113-155.

Min D B, Smouse T H. 1988. Flavor Chemistry of Lipid Foods. USA. Illinois: The American Oil Chemists, Society: 57-97.

Neff W, Frankel E. 1980. Quantitative analyses of hydroxystearate isomers from hydroperoxides by high pressure liquid chromatography of autoxidized and photosensitized-oxidized fatty esters. Lipids, 15(8): 587-590.

Swern D. 1979. Bailey’s Industrial Oil and Fat Products. New York: Wiley Interscience Publications: 99-175.

Weng X C. 1991. Antioxidant components of tanshen (*Salvia miltiorrhiza* Bunge). Reading: University of Reading PhD Thesis.

Weng X C, Gordon M H. 1992. Antioxidant activity of quinones extracted from tanshen (*Salvia miltiorrhiza* Bunge). Journal of Agricultural and Food Chemistry, 40(8): 1331-1336.

Weng X C, Gordon M H. 1993. Antioxidant synergy between phosphatidyl ethanolamine and α-tocopherylquinone. Food Chemistry, 48(2): 165-168.

第 2 章　脂类抗氧化剂及抗氧化机制

食品变质的主要原因之一是其中所含油脂的氧化酸败。在大多数情况下，油脂的自动氧化是油脂酸败的最主要的原因。变质的油脂不宜食用，否则将会产生许多不良后果。研究表明，氧化酸败后的油脂，无论是其过氧化物还是二次产物，对人体都是很有害的。例如，酸败的鱼肝油可使心肌受损害，油脂过氧化物能引起动脉粥样硬化和心脏病症状 (Allen and Hamilton, 1983)。食用过氧化值高的油脂对心血管有很大的破坏作用 (Sevanian, 1988)。多不饱和脂肪酸自动氧化会产生丙二醛，丙二醛能引起低密度脂蛋白横向交联，导致胆固醇在血管壁上聚集，自由基也能破坏人体中的 DNA 而引起癌症。

人体中如果缺少抗氧化物质，如维生素 C 和维生素 E，则不饱和脂肪酸会在体内自动氧化 (Dhanakoti and Draper, 1987)。所以营养学家建议，每摄入一定量高不饱和脂肪酸，要同时摄入一定量的抗氧化剂(如摄入 100g 亚油酸要同时摄入 10mg 以上的维生素 E)(Sanders et al., 1989)，否则可能诱发癌症。

众所周知，很多植物油是区域性或季节性的。所以有的油(如棕榈油和橄榄油)要从一个地区或国家运到另一个地区或国家，有的油脂则要保证供应全年(如豆油或花生油)。经过深度精炼过的油脂，其原本所含的部分天然抗氧化剂在精炼过程中损失掉了，又加之从油脂的制取、精炼、运输、储存、出售到使用消费有相当长的一段时间，如果油脂不加抗氧化剂，就容易酸败。酸败的油脂由于有毒、气味难闻而不能被人们接受，失去了经济价值。

控制油脂氧化可以通过这样一些方法：①加入抗氧化剂；②将油脂与空气隔离，并将油中的氧气全部排除；③在低温下(如–20℃)保存油脂。因为氧气无处不在，很难做到在完全缺氧的情况下保存油脂，即使能办到，也是非常昂贵，难以推广应用。当然深度冷冻下的油脂的保存不难实现。该方法能大大降低其自动氧化速度，但也不经济，而且在应用中有诸多不便。而加入抗氧化剂是一个行之有效且经济方便的方法。油脂中加入抗氧化剂不仅能防止油脂被氧化，也能保护油脂中的维生素 A、维生素 E、维生素 D、维生素 K 及必需脂肪酸等高营养成分免遭破坏。

抗氧化剂不但被广泛地应用到油脂和食品工业中，也被广泛地应用到医药、化妆品和橡胶化工工业中。

2.1 抗氧化剂的定义和分类

2.1.1 抗氧化剂的定义

抗氧化剂是一类对油脂自动氧化有阻止或能很大程度地增加脂类的氧化稳定性的物质，将少量或微量的抗氧化剂(0.005%～0.05%)加入油脂中，可大大地延长油脂的保存时间。

作为食用油脂或食品的抗氧化剂，通常应满足以下条件。

(1)对人体无毒性。

(2)抗氧化效率足够高，加入微量的抗氧化剂就能极大地阻止自动氧化。

(3)不太昂贵。

(4)在油脂中有合适的溶解度。

(5)无味、无色。

(6)煎炸、焙烤食品的油脂抗氧化剂，在高温下(170～220℃)不易挥发，有良好的热稳定性。

2.1.2 抗氧化剂的分类

目前，抗氧化剂的分类暂时还没有一个统一的方法。但是，以下 3 种分类方法是较为合理的（翁新楚, 1993；Akoh and Min, 2002）。

1. 根据抗氧化剂的来源分类

根据其来源，可分为天然抗氧化剂和合成抗氧化剂。前者存在于自然界(动植物或微生物)中，后者不存在于自然界中，只能由化学方法合成。

2. 根据抗氧化机制分类

根据抗氧化机制，则可分为以下几类。

(1)主抗氧化剂，它们能中断或阻止自由基的链锁反应。其作用机制是捕捉活泼自由基，故又称为自由基的捕捉剂。主抗氧化剂可再分为两类：一是酚类，它们向活泼的自由基提供氢原子，而本身形成相对稳定的自由基；二是胡萝卜素类和醌类，它们能直接和活泼的自由基结合，生成一种新的、更为稳定的自由基。

(2)次抗氧化剂，又称助抗氧化剂或抗氧化增效剂，这一类抗氧化剂必须在有金属或主抗氧化剂的存在下，才具有抗氧化活性。

这种抗氧化剂可通过以下几种方式发挥作用：①还原油中的过氧化物，从而阻止它们产生自由基来诱发自动氧化反应，维生素 C、氨基酸、硫醇属于此类；②能螯合金属离子而阻止金属催化脂类的氧化，如乙二胺四乙酸(EDTA)和柠檬酸；③能再生主抗氧化剂，如维生素 C 和脑磷脂。

3. 根据抗氧化剂的结构分类

根据其结构，抗氧化剂又可分为酚类、醌类、芳胺类、多不饱和碳氢类、有机酸类、硫醇类、非芳胺类及多极性基团类。

2.2 抗氧化机制

尽管抗氧化剂有相同的作用，能防止油脂的氧化酸败，但其作用机制各不相同，对不同对象或底物的作用也有所不同。例如，在油脂中含有铜、铁时，尽管同时有足够量的高效的主抗氧化剂(如生育酚)，但油脂依然容易被氧化 (Weng, 1991)。如果加入一定量(如 0.01%)的柠檬酸，则油脂会变得非常稳定 (Weng, 1991)。故搞清抗氧化剂的抗氧化机制是很必要的。

2.2.1 主抗氧化剂——提供氢原子型

该类抗氧化剂能提供氢原子给活泼的自由基，自身形成较为稳定的自由基，从而终止自动氧化中的链锁反应。此类抗氧化剂可以分为下列几类。

(1)功能氢在羟基上。

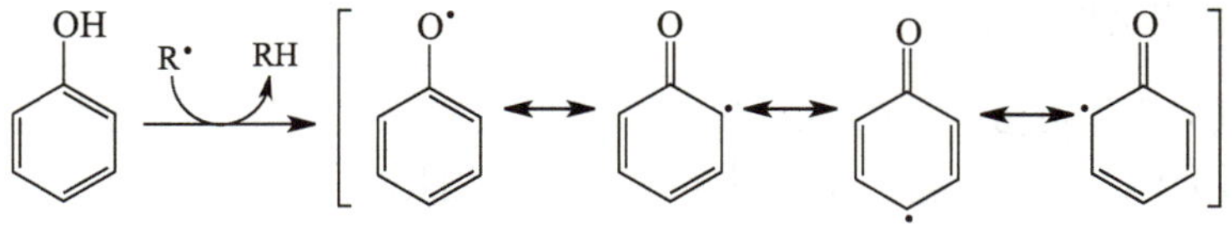

(2-1)

从本质上来讲，羟基和碳碳双键共轭(烯醇式)的抗氧化剂，如维生素 C 和橘霉素(citrinin)(图 2-1)(Aoyama et al., 1982)，都属于此类。

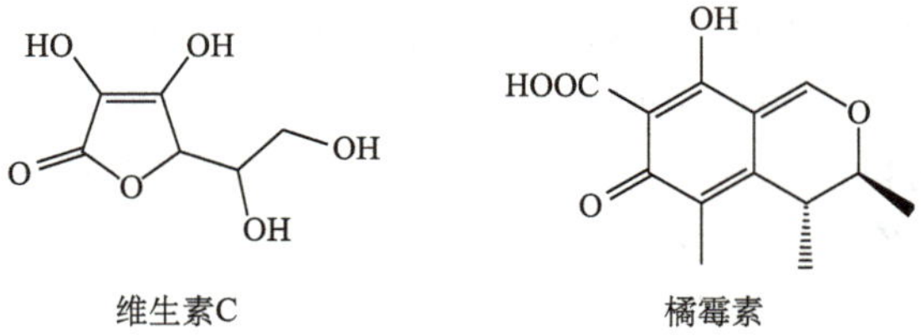

图 2-1　维生素 C 和橘霉素的化学结构

(2) 功能氢在氨基上，如反应式(2-2)所示。

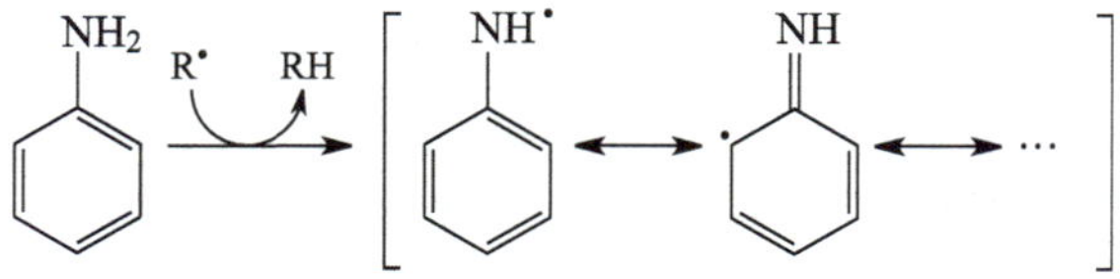

(2-2)

(3) 功能氢在碳上，如反应式(2-3)所示。

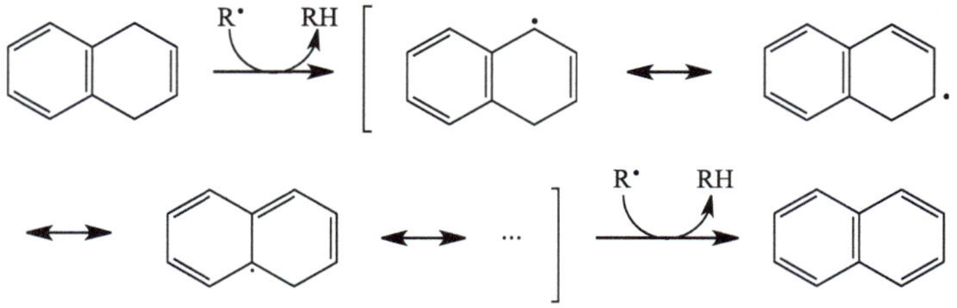

(2-3)

在这几类抗氧化剂中，尤以酚型抗氧化剂在食品中用得最多，因为酚型抗氧化剂的抗氧化性强，而且无毒的化合物较多，选择面很广。

这类提供氢原子的抗氧化剂的自由基通过共振而被稳定化。特别有趣的是，功能氢在碳上的一些抗氧化剂在失去氢原子以后，整个分子体系芳香化，使其分子的内能大大地降低[式(2-3)]。

2.2.2　提供氢原子型抗氧化剂强弱的决定因素

决定提供氢原子型抗氧化剂强弱的主要因素有以下几个。

(1) 共振体系。生成的自由基能产生的共振极限式越多，其稳定性越好(热力学控制)，抗氧化效应也越强；换言之，共轭体系越大，自由基越分散，自由基就会越稳定，则抗氧化能力越强。例如，二苯胺的抗氧化活性大于苯胺的抗氧化活性，前者生成的自由基分散在两个苯环结构中(见图 2-2)，能生成 7 个自由基的共振极限式，而后者只能生成 4 个共振极限式。

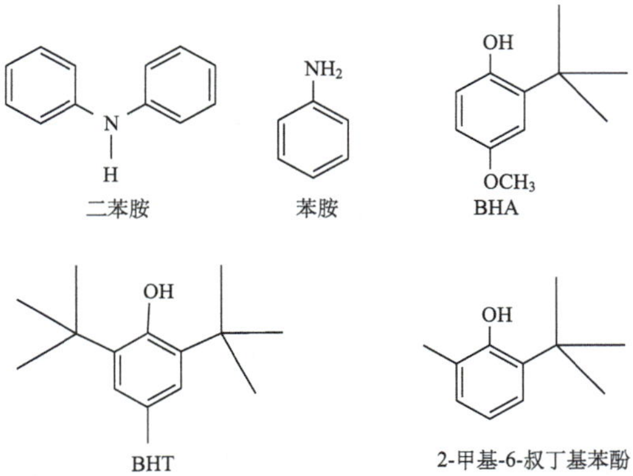

图 2-2　比较供氢原子型抗氧化剂强弱的几个化合物的化学结构

(2) 空间因素。在功能性氢羟基的邻位有空间阻碍大的基团，使得其自由基难以结合氢原子，故稳定了其自由基(动力学控制)。最好的例子是，在一些情况下，BHT 的抗氧化活性大于 BHA 的抗氧化活性(图 2-2)。

(3) 电子因素。在功能氢羟基的邻位或对位有强的供电基时，其抗氧化性将增加，尤以有孤对电子并能形成 p-π共轭者，如 BHA 的抗氧化活性大于 2-甲基-6-叔丁基苯酚的抗氧化活性。

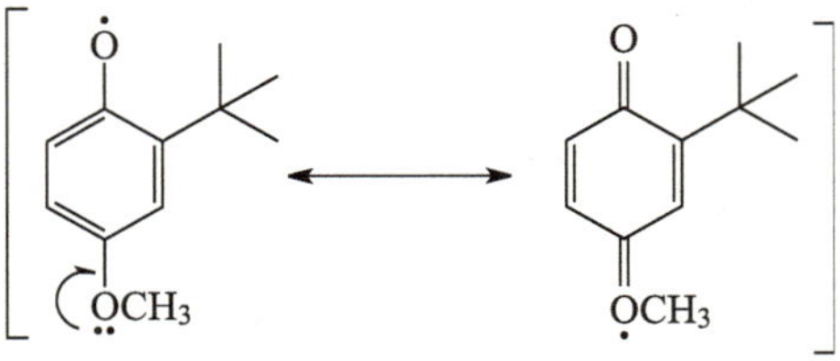

(2-4)

从生成自由基的共振极限式个数和共轭体系的大小来看[式(2-4)]，也能给出完全一致的解释。

(4) 抗氧化剂的自由基之间能相互结合，形成新的抗氧化剂。最好的例子是α-生育酚和β-生育酚的抗氧化性能 (Hudson, 1990)。

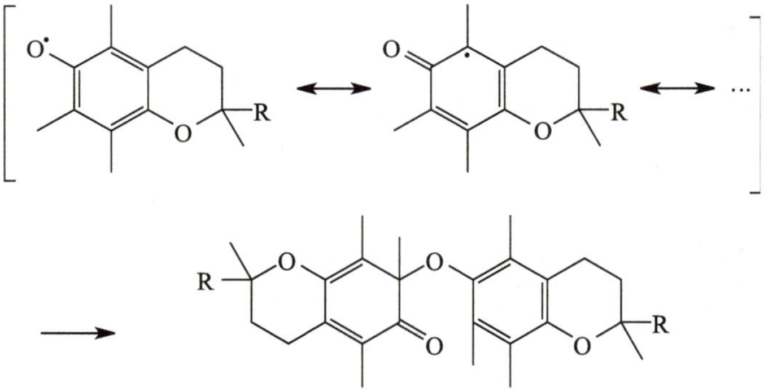

(2-5)

在α-生育酚的芳香环上无α-氢原子。在它的自由基结合后，无法重排产生具有抗氧化性的酚类[式(2-5)]。而 β-生育酚的芳环上有一个α-氢，当两个自由基从α-氢的位置结合后，很容易重排成具有强抗氧化性的酚[式(2-6)]，这也是α-生育酚的抗氧化性能小于β-生育酚的抗氧化性的原因。

(5) 参加抗氧化反应后抗氧化剂自身能形成另一种强抗氧化剂。据报道，迷迭香酚(rosmanol)在猪油中的抗氧化效应是 BHA 和 BHT 的 4 倍(图 2-3)，而结构相近的迷迭香二酚(rosmaridiphenol)的抗氧化性却只和 BHA 的抗氧化性能相近(Inatani et al., 1983)。

乍看起来，很不可理解，但仔细观察其结构后发现迷迭香酚在酚环上的邻六元环上有一个酯基组成的五元环，并有一个好离去基——羟基，而迷迭香二酚则无此结构。

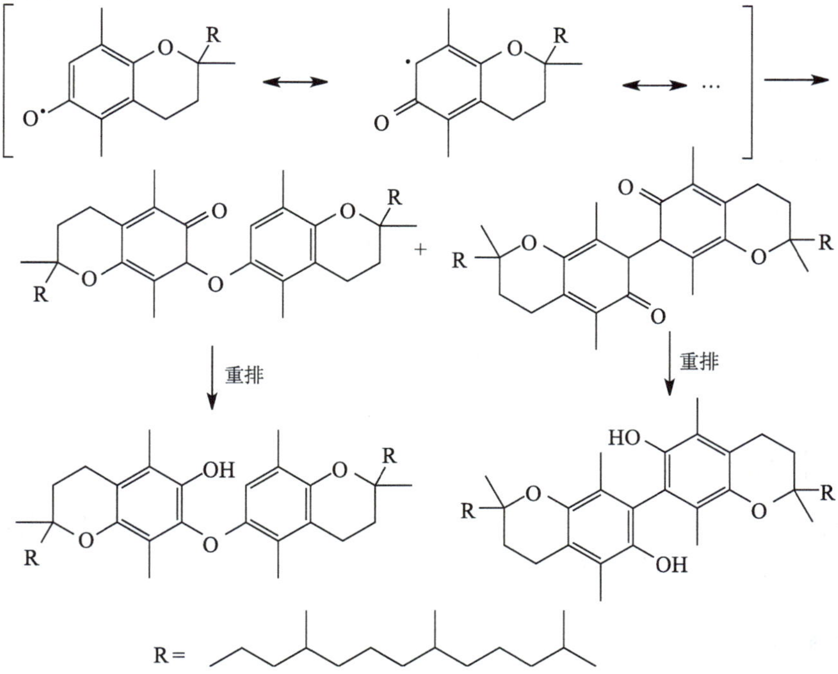

(2-6)

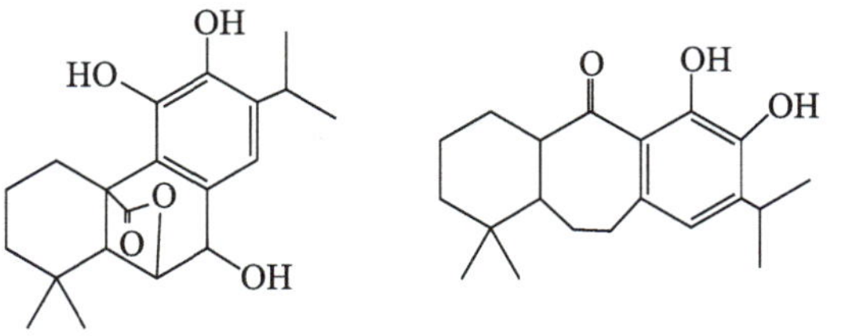

迷迭香酚　　　　迷迭香二酚

图 2-3　迷迭香酚和迷迭香二酚的化学结构式

当迷迭香酚参加抗氧化反应失去两个氢后，再失去二氧化碳和水，或顺序相反，则生成一个醌，这种醌与从迷迭香和丹参中分离出来的醌结构相同，称为迷迭香醌(rosmariquinone)，被证明是较强的抗氧化剂[见反应式(2-7)]，和 BHA 的抗氧化活性相近。这个假说能比较合理地说明为什么迷迭香酚有如此之强的抗氧化性。

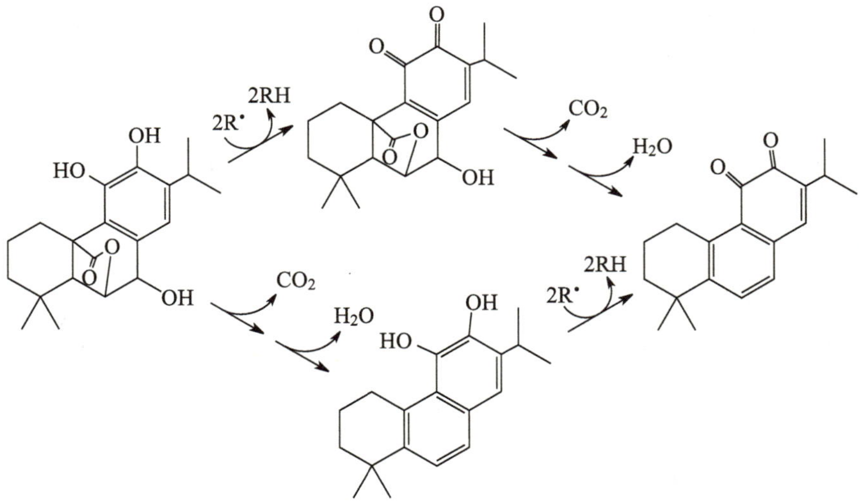

(2-7)

2.2.3 主抗氧化剂直接和活泼自由基结合

此类抗氧化剂通过和活泼的自由基结合，形成一个新的较为稳定的自由基，从而终止自动氧化的链锁反应。这类抗氧化剂又可分为两类：胡萝卜素类和醌类。

1. 胡萝卜素类

β-胡萝卜素在人体内部条件下有较强的抗氧化作用。据称，这是它具有抗癌作用的主要原因之一 (Burton and Ingold, 1984)[式(2-8)]。但在外部自然条件下，它却有助氧化作用 (Swern, 1979)。

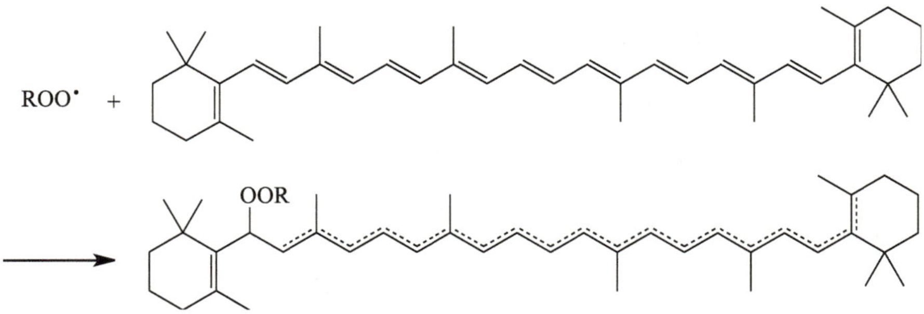

(2-8)

2. 醌类

对醌类的抗氧化机制研究较少，但有人提出过类似于式(2-9)反应的假说 (Roberts and Caserio, 1965)。但对该假说的证明直到 1992 年才完成 (Gordon and Weng, 1992)。Hall 等(1998)还提出了另一个醌类的抗氧化机制。

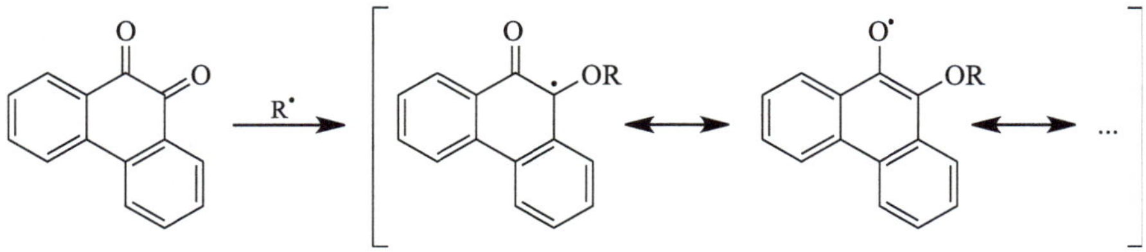

(2-9)

影响醌类抗氧化性能强弱的因素也有两个，即形成自由基后共振体系和自由基邻位的空间阻碍作用。本书对醌类抗氧化剂有专门一章介绍(见第 6 章)。

2.2.4　主抗氧化剂间的协同效应

许多实验研究表明，加两种或两种以上的抗氧化剂比加同量单一的抗氧化剂效率要高。例如，添加 0.01% BHT+0.01% BHA 在猪油中，其活性氧化法(active oxygen method, AOM)值为 102h；而在同样的条件下，分别加入 0.02% BHT 和 0.02% BHA 只有 64h 和 54h。其协同效应的机制较为复杂，目前尚不十分清楚 (Lundberg, 1962)。Lundberg (1962)认为，这是 BHA 和 BHT 的空间互补效应引起的。

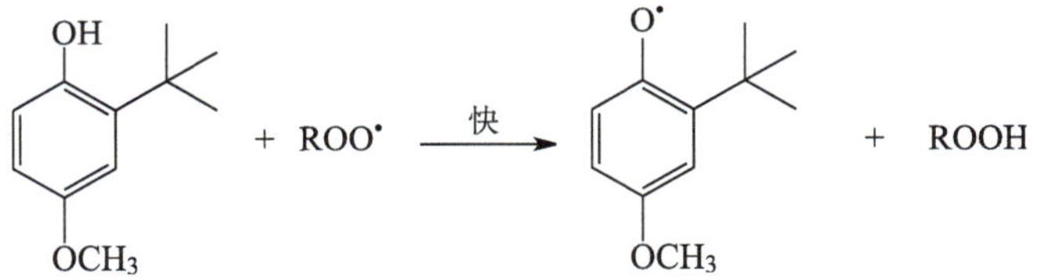

(2-10)

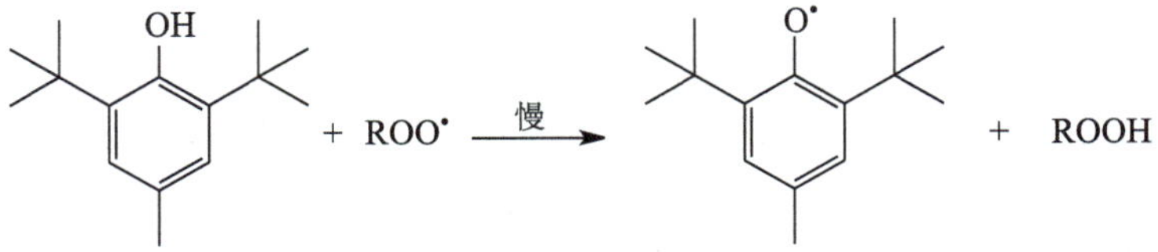

(2-11)

在 BHT 上，功能羟基的两个邻位上，都有庞大的叔丁基，从而妨碍功能氢和活泼自由基的靠近，所以式(2-11)反应速率较慢。但是一旦 BHT 上的功能氢被供出后，BHT 的自由基就会非常稳定。另外，BHA 比 BHT 能更快地与自由基反应，但所形成的 BHA 自由基不如 BHT 的稳定性好。BHA 的自由基能被 BHT 还原成 BHA。所以，在 BHT 和 BHA 复合抗氧化剂的抗氧化过程中，自由基多以较稳定的 BHT 自由基形式存在，而完整的 BHA 则更多地和活泼自由基反应来中断链锁反应[式(2-10)，式(2-12)]。

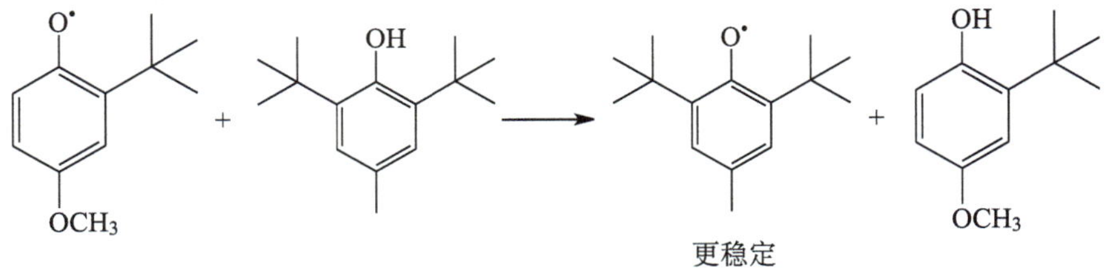

(2-12)

另一种假说是，BHA 的自由基和 BHT 的自由基更易形成更强的抗氧化剂(Hudson, 1990) [式(2-13)，式(2-14)]。

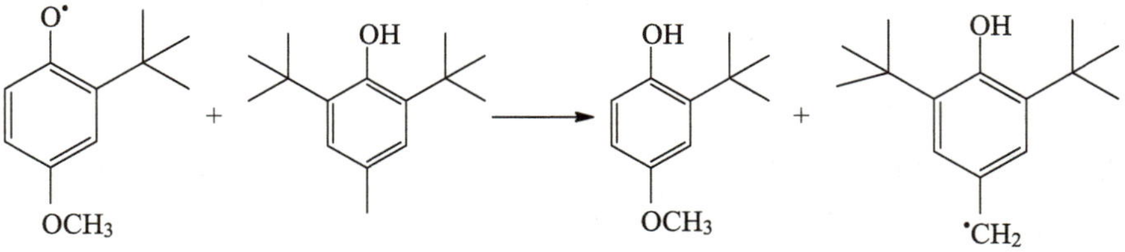

(2-13)

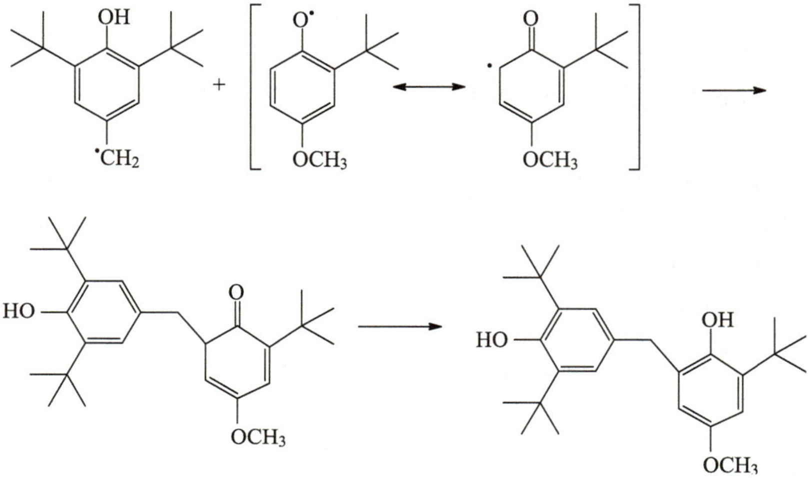

(2-14)

以上两种方式都能说明 BHA 和 BHT 间有很强的协同效应。

式(2-13)和式(2-14)中的 BHT 亚甲基自由基的产生和存在，已经被作者研究BHT 在三氯化铁溶液中回流的产物及其抗氧化活性时所证明 (Duan et al., 1998)。

α-生育酚和 9,10-菲醌之间的协同效应机制也和 BHA 与 BHT 之间的相似。在100℃时，0.01%维生素 E 和 0.01%菲醌加在猪油中，其诱导期是 20h，而 0.02%维生素 E 和 0.02%菲醌分别只有 13h 和 14h。

2.2.5　还原剂型的次抗氧化剂

氢过氧化物的反应性很强，是潜在的自由基诱发剂。它们分解诱发自动氧化，很快将主抗氧化剂消耗完，而使油脂进入快速氧化阶段。但是，这类过氧化物能被含硫化物[式(2-15)]、胺类化合物[式(2-16)]及维生素 C 有效地还原而失去活性(Chan, 1987)。

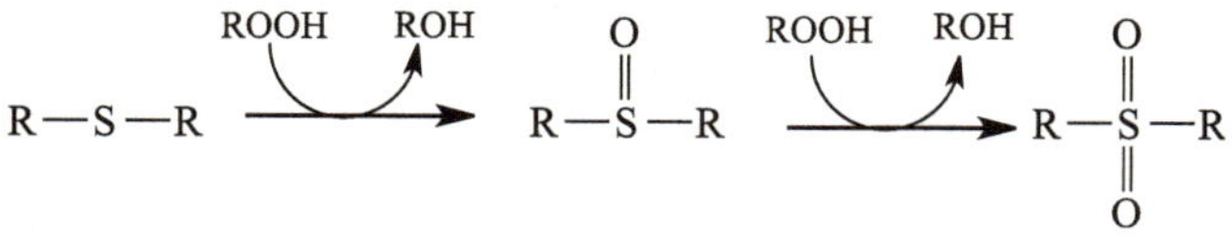

(2-15)

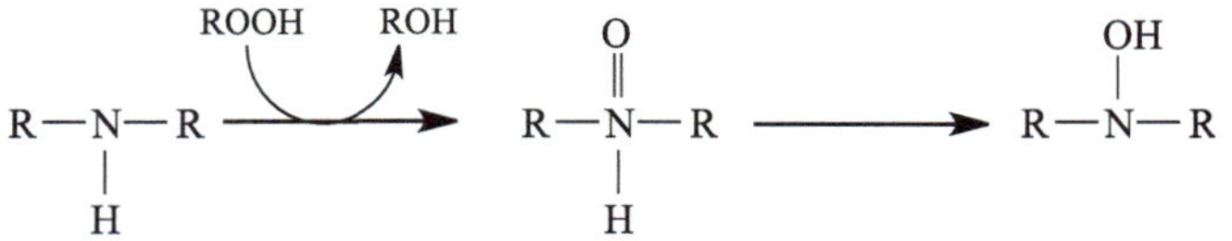

(2-16)

有趣的是，多胺化合物在没有其他抗氧化剂存在的情况下，也表现出很强的抗氧化活性，故它们也能归入主抗氧化剂类。有关胺类的抗氧化活性和抗氧化机制将设专章讨论(见第 7 章)。

2.2.6　能再生主抗氧化剂的次抗氧化剂

这类抗氧化剂本身没有或只有很弱的抗氧化性能，但能再生具有强抗氧化性的主抗氧化剂。

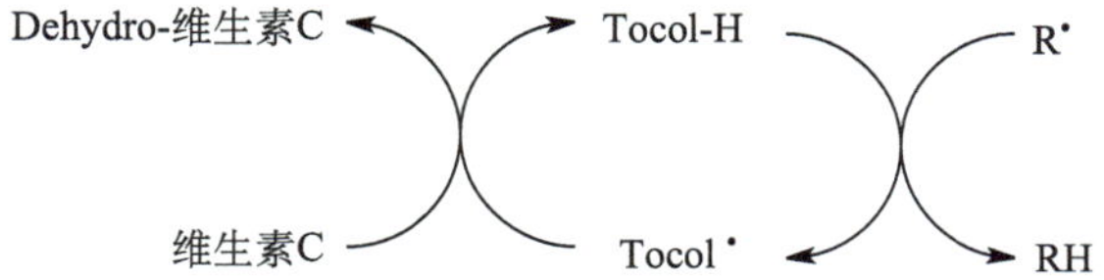

(2-17)

该类又可分为两组。一组如反应式(2-17)所示，维生素 C 能将α-生育酚的自由基(Tocol•)还原 (Packer et al., 1979)；另一组则如脑磷脂(PE)，能将α-生育醌还原成α-生育酚(Tocol-H) (Weng and Gordon, 1993)，见式(2-18)。

几十年来，各位学者对磷脂的抗氧化机制提出了不少假说，有些假说之间相互冲突。再者，没人能拿出令人信服的实验数据来证明自己的假说。但是在 1993 年，作者和 Gordon 给出了一套很有说服力的实验结果与数据证明了反应式(2-18)的正确性：一是肌醇磷脂、卵磷脂对主抗氧化剂无增效作用。只有脑磷脂(PE)有很强的增效作用，但只有在 80℃以上才有，并且随着温度的升高其抗氧化增效活性增加。但是肌醇磷脂有很强的螯合金属的作用，只有在过渡金属存在的情况下肌醇磷脂才表现出抗氧化增效作用。二是作者发现把α-生育醌和 1,2-二棕榈酸-3-乙醇胺磷酸甘油酯单独加到猪油中，二者均无任何抗氧化效应。但是将二者按一定的比例加到猪油中时，有明显的抗氧化效应。当二者的混合物在甲苯中回流后，其抗氧化活性大幅度增强，并且随着回流时间的增加，其抗氧化活性明显增加，这些现象说明，α-生育醌和 PE 的混合物在加热的过程中，生成了抗氧化活性很强的化合物。事实上，作者确实从它们回流后的混合物中分出了α-生育酚 (Weng and Gordon, 1993)。

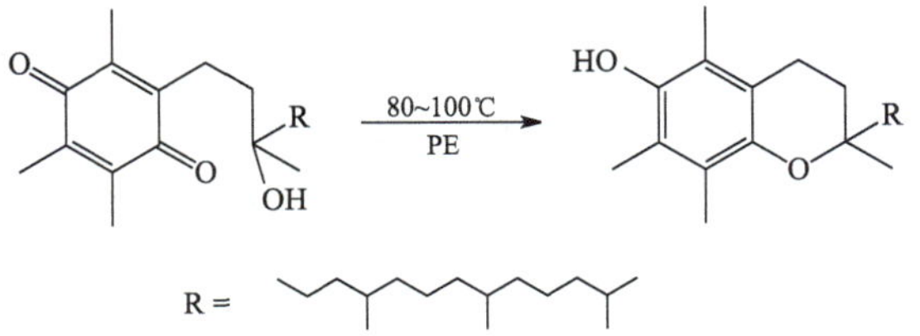

(2-18)

2.2.7　能螯合金属的次抗氧化剂

过渡金属是非常强的自由基诱发剂 (Chan, 1987)。金属的存在使得捕捉自由基的抗氧化剂很快被消耗掉，2ppm 三价铁离子的存在，使得含 0.04% α-生育酚的猪油的诱导期从 20.5h 减少到 4.3h，而空白猪油的诱导期为 4.7h (Weng, 1991; Gordon and Weng, 1992)。

实验证明，在 2ppm 的三价铁离子存在时，0.01%柠檬酸能使体系内的抗氧化剂的抗氧化活性复原。由于铁离子和柠檬酸形成螯合物，形成一个七元环、一个六元环和一个五元环，故非常稳定，所以完全阻止了变价金属传递电子的作用[式(2-19)]。

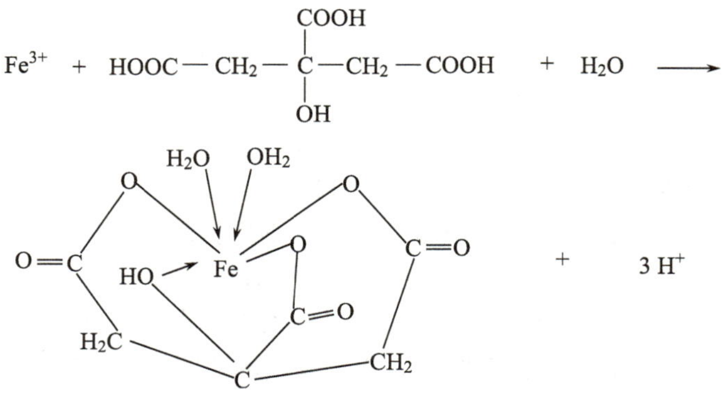

(2-19)

据报道，柠檬酸对铜离子也有同样强的螯合作用。

2.3　未来抗氧化剂研究的取向

多年来，人们在抗氧化剂的理论研究和各种抗氧化性能方面展开了大量的工作。现在消费者对食品越来越讲究，什么食品都讲“天然”二字，对抗氧化剂也不例外。当然，这也是有其道理的。因为许多商业化的天然抗氧化剂都是从食用辛香料里提取出来的，它们经历了数百年乃至数千年的食用验证，如迷迭香等。又因为现在经动物实验证明，BHA 和 BHT 确实有致癌作用。但是，这些研究结果都是将这些物质在动物饲料中的添加剂量远远超过实际剂量的情况下得到的，往往不能说明实际情况和本质问题。

但是，人们并没有放弃对合成抗氧化剂的继续研究、开发和利用。因为合成的抗氧化剂高效、价廉。人们已研究出一些抗氧化效率高、分子大且不易被人体吸收的抗氧化剂，它没有一般合成抗氧化剂所具有的劣势 (Furia and Bellanca, 1976, 1977)。

时至今日，抗氧化理论已较完善。但这并不等于说该领域无事可做了，实际上还有大量的工作可做，举例如下。

对自然界中，尤其是植物界中进行大规模的抗氧化剂筛选，并对新的具有强抗氧化性植物中的有效成分进行分离研究。这样既扩大了抗氧化剂的种类，加强了人们对自然的认识，又可能找出很有利用价值的抗氧化性的植物来。

对新型的抗氧化剂进行抗氧化机制的研究。例如，有人发现双端都有长碳链的β-双酮，对醇/水体系中的亚油酸有较强的抗氧化作用，但在油脂中则无抗氧化作用。若有一端没有长碳链，则无效 (Osawa and Namiki, 1985)。该类物质的作用机制还不明了。四烃基呋喃对 pH6.9 的硫酸缓冲液中的亚油酸亦有抗氧化效应。随烃基的减少，抗氧化活性也不断减小 (Okada et al., 1990)，但其抗氧化机制亦不清楚。这些都有待于深入研究。

总之，无论从理论上，还是从实用上，抗氧化剂的研究都是很有意义的。

参考文献

翁新楚. 1993. 脂类的空气氧化. 中国粮油学报, 8(3): 22-28.

Akoh C, Min D. 2002. Food Lipids: Chemistry, Nutrition, and Biotechnology. 2nd ed. New York: CRC Press.

Allen J C, Hamilton R J. 1983. Rancidity in Foods. London: Applied Science Publishers: 59-66.

Aoyama T, Nakakita Y, Nakagawa M, et al. 1982. Screening for antioxidants of microbial origin. Agricultural and Biological Chemistry, 46(9): 2369-2371.

Burton G W, Ingold K U. 1984. β-Carotene: an unusual type of lipid antioxidant. Science, 224: 569-573.

Chan H. 1987. Autoxidation of Unsaturated Lipids. Essex: Academic Press: 141-206.

Dhanakoti S, Draper H. 1987. Response of urinary malon- dialdehyde to factors that stimulate lipid peroxidation *in vivo*. Lipids, 22(9): 643-646.

Duan S, Weng X C, Dong X W, et al. 1998. Antioxidant properties of butylatedhydroxytoluene refluxed in ferric chloride solution. Food Chemistry, 61(1-2): 101-105.

Furia T, Bellanca N. 1976. Development of new, nonabsorbable polymeric antioxidants for use in foods. Journal of the American Oil Chemists' Society, 53(4): 132-137.

Furia T, Bellanca N. 1977. The properties and performance of poly ao™-79; a nonabsorbable, polymeric antioxidant intended for use in foods. Journal of the American Oil Chemists' Society, 54(6): 239-244.

Gordon M H, Weng X C. 1992a. Antioxidant activity of quinones extracted from tanshen (*Salvia miltiorrhiza* Bunge). Journal of Agricultural and Food Chemistry, 40(8): 1331-1336.

Gordon M H, Weng X C. 1992b. Antioxidant properties of extracts from tanshen (*Salvia miltiorrhiza* Bunge). Food Chemistry, 44(2): 119-122.

Hall C A, Cuppett S L, Dussault P. 1998. Hydrogen-donating mechanism of rosmariquinone, an antioxidant found in rosemany. Journal of the American Oil Chemists' Society, 75(9):1147-1154.

Hudson B J F K. 1990. Food Antioxidants. London: Elsevier Applied Science.

Inatani R, Nakatani N, Fuwa H. 1983. Antioxidative effect of the constituents of rosemary (*Rosmarinus officinalis* L.) and their derivatives. Agricultural and Biological Chemistry (Japan): 521-528.

Lundberg W O. 1962. Autoxidation and Antioxidants. New York: Interscience Publishers: 133～169,477-542.

Okada Y, Okajima H, Konishi H, et al. 1990. Antioxidant effect of naturally occurring furan fatty acids on oxidation of linoleic acid in aqueous dispersion. Journal of the American Oil Chemists' Society, 67(11): 858-862.

Osawa T, Namiki M. 1985. Natural antioxidants isolated from eucalyptus leaf waxes. Journal of Agricultural and Food Chemistry, 33(5): 777-780.

Packer J E, Slater T F, Willson R L. 1979. Direct observation of a free radical interaction between vitamin E and vitamin C. Nature, 278: 737-738.

Roberts J D, Caserio M C. 1965. Basic Principles of Organic Chemistry. New York: WA Benjamin, Inc.:1110.

Sanders T, Hinds A, Pereira C. 1989. Influence of n-3 fatty acids on blood lipids in normal subjects. Journal of Internal Medicine, Supplement, 731: 99.

Sevanian A. 1988. Lipid Peroxidation in Biological Systems. USA，Illinois: American Oil Chemists' Society.

Swern D. 1979. Bailey's Industrial Oil and Fat Products. New York: John Wiley & Sons: 389-398.

Weng X C. 1991. Antioxidant components of tanshen (*Salvia miltiorrhiza* Bunge). Reading: University of Reading PhD Thesis

Weng X C, Gordon M H. 1993. Antioxidant synergy between phosphatidyl ethanolamine and α-tocopherylquinone. Food Chemistry, 48(2): 165-168.

第3章 抗氧化剂的抗氧化活性的测定方法及其评价

抗氧化剂的抗氧化活性测定的最高标准和根本目的就是最大限度地、客观真实地反映所测的抗氧化剂的抗氧化活性。显然，这是一个非常大的课题，也是一个非常重要但是有很大难度的课题。

作者认为要用一种测定方法准确地反映某一物质作为不同用途抗氧化剂的抗氧化活性是不可能的(翁新楚和吴侯，2000)。例如，α-生育酚、BHT、叔丁基对苯二酚(TBHQ)这3种最常见的抗氧化剂，在油脂中，TBHQ的抗氧化活性最强；在乳浊液中，TBHQ的抗氧化活性则变得最弱了，BHT的抗氧化活性最强；而在高温煎炸条件下或在人体中，α-生育酚的抗氧化活性最强(姜竹茂等，2002)。

所以，要全面评价一个抗氧化剂的抗氧化活性，必须同时做各种不同条件下抗氧化活性的研究。这在一个实验室是往往不容易做到的。有时为了某一方面抗氧化作用的需要，也不必对抗氧化所有方面都兼顾到。所以对其抗氧化活性只能有针对性地进行测定。

由于自由基、自动氧化与抗氧化对食品工业、橡胶工业、塑料工业、化妆品工业、医药工业及生命科学有着极其重要的意义，对它们的研究已有相当的深度和广度。这些现象又和脂类的氧化稳定性、抗氧化剂及其抗氧化活性密切相关。所以，抗氧化剂的抗氧化活性测定的方法也较完整。所谓测定方法，在抗氧化剂的抗氧化活性研究中含有三重意义或三个要素。一是以什么作为基质体系来测定：是以全油脂为底物，还是以乳浊液为底物，或是以血浆中的低密度脂蛋白为底物或是以一般食品为底物，或是以动物体为底物。二是以什么方式来加速氧化：是用加温，还是用活性氧，或是用紫外光，或是用自由基诱发剂来加速。三是用什么办法来指示氧化诱导期的终点：是过氧化物的测定，还是吸氧量的测定，或电导法，或是硫代巴比妥酸反应物的测定，或是气相色谱法，或是共轭双键的测定，或是感官测定法，或是胡萝卜素指示法，或是电子自旋共振(electron spin resonance, ESR)法。这三要素中的任何一个要素改变都会使结果有所变化，甚至使所测定的各抗氧化剂的抗氧化活性强弱顺序发生改变。这些方法各有利弊。重要的是，针对不同用途和目的的抗氧化剂，要选择适当的测定方法。在对抗氧化剂的抗氧化活性下结论时，要特别小心，要限定其应用范围，否则，就会得出错误的结论。下面就影响抗氧化活性测定结果的三要素分别加以讨论。

3.1　底物或基质体系

底物的选定对抗氧化剂抗氧化活性的测定很关键。首先要搞清楚所测抗氧化剂的用途。例如，作为油脂抗氧化剂的话，是用于哪一类油脂，是植物油还是动物油脂。一般来说，用猪油作底物的较多。因为猪油有两个优点：一是猪油较易得到，二是猪油中只含有微量的抗氧化剂。而植物油中一般含有较高浓度的天然抗氧化剂，会干扰所要测定的抗氧化剂的抗氧化活性。但是抗氧化剂在植物油中用得非常多，所以应该同时测定被测抗氧化剂在一般精炼植物油中的抗氧化活性，以及去除极性物质(可通过色谱柱)后的抗氧化剂的抗氧化活性。一般植物油含较多的不饱和脂肪酸，而动物油脂含有较多的饱和脂肪酸。不同的抗氧化剂对饱和程度不同的油脂的抗氧化效果是大不一样的。例如，BHA 和 BHT 对陆上动物油脂和植物油有明显的抗氧化活性，而对高浓度二十碳五烯酸和二十二碳六烯酸的鱼油几乎无抗氧化活性。但是 TBHQ 对这样的鱼油表现出很强的抗氧化活性 (余杰等, 1994)。

底物中是否含有变价金属离子和光敏剂对抗氧化剂的测定也有很大的影响。一般单一主抗氧化剂对含有大量变价金属的油脂的抗氧化作用不大，但是如果同时加入一定量的金属螯合剂，如柠檬酸和 EDTA，则主抗氧化剂的抗氧化活性会大大增强。在有光敏剂存在的油脂中，且在有光照的环境下，胡萝卜素比 BHA 和 BHT 表现出更强的抗氧化活性，因为胡萝卜素是较强的光抗氧化剂。

当底物是乳浊液时，抗氧化剂的抗氧化活性和在油脂中的大不一样。因为在乳浊液中涉及抗氧化剂在油和水中的分配比的问题。例如，在油中，TBHQ 的抗氧化活性远比 BHA 和 BHT 的高，而在乳浊液中则恰恰相反。这是因为前者极性大，水溶性好，因而大部分分配在水相中，不能对油脂起到有效的抗氧化作用；而后者极性小，油溶性好，大部分分配在油相中，对油脂更能起到抗氧化作用。关于抗氧化剂在乳浊液中的抗氧化行为，将在第 8 章中专门讨论。

抗氧化剂的抗氧化活性在低密度脂蛋白和一般的食品中的情况与在乳浊液中的相似，只是比在乳浊液中情况更复杂些，主要是因为它们的成分非常复杂，有蛋白质、纤维、变价金属离子等。

3.2　加速氧化的方法

油脂中抗氧化剂的添加量通常为 0.02%。即使在这个浓度下的 TBHQ 也表现出很强的抗氧化活性。如果在常温下，以猪油为底物，则最少也要 1.5～2 年才能得到最后的结果，这在大多数研究工作中是不现实的。在这种情况下，各种加速氧化的方法就产生出来了。烘箱法是最经典也是最简单的加速方法。一般所用的温度为65℃。研究证明，化学反应温度每上升10℃，反应速率提高1～3倍。烘箱法的最大优点是设备简单，和实际情况比较接近。但是它的缺点也很突出：一是耗时长；二是操作复杂，工作量大，劳累；三是要消耗大量的溶剂和试剂，并且有的溶剂和试剂有一定的毒性；最大缺点是一般烘箱的温度不好控制，波动范围大，故结果的精确度不高。

活性氧加速法(active oxygen method, AOM)，是在加温的基础上向试样里鼓热空气，以达到加速的目的。其规定条件是：试样20g，加热温度98℃，通热空气速度为20L/h，因为要每小时取样测其过氧化值，故研究者要一直守在旁边，直到试样的氧化诱导期结束。除了整个测定时间比烘箱法短以外，没有别的优点；并且温度高，鼓入热空气，反应复杂，小分子抗氧化剂随热空气逸出试样，起不到相应的抗氧化作用。

由活性氧加速法派生出来的方法有氧化稳定性全自动测定仪或酸败仪(Rancimat)法和全自动氧化稳定性测定仪(oxidative stability instrument, OSI)法，加速方法和活性氧加速法一样，只是指示方法由测过氧化值的变化改成了测电导的变化。测定时不但快速，而且全自动。由于在高温下，尤其是在向试样中鼓热空气的条件下，反应复杂化。一些本无抗氧化活性的物质具有了抗氧化活性，如脑磷脂和生育醌各自无抗氧化活性，在80℃以下混合加入油脂也无抗氧化活性，但是在80～140℃的条件下，却表现出较强的抗氧化活性，并且随着温度的升高，其抗氧化活性也增强。另外，一些分子质量小的化合物，在高温和鼓气的条件下，就挥发掉了，起不到抗氧化作用，使之所测到的抗氧化活性偏低或没有。作者在研究醌类抗氧化特性时，发现萘醌在烘箱法条件下有明显的抗氧化活性，但是在100℃的Rancimat的条件下未表现出任何抗氧化活性。在电导接收瓶里，蒸馏水较快地变成了黄色，这说明萘醌已全部挥发，被电导接收瓶接收了(Weng, 1991)。

用紫外光来加速是近来研究的一个课题，目前还未得到推广。作者认为，它对抗氧化剂的抗氧化活性的客观反映是很有限的。有光敏剂存在时，脂类所起的氧化反应是光氧化反应，与自动氧化反应的机制不一样。一般的抗氧化剂对光氧化无抗氧化活性。而在通常情况下，油脂和食品氧化主要是自动氧化。

利用自由基诱发剂来加速脂类的氧化反应速率也是近年来常用的手段。通常使用的是有机分子，有水溶性的和脂溶性的。也有用变价金属离子的，如铁、铜、镍和钴等。如需要水溶性的，可直接用其无机盐；如需要脂溶性的，可将其合成脂肪酸盐。

用有机自由基诱发剂来加速反应时，诱发剂在较短的时间里释放出大量自由基。这样，抗氧化剂的抗氧化能力主要体现在提供氢原子的速度上，而抗氧化剂自身生成的自由基的稳定性则处于次要地位。这和体内体外的自动氧化反应是完全不同的。在自动氧化反应的诱导期，自由基产生的速度很慢，量也很少。这样，抗氧化剂的抗氧化能力体现在两个方面：提供氢原子的速度和提供氢原子后自身生成的自由基的稳定性。

当用变价金属来加速时，金属离子是催化剂，它们能周而复始地作用。所以，在体系中无强的螯合金属能力的情况下，主抗氧化剂几乎表现不出抗氧化能力，并且与这类主抗氧化剂的添加量关系不大。而强的螯合剂可几乎完全将这类变价金属钝化。

3.3　氧化诱导期的指示方法

氧化诱导期的指示方法能否客观正确地反映底物氧化诱导期的结束，对评价抗氧化剂的抗氧化活性也是非常关键的。

最经典的方法是用碘量法测定过氧化物含量随时间的变化。其原理是通过式(3-1)和式(3-2)来实现。它是通过过氧化值对时间的变化曲线(POV—T 曲线，即过氧化值对时间变化曲线)来确定氧化诱导期的。在氧化诱导期，过氧化物增长非常缓慢，POV—T 曲线很平。当氧化诱导期快结束时，POV—T 曲线出现一个拐弯，然后近似直线地上升。其拐点即定义为氧化诱导期的终点。

$$ROOH + KI + H^+ \longrightarrow ROH + I_2 + H_2O \tag{3-1}$$

$$I_2 + Na_2S_2O_3 \longrightarrow NaI + Na_2S_4O_6 \tag{3-2}$$

在常温下，该方法能较准确地指示氧化诱导期的终点。该方法需用大量的有毒和有刺激性的有机溶剂，如四氯化碳、冰醋酸。操作烦琐，劳累。并且氢过氧化物在煎炸高温下(180～220℃)极不稳定，极容易进一步反应生成非过氧化物。所以，在这种情况下，过氧化物的含量变化就不能客观地指示抗氧化剂的抗氧化活性。

硫氰亚铁法是利用过氧化物把二价的铁离子氧化成三价的铁离子，三价的铁离子和硫氰酸根形成的络合物在 540nm 处有强吸收。

$$Fe^{2+} + ROOH \longrightarrow Fe^{3+} + ROH \tag{3-3}$$

$$Fe^{3+} + 6SCN^- \longrightarrow [Fe(SCN)_6]^{3-} \tag{3-4}$$

目前也有用共轭双键的测定来指示氧化诱导期终点的。一般油脂中，特别是植物油中，或多或少地存在一些多不饱和脂肪酸。在自动氧化过程中，有大量的共轭二烯酸形成。共轭二烯酸在 232～234nm 处有最大吸收。该方法比碘量法操作简单，有一台简单的紫外分光光度计即可。但如果底物中多烯酸的含量太低，如山茶籽油和橄榄油，则灵敏度低，最好不用此法。

另一方法为化学荧光法，它是通过过氧化物反应过程中发出的荧光来测定的，此法最大的特点是灵敏度高。

增重法是利用底物吸氧后形成过氧化物增重的原理。该法简单易行，费用低。该法只适用于常温下的反应，且底物体系中无易挥发的物质，如有机溶剂或水。否则，结果不准确。

氧压法的原理是在一个密闭的反应体系中，脂类和氧气反应生成过氧化物，则氧气的压力就会减小，根据氧压 PO_2 对时间的变化曲线（PO_2—T 曲线）来指示氧化诱导期的终点。此法也只适用于常温条件下的反应。高温下，部分分解产物形成的气体会干扰结果。

电导法是 20 世纪 70 年代开始推广的用来测定油脂氧化稳定性和抗氧化剂的抗氧化活性的方法。其原理是油脂形成过氧化物后会分解为低分子的酸。这些挥发性的低分子酸被热空气带到装有蒸馏水的接收瓶里。水里面的电导随着低分子酸增加而升高。这样，电导（conductivity）—时间曲线（C—T 曲线）就能指示氧化诱导期。这类仪器有两种：一是瑞士生产的 Rancimat，每次能做 8 个样，温度可在 40～240℃内控制，并可同时分成两组在不同的温度下进行抗氧化活性的测定；另一种是美国生产的 oxidative stability instrument（OSI）。每次能做 24 个样，温度可在 40～200℃内控制，也可同时分成两组在不同的温度下进行抗氧化活性的测定。这类仪器最大的优点是全自动。Rancimat，尤其是 OSI 适用于大规模天然抗氧化剂的筛选，高速快捷，操作成本低，几乎不消耗任何化学试剂和有机溶剂，所以安全无毒。

感官测定法：人的味觉和嗅觉对一些有强烈气味的物质的灵敏度要比气相色谱仪高百万倍。在食品和油脂工业中，有时会有远在氧化诱导期之前，或其过氧化值远未达到规定值之前就隐约能通过感官测到变质的现象。所以有的学者提出此法是最好的测定方法。作者认为，此法是最切合实际的。但作为研究，此法也是很有局限性的。首先，人的感官测定主观性强，结果因人因时而异。为了得到一个客观实际的结果，往往需要十几个训练有素的专家品评，集体打分并通过统计学分析后，才能得到结果，并且重复性不如仪器好。其次，有的试样中有毒性较强的物质，不宜用感官来品评。

硫代巴比妥酸反应物（TBARS）测定法是利用多不饱和脂肪酸在自动氧化过程中产生的丙二醛和硫代巴比妥酸反应生成红色物质[反应见式(3-5)]，通过紫外-可见分光光度计在 525nm 的波长下测定丙二醛的含量。

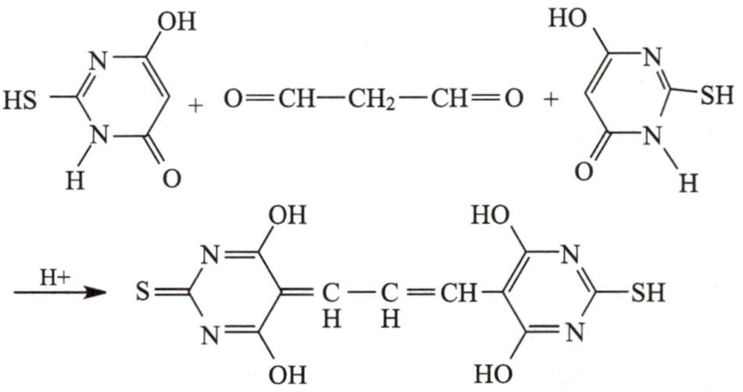

(3-5)

类似的方法还有茴香胺反应法，它能测定出油脂自动氧化反应生成的所有的醛及其缩合产物[式(3-6)]，在 350nm 处测定吸收。

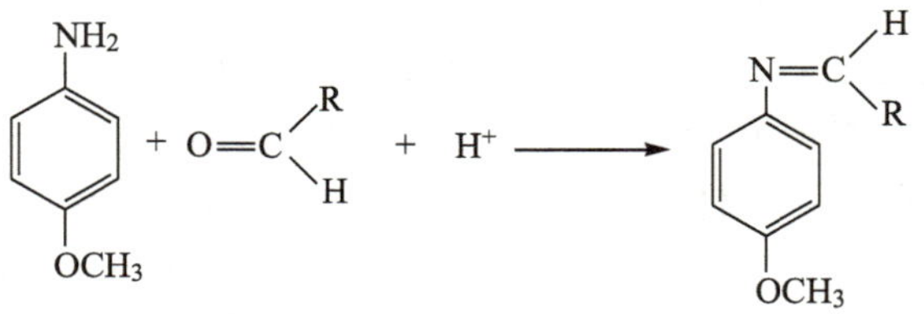

(3-6)

克雷斯实验法(Kreis test)也可用来确定氧化诱导期。它主要是利用间三苯酚和脂类酸败产物的环氧醛或丙二醛的颜色反应，用罗维朋(Lovibond)比色来测定。

气相色谱顶空测定法是根据油脂在氧化酸败的过程中有正己烷和正己醛产生，通过气相色谱法来测定某一小分子的变化，从而确定氧化诱导期的终点。该法较准确，有较好的重复性。但是，它只适合于常温下的反应。

胡萝卜素漂白指示法也是近年来较常用的一种方法，其优点是可以直观目睹底物的氧化。可用比色法来准确地测定底物的氧化情况，操作简单快速，成本低。但是由于胡萝卜素的加入，以及它本身有抗氧化活性或其氧化产物具有氧化催化作用，对抗氧化剂的抗氧化活性的测定有一定的干扰作用。

3.4　各方法的综合比较和评价

综上所述，抗氧化剂的强弱是通过测定和比较在油脂或含有油脂的体系中加入抗氧化剂之后，其氧化稳定性增加的程度来确定的。目前使用较多的一个指数就是抗氧化系数(oxidation protection factor，Pf)，它被定义为加入抗氧化剂后的氧化诱导期(induction period，IP_{antiox})与未加入抗氧化剂(空白)的氧化诱导期(IP_{contr})的比值：

$$Pf = IP_{antiox}/IP_{contr} \tag{3-7}$$

抗氧化剂的 Pf 值越高，说明它的抗氧化活性越强。一般说来，判断某一物质有无抗氧化活性或有无催化氧化活性比较容易。如 Pf = 1，则表明该物质既无抗氧化活性又无催化氧化活性；如 Pf < 1，则表明该物质有催化氧化活性；如 Pf > 1，则表明该物质有抗氧化活性。但是，什么情况下为明显的抗氧化活性，什么情况下为强的抗氧化活性，就众说纷纭。作者认为，在通常情况下，如 2≥Pf > 1，则表明该抗氧化剂有抗氧化活性；如 3≥Pf > 2，则表明该抗氧化剂有明显的抗氧化活性；如 Pf > 3，则表明该抗氧化剂有很强的抗氧化活性。

某一抗氧化剂在不同的底物体系中表现出完全不同的行为。其在油中可能表现出很强的抗氧化活性，但在乳浊液中则可能没有任何抗氧化活性，甚至有助氧化活性。

为了方便比较各方法的优缺点，在表 3-1 中列出以加速氧化为主线的各方法的比较。

表 3-1　不同加速方法的优缺点之间的比较

序号	方法名称	实验条件	加速原理	优点	缺点
1	常规储存	室温，常压	无人为加速（自然放置）	与实际情况相符，设备简单，适用于各种底物体系和氧化诱导期指示方法	耗时，耗力。消耗大量有机溶剂，危害身体
2	烘箱法	60～70℃，常压	加温	与实际情况相符，设备简单，适用于大多数底物体系和氧化诱导期指示方法	劳累，消耗大量有机溶剂，危害身体
3	增重法	30～80℃	加温	操作简单，便宜，劳动量小	不能用于高温，也不能用于有溶剂的体系
4	吸氧法	80～100℃	加温	操作简单，能快速自动给出结果	反应复杂，有时得不到正确的抗氧化活性结果
5	氧弹法	99℃，65～115psi 氧压	加温，氧浓度加大	快速，劳动量小	反应复杂，有时得不到正确的抗氧化活性结果
6	活性氧法（AOM）	98℃，鼓热空气	加温，氧浓度加大	快速	反应复杂，小分子抗氧化剂随热空气挥发，有时得不到正确的抗氧化活性结果
7	Rancimat	40～240℃，鼓热空气	加温，氧浓度加大，电导测定氧化诱导期	快速，结果自动给出	反应复杂，小分子抗氧化剂随热空气挥发，有时得不到正确的抗氧化活性结果

续表

序号	方法名称	实验条件	加速原理	优点	缺点
8	OSI	40～200℃，鼓热空气	加温，氧浓度加大，电导测定氧化诱导期	快速，温度范围大，结果自动给出，每次能上 24 个样，同时能在两种不同温度下进行，用于大规模抗氧化剂筛选，效率高	反应复杂，小分子抗氧化剂随热空气挥发，有时得不到正确的抗氧化活性结果
9	光辐射	室温，常压	光能，光氧化	设备简单，快速	和大多数情况下的氧化机制不同，结果真实性差
10	金属催化	室温，常压	诱发自由基反应	设备简单，快速	多数主抗氧化剂对金属无强的螯合能力，故得不到客观的抗氧化活性结果
11	有机自由基的诱发剂	室温，常压	诱发自由基反应	设备简单，快速	只能度量捕捉自由基的速度快慢，而不能综合评价抗氧化剂的抗氧化活性

注：1psi=6.894 76×10^3Pa。

诱导期的指示方法的客观性和有用性：感官评价>气相色谱顶空测定法>氧压法>碘量法>增重法>化学荧光法>共轭双键法>茴香胺反应物法>硫氰亚铁法>硫代巴比妥酸反应法>克雷斯实验法>胡萝卜素漂白法>电导法。

参 考 文 献

姜竹茂, 翁新楚, 温少红. 2002. 不同极性抗氧化剂在猪油和猪油乳浊液中的抗氧化活性. 中国食品学报, 2(4): 53-57.

翁新楚, 吴侯. 2000. 抗氧化剂的抗氧化活性的测定方法及其评价. 中国油脂, 25(6): 119-122.

余杰, 陈美珍, 余钢哲, 等. 1994. 特丁基对苯二酚对鱼油抗氧化作用的研究. 广州食品工业科技, (2): 43-46.

Weng X C. 1991. Antioxidant components of tanshen (*Salvia miltiorrhiza* Bunge). Reading: University of Reading PhD Thesis.

第 4 章 常见合成抗氧化剂及其氧化产物的抗氧化活性

由于天然或“绿色食品”大行其道，加之 20 世纪 80 年代的动物实验发现合成抗氧化剂可能具有潜在的累积性毒性 (Conning and Phillips, 1986)，削弱了合成抗氧化剂的市场竞争力。但是合成抗氧化剂仍然以其价廉、高效、油溶性好等优点，在市场竞争中继续和天然抗氧化剂分庭抗礼，而且仍将在今后相当长的时间内存在并保持一定的优势。

此外，还要认识到一点，许多提取得到的天然产物是生物体内的代谢产物。在进化的过程中，这些生物是为了更好地生存和抵御天敌，以及其他恶劣环境的需要，更好地保持自己的物种繁衍生息而产生的代谢产物，而不是为了人们或其他物种食用它们而合成的。所以一些来自动植物的物质对人体是非常有害和有毒的，甚至是有剧毒的，如去甲四氢愈创木酸是从南美的灌木流出的树脂中提取的，是纯天然的，当初被认为是当然安全的(generally regarded as safe, GRS)，被广泛使用。但后来发现该物质有毒性作用，被禁止作为食用抗氧化剂使用。还有对社会的发展和稳定起到极大破坏作用的毒品，如大麻和海洛因，都是从植物提取得来的，更不用提蛇毒、蝎子毒了。而近年来，一些科学家正在试图合成分子质量大，抗氧化活性高，但是不被人体吸收(故被认为无毒)，并且价廉的抗氧化剂。因此，合成抗氧化剂不一定有毒，天然的抗氧化剂也不一定无毒。

还有关键的一点，人体对任何物质的摄入都有一个量的问题，都要掌握好平衡。例如，生育酚(维生素 E)、视黄醛或视黄醇(维生素 A)和钙化醇(维生素 D)等对人体发育和维持健康必不可少(这是这类物质被称为维生素的原因)，但是它们在人体内不能合成，必须从饮食中摄入。但是一旦摄入量过大，会产生严重的毒性作用。一般在动物实验中所添加的抗氧化剂的剂量要远远大于实际油脂工业和食品工业所加的量。一般油脂中允许添加的合成抗氧化剂的最大剂量是 0.02%(*w*/*w*)，所以人们正常摄入的抗氧化剂剂量是微乎其微的。例如，人们平均每天最大量摄入植物油脂不会超过 50g，即使全部是加入 0.02%合成抗氧化剂的油脂，其摄入量也只有每天 10mg 合成抗氧化剂。何况人们还食用不含合成抗氧化剂的油脂，如小磨香油、机榨花生油、特级初榨橄榄油和动物油脂等。并且，按我国的烹饪习惯，像 BHA、BHT、PG 和 TBHQ 不是在烹饪过程中部分挥发掉，就是部分分解，或残留在菜汤中被扔掉。这样算下来，每千克体重每天摄入合成抗氧化剂的量要远小于 0.2mg。而在动物实验中，其剂量为每千克体重每天摄入 1000～5000mg 时，才有病变发生。而该量是人正常摄入量的 5000～25 000 倍！

所以在正常情况下，合成抗氧化剂对人体根本起不到危害作用。

4.1　常见抗氧化剂及其理化性质

目前，最常见的几种合成抗氧化剂主要是 2,6-二叔丁基-4-甲苯酚(BHT)、2-叔丁基-4-甲氧苯酚(BHA)、叔丁基对苯二酚(TBHQ)和没食子酸丙酯(PG)。这几种合成抗氧化剂的化学结构式如图 4-1 所示。

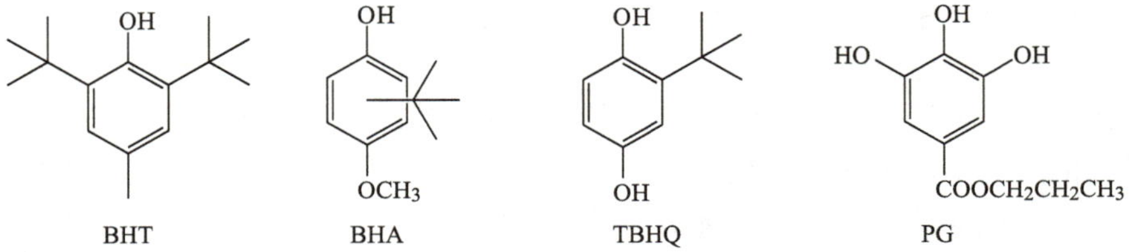

图 4-1　几种常见合成抗氧化剂的化学结构

BHT 是用得最广泛的合成抗氧化剂之一。它是一种白色晶体。在油脂和有机溶剂中溶解度很好，在空气中很稳定。由于这一性质，它在颜色要求高的塑料工业中被大量使用。

BHT 在功能羟基的两旁各有一个空间位阻较大的叔丁基，使得羟基附近非常拥挤。因而，羟基释放一个氢原子后有助于缓解这种拥挤程度，有利于形成自由基的稳定性。另外，羟基邻位和对位的 3 个烃基有一定诱导供电作用，也使得酚羟基的氢氧键能变低，有利于氢原子的释放。在这里，烃基的诱导供电作用和羟基上的氧的共轭供电相比，就显得很有限了，BHT 的抗氧化活性主要因素来自其空间位阻作用 (翁新楚, 1993)。由于 BHT 的极性和分子质量都较小，加之较大的空间位阻作用，叔丁基屏蔽了相邻的酚羟基，使分子间难以形成氢键，故在高温环境中容易挥发。因此，BHT 在煎炸油和焙烤油中的抗氧化效果不甚理想。

BHA 一般常因空气的氧化而带粉红色。BHA 在油脂中的溶解性较好。BHA 的羟基邻位上仅有一个叔丁基，空间位阻作用比 BHT 小得多。羟基的对位有一个供电作用较强的甲氧基，它对 BHA 的抗氧化活性有着较大的影响。在猪油中，BHA 和 BHT 的抗氧化活性几乎相等。尽管 BHA 的分子质量比 BHT 的小，但因 BHA 的分子之间能够首尾形成氢键，其挥发性反而比 BHT 的小。

TBHQ 在空气中更易氧化，一般为米色或米红色粉末，氧化严重时为褐色。

TBHQ 的苯环上既有位阻酚羟基，又有无任何位阻的酚羟基，因此 TBHQ 的抗氧化活性比 BHT 和 BHA 要高得多。尽管 TBHQ 的分子质量比 BHT 的和 BHA 的都小，但 TBHQ 分子之间极易形成氢键，其挥发性较小，在煎炸油和焙烤油中的抗氧化效果比 BHA 的和 BHT 的好得多。

PG 为白色粉末，微溶于水，油溶性较差，对热不稳定，在熔点时易分解。PG 可以和金属形成有色复合物，对油脂的色泽和外观不利，使得 PG 的使用并不像 BHA、BHT 和 TBHQ 那么广泛。

表面上看，PG 有 3 个相邻的羟基，共轭供电作用很强。但在进一步研究其结构时发现，中间羟基的对位有一个酯羰基，有较强的吸电子效应，部分抵消了羟基的供电子作用，并且其还没有 TBHQ 的空间协同作用，因此抗氧化效果反而没有 TBHQ 的好(Smith and Hong-Shum, 2003)。这 4 种常见合成抗氧化剂的基本理化性质见表 4-1。

表 4-1　几种常用合成抗氧化剂的理化性质(Smith and Hong-Shum, 2003)

名称	分子式	相对分子质量	溶解性	熔点/℃	沸点/℃	颜色	氧化稳定性
BHT	$C_{15}H_{24}O$	220.34	油溶性好	69～72	265	白色晶体	稳定性好
BHA	$C_{11}H_{16}O_2$	180.25	易溶于有机溶剂	48～55	270	白色晶体	易氧化，有氧化产物，显红色
TBHQ	$C_{10}H_{14}O_2$	166.22	易溶于热水和有机溶剂	126.5～128.5	295	米色粉末	易氧化，有氧化产物，显褐色
PG	$C_{10}H_{12}O_5$	212.20	微溶于水	146～150	熔点时热分解	浅黄色粉末	高温易分解

4.2　常用抗氧化剂的抗氧化行为

图 4-1 中所列的几种抗氧化剂是目前使用最广、使用历史最长的合成抗氧化剂。它们在不同的油脂底物中表现出不同的抗氧化活性。

一般说来，TBHQ 的抗氧化活性是最高的，当然也有一些例外，如在橘子油中，其抗氧化活性就不如 BHA 和生育酚(图 4-2)。在活性氧法的条件下，在豆油中的抗氧化活性按以下顺序依次减弱：TBHQ ＞ PG ＞ BHT ＞ BHA ≈ 空白对照(Smith, 1991)(图 4-3)。

BHA在大豆油中没有表现出抗氧化活性，这和作者的研究结果及其他报道是一致的。在大多数植物油中，BHA几乎不能表现出抗氧化活性，因为这些油脂本身都含有较高的天然生育酚，生育酚抗氧化母体结构和BHA的相似，都是对烃氧基酚型结构。同样，BHT也只表现出很有限的抗氧化活性。尽管PG也像TBHQ一样为多酚类抗氧化剂，但是PG的苯环上有一个吸电子性能较强的酯羰基。TBHQ

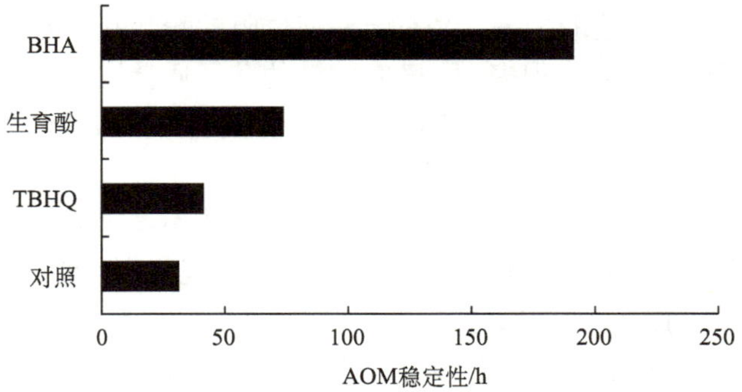

图 4-2　在 AOM 中，0.02%BHA、生育酚和 TBHQ 分别在橘子油中的抗氧化活性(达到过氧化值 70meq/kg 所需小时数)(Daniel, 1985)

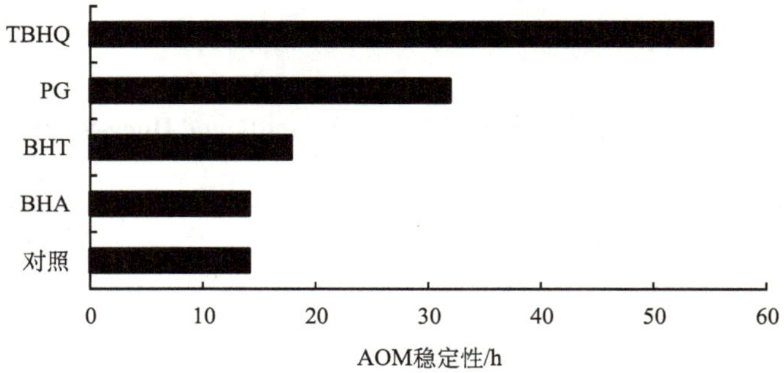

图 4-3　在活性氧法(active oxygen method，AOM)中，0.02%BHA、BHT、PG 和 TBHQ 分别在豆油中的抗氧化活性(达到过氧化值 70meq/kg 所需小时数)

的 1 位和 4 位的两个羟基有很强的空间互补增效协调作用，而 PG 没有这种效应。

在橘子油中，已经含有多酚类化合物，故 TBHQ 的强抗氧化活性就不能显示出来了，它的抗氧化活性远低于空阻抗氧化剂 BHA，甚至明显低于生育酚。在橘子油中的抗氧化活性(图 4-2)为：BHA >> 生育酚 > TBHQ > 空白对照。

在猪油中，天然抗氧化剂的含量很低，所以加入一般的抗氧化剂都能表现出明显的抗氧化活性。在猪油中的抗氧化活性为：TBHQ >> PG > BHA > BHT > 生育酚 >> 空白对照(Smith, 1991)(图 4-4)。

TBHQ 的抗氧化活性远比 PG、BHA 和 BHT 的抗氧化活性强，但是 PG、BHA 和 BHT 之间的抗氧化活性几乎一样，其抗氧化诱导期各自前后只差 1h。生育酚的抗氧化活性远比空白对照的强。

在无水奶油中的抗氧化活性为：PG > TBHQ > BHA > 生育酚 > 空白对照(图 4-5)。

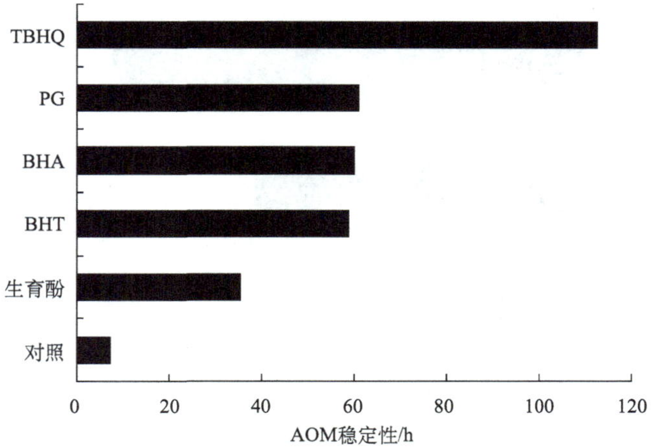

图 4-4　在 AOM 法中，0.02%生育酚、BHA、BHT、PG 和 TBHQ 分别在猪油中的抗氧化活性（达到过氧化值 POV 20meq/kg 所需小时数）(Daniel,1985)

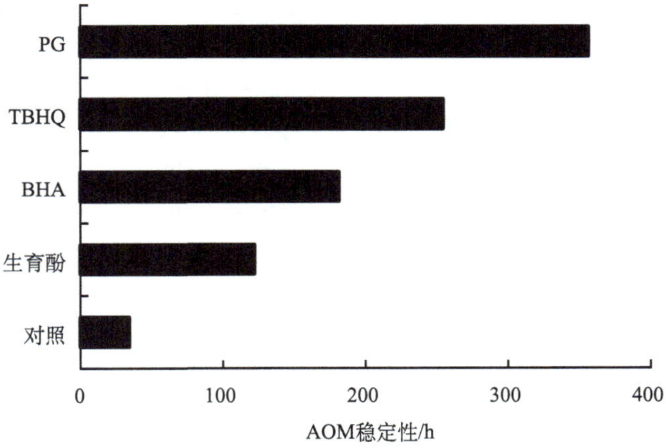

图 4-5　在 AOM 法中, 0.02%生育酚、BHA、PG 和 TBHQ 分别在无水奶油中的抗氧化活性（达到过氧化值 20meq/kg 所需小时数）(Daniel,1985)

在椰子油中的抗氧化活性（图 4-6）为：BHA >> TBHQ >> 空白对照。

TBHQ 对表 4-2 中所列的植物油脂都有很强的抗氧化活性，但是差别很大，其保护系数 Pf 值以下列顺序依次降低：向日葵油 > 红花油 > 菜籽油 > 花生油 > 椰子油 > 豆油 > 棕榈油 > 棉籽油。

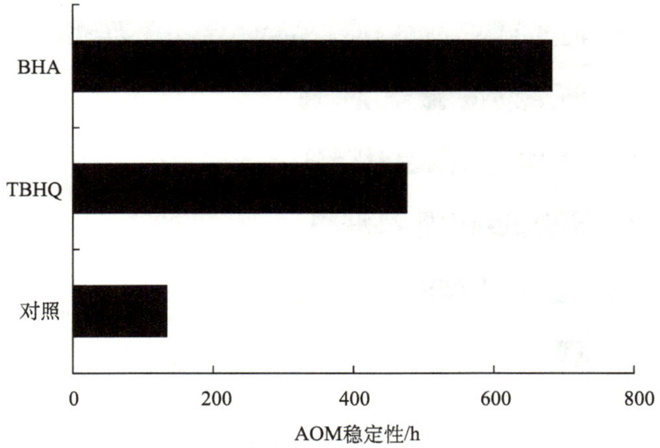

图 4-6　在 AOM 法中，0.02%BHA 和 TBHQ 分别在椰子油中的抗氧化活性（达到过氧化值 70meq/kg 所需小时数）(Daniel,1985)

表 4-2　TBHQ 在各种精炼植物油中的抗氧化活性

油名	空白油 + 抗氧化剂	POV 达到 70meq/kg 所需小时数	Pf
豆油	未加抗氧化剂	11	1
	0.02%TBHQ	41	3.7
棕榈油	未加抗氧化剂	45	1
	0.02%TBHQ	149	3.3
棉籽油	未加抗氧化剂	10	1
	0.02%TBHQ	30	3
向日葵油	未加抗氧化剂	5	1
	0.02%TBHQ	34	6.8
花生油	未加抗氧化剂	15	1
	0.02%TBHQ	76	5.0
椰子油	未加抗氧化剂	133	1
	0.02%TBHQ	619	4.6
菜籽油	未加抗氧化剂	11	1
	0.02%TBHQ	67	6.1
红花油	未加抗氧化剂	6	1
	0.02%TBHQ	40	6.7

4.3　常见抗氧化剂参加抗氧化后的反应产物

对抗氧化剂参加抗氧化后的反应产物的研究是搞清楚它们抗氧化机制的一个重要手段。在这个方面，和其他抗氧化剂相比，对 BHA、BHT、TBHQ 和 PG 的研究是较深入全面的 (Campbell and Coppinger, 1952; Anderson et al., 1963; Harano et al., 1967)。

图 4-7 中列出了 BHT 经化学试剂(如三氯化铁)氧化 (Duan,Weng, 1998) 或在油中加热或在紫外光下 (Harano et al., 1967)氧化得到的 1,2-二(3′,5′-二叔丁基-4′-羟基苯基)乙烷(I)、3,3′,5,5′-四叔丁基芪-4,4′-醌(II)、3,3′,5,5′-四叔丁基羟基芪-4,4′-醌(III)、4-羟基-3,5-二叔丁基苯甲醛(IV)，4-羟基-3,5-二叔丁基苯甲醇(V)和 2,6-二叔丁基醌(VI)。

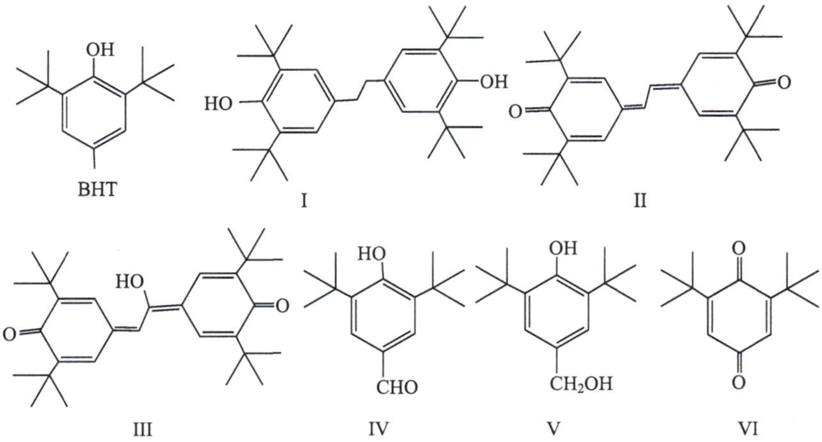

图 4-7　BHT 经化学试剂氧化或在油中加热或在紫外光下氧化得到的化合物

无论是油脂中的空气氧化，还是化学试剂的氧化，如三氯化铁溶液中的氧化，其氧化机制都有相似之处，即都是自由基反应，其产物也基本相同。作者的研究工作和其他参考文献的结论 (Horswill and Ingold, 1966; Duan et al., 1998) 也充分证明了这一点。

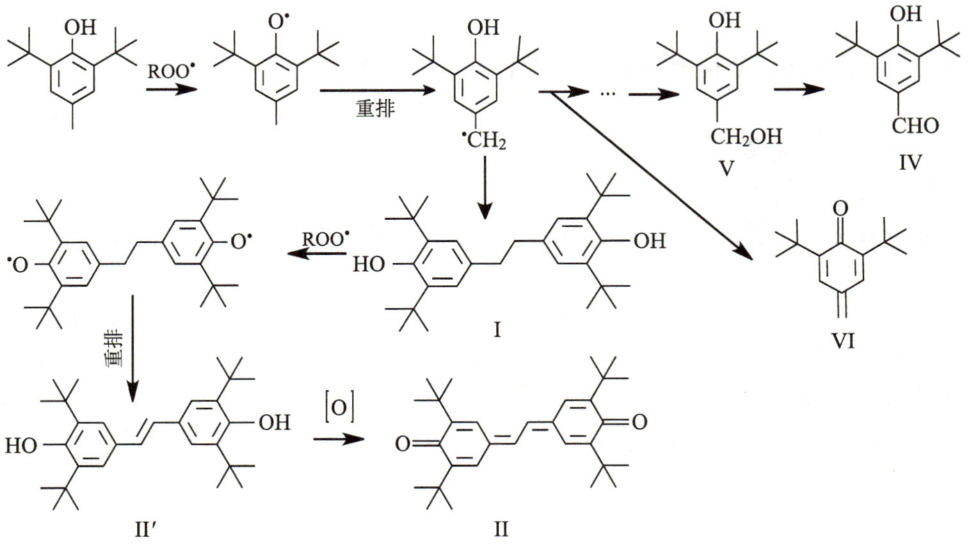

(4-1)

式(4-1)表明了 BHT 在参加抗氧化过程中的反应机制及产物的形成。在这些生成物中，1,2-二(3′,5′-二叔丁基-4′-羟基苯基)乙烯和 1,2-二(3′,5′-二叔丁基-4′-羟基苯基)-1-羟基乙烯这两个中间产物没有被分离出来，前者主要是对空气中的氧太敏感。在分离过程中，在薄层板上有一条谱带出现，化学结构是 II′，在空气中极不稳定，很快被氧化成化合物 II。

作者及其同事对化合物 I、II、III、IV，BHT 和 BHA 进行了抗氧化活性的比较和研究 (Duan et al., 1998)，发现它们在猪油中分别在 95℃、100℃、105℃下用 OSI 测定，产物 I 的抗氧化活性非常强，比母体 BHT 的要高得多，最主要是由于化合物 I 及其后面的两个产物，即 1,2-二(3′,5′-二叔丁基-4′-羟基苯基)乙烯(II′)和 II 都有抗氧化活性[式(4-1)]。更有趣的是，BHA 和 BHT 的抗氧化活性随着温度的升高而有明显的增强，产物 I 反而有降低的趋势(表 4-3)。这有可能是随着温度的升高，BHA 和 BHT 所产生的自由基之间更有利于生成具有抗氧化活性的产物。特别有趣的是，产物 IV 的抗氧化结构和母体 BHT 的几乎一样，只是 BHT 的 4-位甲基被甲酰基取代了，尽管其共轭体系扩大了，但其抗氧化活性反而远远低于 BHT。主要原因有两个：其一是甲酰基是一个吸电性很强的基团，降低了其抗氧化活性；其二是该化合物参加抗氧化后不能像其母体 BHT 一样生成有抗氧化活性的产物。当 BHT 的 4-位甲基被叔丁基取代以后，其抗氧化活性比母体降低不少，也是由于参加抗氧化后不能生成新的抗氧化物质。

表 4-3　在 95℃、100℃、105℃下，由 OSI 测得的 BHA，BHT，化合物 I、II、III、IV 在猪油中的抗氧化活性[氧化诱导期, IP (h)和由此算得的保护系数(Pf) (Duan et al., 1998)]

化合物	空白对照	BHA	BHT	I	II	III	IV
95℃							
IP/h	5.4 ± 0.1	77.0 ± 0.0	39.6 ± 0.2	76.0 ± 0.7	27.9 ± 0.2	21.9 ± 0.3	14.0 ± 0.0
Pf	1.0 ± 0.02	14.3 ± 0.00	7.3 ± 0.04	14.1 ± 0.15	5.2 ± 0.04	4.1 ± 0.05	2.6 ± 0.00
100℃							
IP/h	3.2 ± 0.0	46.9 ± 1.0	24.7 ± 0.1	45.0 ± 0.0	15.0 ± 0.0	12.3 ± 0.5	6.8 ± 0.1
Pf	1.0 ± 0.0	14.4 ± 0.31	7.7 ± 0.03	14.1 ± 0.00	4.7 ± 0.16	3.8 ± 0.16	2.1 ± 0.03
105℃							
IP/h	1.8 ± 0.0	31.3 ± 0.4	16.6*	24.3 ± 0.0	9.7 ± 0.2	7.9 ± 0.0	4.3 ± 0.2
Pf	1.0 ± 0.00	17.4 ± 0.02	9.2*	13.5 ± 0.00	5.4 ± 0.10	4.4 ± 0.00	2.3 ± 0.10

*单个数据

1,2-二(3′,5′-二叔丁基 4′-羟基苯基) 乙烯[式(4-1)]是从 BHT 氧化成化合物 II 的一个前体，特别容易氧化。在硅胶薄层层析时，能分出一条紫外灯下有强吸收的一条带，但是很快变成了红色，经分析，该红色物质就是化合物 II。

式(4-2)表明了 BHT 在参加抗氧化过程中的反应机制及产物 III 的形成。在作者的研究中，产物 III 的量远远低于产物 II 的量。

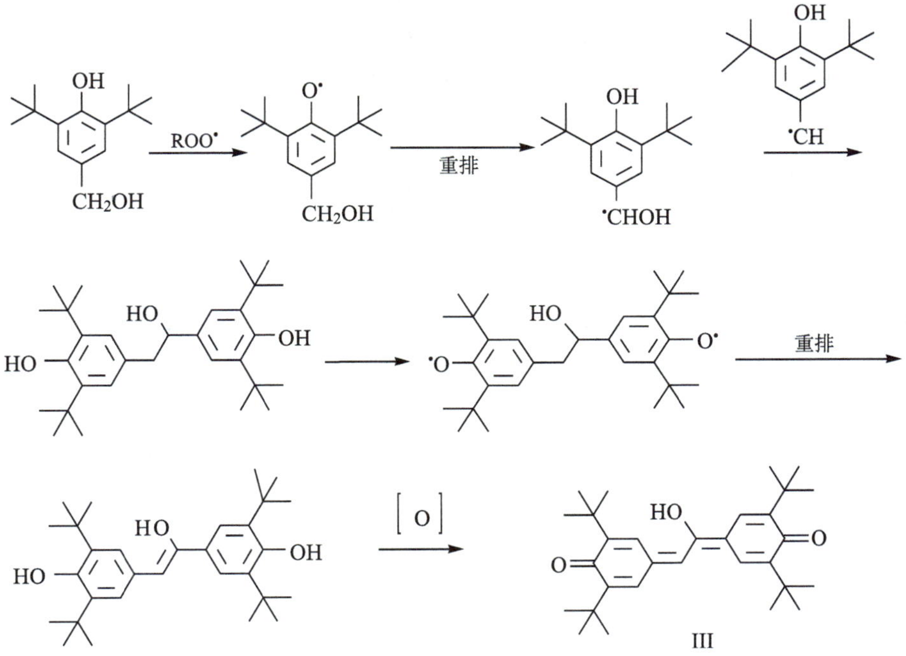

(4-2)

式(4-3)表明了 BHA 参加氧化过程中产生的两个二聚体 VII 和 VIII(Rosenwald and Chenicek, 1951)，从结构上看，产物 VII 的抗氧化活性要强于产物 VIII。在自动氧化反应中，2,2′-二羟基-5,5′-二甲氧基-3,3′-二叔丁基联苯(VII)和 2′,3-二叔丁基-2-羟基-4′,5-二甲氧基联苯醚(VIII)被分离出来(Rosenwald and Chenicek，1951; Kurechi and Senda，1977)。还有学者报道分离到了更多的化合物(Kawai et al.，1999)。

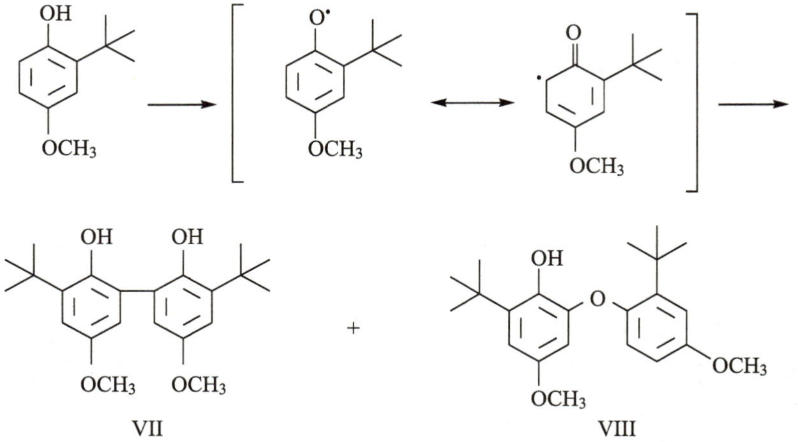

(4-3)

式(4-4)表明了 TBHQ 在参加抗氧化过程中所形成的新化合物。TBHQ 在油脂中被自动氧化成叔丁基对醌(IX)、2,2-二甲基-5-羟基-2,3-二氢苯并呋喃(X)、2-[2-(3′-叔丁基-4′-羟基苯氧基)-2-甲基-1-丙基]对氢醌(XI)、2-叔丁基-4-乙氧基苯酚(XIII) (Kurechi et al., 1983; Kurechi and Kunugi, 1983a)。

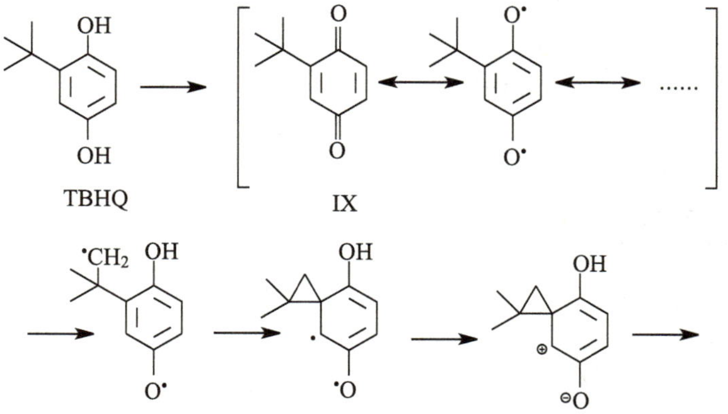

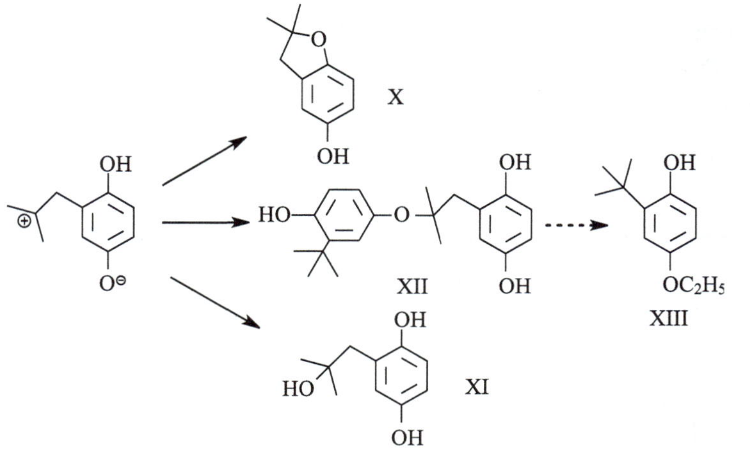

(4-4)

式(4-5)表明了 PG 在氧化过程中形成了鞣花酸(XIV)(Kurechi and Kunugi, 1983b)。

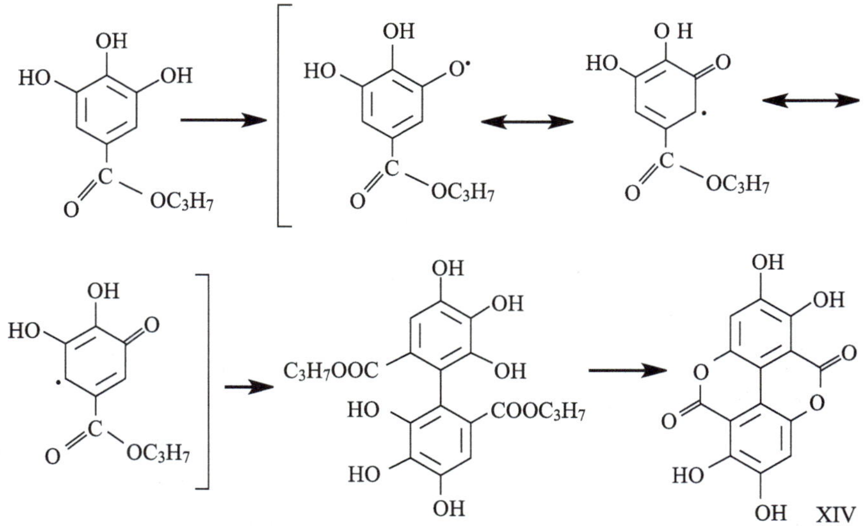

(4-5)

当 BHT 和 BHA 混合加到油脂中被自动氧化时，除了各自的双聚体外，还生成了它们两者之间的结合体，3,3′,5′-三叔丁基-5-甲氧基-2,4′-二羟基苯基甲烷(XV)(Kurechi and Kato, 1980)[式(4-6)]。

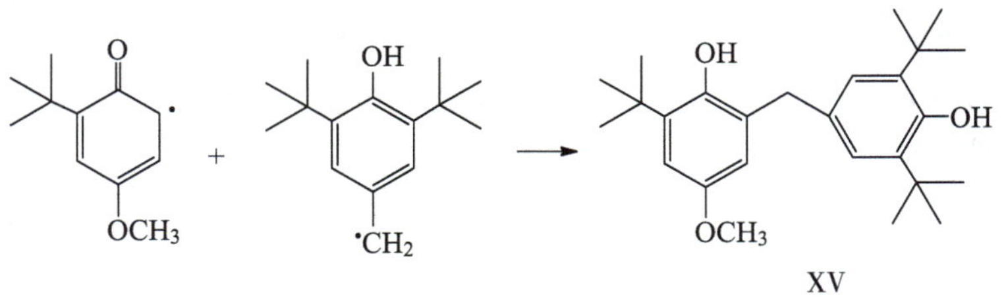

(4-6)

式(4-6)表明了 BHA 和 BHT 混合加到油脂中参加抗氧化过程中形成的新化合物。从这个产物的化学结构来看，其抗氧化活性也是较高的，但是难以超过 BHT 的氧化产物 I。事实上，比较表 4-3 和表 4-4 的结果，化合物 I 的抗氧化活性确实明显高于化合物 XV，其$(t-t_o)/(t_{BHT}-t_o)$值分别为 2.00（取 95℃和 100℃的平均值）和 1.66。

同样, BHA 和 PG 一起生成两个它们之间的结合体：3,4-二羟基-5-(2′-羟基-5′-甲氧基-3′-叔丁基苯氧基)苯甲酸丙酯（XVI）、3,5-二羟基-4-(2′-羟基-5′-甲氧基-3′-叔丁基苯氧基)苯甲酸丙酯(XVII) (Kurechi and Kato, 1980) [式（4-7）]。

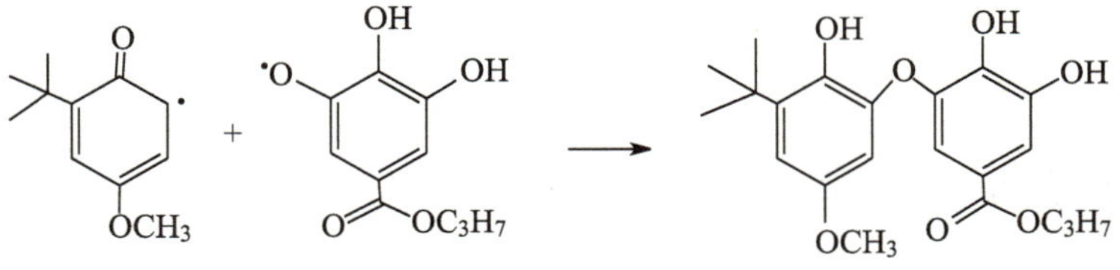

XVI

(4-7)

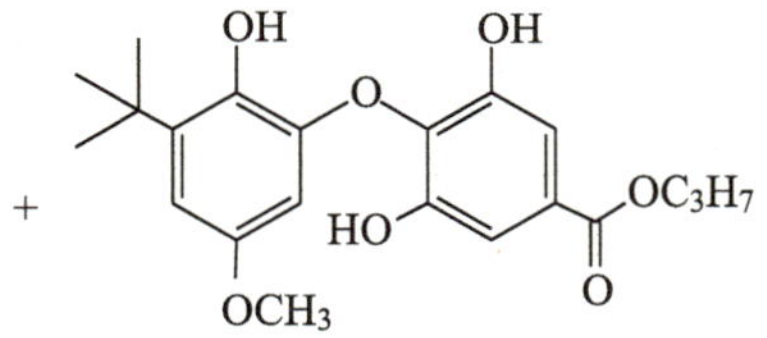

XVII

在表 4-4 中，化合物 II 和 IV 的抗氧化活性是零，这和表 4-3 中的结论是有出入的。在表 4-3 中，化合物 II 和 IV 表现出明显的抗氧化活性。作者分析认为，有两个原因造成这种差别：一是氧化反应加速方式不同。在作者的研究中用的是加温提速氧化反应，而表 4-4 中用的是紫外光照射加速氧化反应。二是所选用的实验底物不同，因为表 4-4 的实验是用豆油作底物的，而表 4-3 的实验是用猪油作底物的。在豆油中含有很高的亚油酸，还有一些亚麻酸。而多不饱和脂肪酸的含量越高，自由基产生的速度就越快，则要求抗氧化剂提供氢原子给活泼自由基的速度（酚型抗氧化剂），或和活泼自由基结合的速度（醌型抗氧化剂）越快。一些空阻小的多酚类化合物，如 TBHQ、PG 在高不饱和油脂中表现出很强的抗氧化活性，而 BHT 和 BHA 的抗氧化活性表现得很弱或没有。这一结论在表 4-4 中进一步被证实。事实上，在作者的研究中发现，BHA 和 BHT 在室温下对含有 75%二十碳五烯酸（EPA）和二十二碳六烯酸（DHA）甲酯没有表现任何抗氧化作用，但 TBHQ 表现出非常强的抗氧化作用（未发表的数据）。

表 4-4　豆油中，在紫外光线照射下，BHT 氧化产物的抗氧化活性 (Harano et al., 1967)

化合物	抗氧化活性$(t-t_o)/(t_{BHT}-t_o)$*
BHT	1
I	0.64
II	0
IV	0
V	0.56
VI	0.23

* t 表示加入 BHT 及其任一氧化产物豆油的氧化诱导期；t_o 表示空白豆油的氧化诱导期；t_{BHT} 表示加入 BHT 后的豆油的氧化诱导期

在表 4-5 中，BHA 参加抗氧化反应后生成两个新酚化合物 VII 和 VIII，它们都是 BHA 的双聚体。但是化合物 VII 有两个功能羟基，而化合物 VIII 只有一个羟基[式(4-3)]。故前者的抗氧化活性是后者的两倍，但是都低于其母体 BHA 的抗氧化活性。

表 4-5　BHA 及其氧化产物以活性氧法测得的抗氧化活性 (Kurechi, 1969)

化合物	浓度，底物和抗氧化活性$(t-t_o)/(t_{BHA}-t_o)$*				
	猪油			牛油	油酸甲酯
	0.005%	0.02%	0.08%	0.02%	0.02%
BHA	1	1	1	1	1
VII	0.24	0.33	0.44	0.18	0.24
VIII	0.48	0.70	1.41	0.52	0.71

* t 表示加入 BHA 及其任一氧化产物底物(油脂或油酸甲酯)的氧化诱导期；t_o 表示空白底物的氧化诱导期；t_{BHA} 表示加入 BHA 后的底物(油脂)的氧化诱导期

表 4-6 中所列的是 TBHQ 参加抗氧化反应后生成的化合物的抗氧化活性。非常有趣的是，在油酸甲酯中除叔丁基对醌(化合物 IX)外，其他化合物(X、XI、XII、XIII)[式(4-4)]的抗氧化活性都比其母体 TBHQ 要高得多，尤其是化合物 VIII 的抗氧化活性特别强。其抗氧化顺序为：**XIII >> X > XII ＝ XI > TBHQ > IX。**

但是在豆油中，所有的产物均远低于其母体 TBHQ 的抗氧化活性，其抗氧化顺序为：**TBHQ > XII > XI >> XIII > IX > X。**

表 4-6　用活性氧化法测得的 TBHQ 及其氧化产物的抗氧化活性 (Kurechi et al., 1983)

化合物 0.01%	底物和抗氧化活性 $(t-t_o)/(t_{TBHQ}-t_o)$*		
	油酸甲酯	豆油	猪油
TBHQ	1.00	1.00	1.00
IX	0.05	0.02	0.10
X	1.73	−0.03	0.51
XI	1.31	0.56	1.39
XII	1.31	0.68	1.05
XIII	2.53	0.06	0.87

* t 表示加入 TBHQ 及其任一氧化产物的底物（油脂或脂肪酸甲酯）的氧化诱导期；t_o 表示空白底物（油脂）的氧化诱导期；t_{TBHQ} 表示加入 TBHQ 后的底物（油脂）的氧化诱导期

因为在豆油中，自然含有较高浓度的生育酚，化合物 X 和 BHA 都是与生育酚具有相似的结构，即均为烃氧基苯酚，所以化合物 X 和 BHA 在豆油中都显示不出明显的抗氧化活性来。(表 4-7)。

而在猪油中，除化合物 IX 的抗氧化活性特别低外，其他的化合物和其母体的抗氧化活性差别不是很大。其抗氧化顺序为：**XI > XII > TBHQ > XIII > X >> IX**。

表 4-7　BHA、BHT 及其混合物和它们之间的氧化结合产物的抗氧化活性 (Kurechi and Kato, 1980；Kurechi, 1969)

化合物 0.01%	底物和抗氧化活性/ $(t-t_o)/(t_{BHT}-t_o)$*		
	油酸甲酯	猪油	豆油
BHT	1	1	1
BHA	1.42	1.53	0.02
BHT+BHA	1.66	1.67	0.55
XV	1.031	1.66	1.47

* t 表示加入 BHA、BHT 及其混合物的任一氧化产物后的底物（油脂或油酸甲酯）的氧化诱导期；t_o 表示空白底物（油脂）的氧化诱导期；t_{BHT} 表示加入 BHT 后的底物（油脂）的氧化诱导期

表 4-7 表明，在油酸甲酯和猪油中，BHA 和 BHT 混合物的抗氧化活性要明显强于它们各自单独的抗氧化活性，只有在豆油中 BHA 和 BHT 混合物的抗氧化活性要明显弱于 BHT 单独的抗氧化活性，但是远强于 BHA 的抗氧化活性 (Kurechi and Kato, 1980；Kurechi, 1969)。这主要是因为 BHA 在豆油中几乎无抗氧化活性。BHA 和 BHT 的聚合体[化合物 XV，式(4-6)]在油酸甲酯中的抗氧化活性略微高于 BHT，但是明显低于 BHA。在猪油中，略微高于 BHA，明显高于

BHT。在豆油中，明显高于 BHT，远远高于 BHA。

BHA 和 PG 之间的聚合物 XVI 和 XVII[式(4-7)]均有明显的抗氧化活性(表 4-8)。在油酸甲酯中，化合物 XVI、XVII 和其母体之一的 PG 的抗氧化活性接近，但是明显低于 BHA。在猪油中，这两个产物的抗氧化活性略微低于 BHA 的，明显低于 PG 的。在豆油中，其抗氧化顺序为：**PG >> XVII >> XVI > BHA。**

表 4-8　BHA、PG 及它们之间氧化产物的抗氧化活性 (Kurechi and Kunugi, 1983b)

化合物 0.01%	底物和抗氧化活性 $(t-t_0)/(t_{BHA}-t_0)$*		
	油酸甲酯	猪油	豆油
BHA	1	1	1
PG	0.52	1.5	12.25
XVI	0.471	0.91	1.5
XVII	0.53	0.88	4

* t 表示加入 BHA、PG 及其混合物的任一氧化产物的底物(油脂或脂肪酸甲酯)的氧化诱导期；t_0 表示空白底物(油脂)的氧化诱导期；t_{BHA} 表示加入 BHA 后的底物(油脂)的氧化诱导期

PG 参加抗氧化后生成一个双聚体[式(4-5)]，从其结构来看应该有较强的抗氧化活性，但是目前还未见到其抗氧化活性研究的数据。

参 考 文 献

翁新楚. 1993. 抗氧化剂及其抗氧化机制. 郑州粮食学院学报, (3): 20-29.

Anderson R, Huntley T E, Schwecke W M, et al. 1963. Disappearance of BHA and BHT in relation to peroxide content in breakfast cereals. Journal of the American Oil Chemists' Society, 40(8): 349-352.

Campbell T W, Coppinger G M. 1952. The reaction of t-butyl hydroperoxide with some phenols. J Am Chem Soc, 74(6): 1469-1471.

Conning D M, Phillips J C. 1986. Comparative metabolism of BHA, BHT and other phenolic antioxidants and its toxicological relevance. Food and Chemical Toxicology, 24(10-11): 1145-1148.

Daniel F B. 1985. Antioxidant Applications. Manufacturing Confectioners Association Production Conference: 32-37.

Duan S, Weng X C, Dang X W, et al. 1998. Antioxidant properties of butylatedhydroxytoluene refluxed in ferric chloride solution. Food Chemistry, 61(1-2): 101-105.

Harano Y, Hoshino O, Ukita T. 1967. Decomposition of 3,5-di-tert-butyl-4-hydroxy-toluene added to soybean oil by irradiation with ultraviolet light. Journal of Hyg Chem (Japan), 13(4): 197-201.

Horswill E C, Ingold K U. 1966. The oxidation of phenols: i. the oxidation of 2,6-di-t-butyl-4-methylphenol, 2,6-di-t-butylphenol, and 2,6-dimethylphenol with peroxy radicals. Canadian Journal of Chemistry, 44(3): 263-268.

Kawai M, Muto M, Murase Y, et al. 1999. Structures of two alkaline autoxidation products of BHA, a widely used antioxidant. Journal of Chemical Crystallography, 29(11): 1193-1196.

Kurechi T. 1969. Antioxidants. V. Antioxidative activity of the oxidation products of BHA [2-butylhydroxyanisole]. Eisei Kagaku, 15(5): 301-307.

Kurechi T, Kato T. 1980. Studies on the antioxidants: XI. oxidation products of concomitantly used butylated hydroxyanisole and butylated hydroxytoluene. Journal of the American Oil Chemists' Society, 57(7): 220-223.

Kurechi T, Kunugi A. 1983a. Studies on the antioxidants XIX: photooxidation products of tertiary butyl hydroquinone (TBHQ). Journal of the American Oil Chemists' Society, 60(11): 1882-1887

Kurechi T, Kunugi A. 1983b. Studies on the antioxidants XVII: photooxidation products of concomitantly used butylated hydroxyanisole and propyl gallate. Journal of the American Oil Chemists' Society, 60(1): 109-113.

Kurechi T, Senda H. 1977. Antioxidants. VI. Photodegradation of butyl hydroxyanisole. II. Eisei Kagaku, 23(5): 267-272.

Kurechi T, Aizawa M, Kunugi A. 1983. Studies on the antioxidants XVIII: oxidation product of tertiary butyl hydroquinone (TBHQ) (I). Journal of the American Oil Chemists' Society, 60(11): 1878-1882.

Rosenwald R, Chenicek J. 1951. Alkyl hydroxyanisoles as antioxidants. Journal of the American Oil Chemists' Society, 28(5): 185-188.

Smith J. 1991. Food Additive User's Handbook. Glasgow, Scotland: Blackie and Son Ltd.

Smith J, Hong-Shum L. 2003. Food Additives Data Book. Oxford: Blackwell Science Ltd: 86-101.

第 5 章　酚类抗氧化机制的进一步探讨

说起生育酚，对于一般的食品研究工作者、营养学家、医药工作者来说是一个非常熟悉的名词，因为生育酚是一类人体必需的营养物质——维生素 E。生育酚是由美国生理学家 Herbert Evans 及其助手 Katharine Bishop 于 1922 年发现的。1938 年瑞士化学家 Karrer 等化学合成出 α-生育酚。生育酚的英语名词为 tocopherol，意即授予生育(to bear offspring)，是来源于希腊语的组合词，tokos(tocos)是生育(childbirth)的意思，phorein(phera)是授予(to bring forth)的意思，ol 是醇(alcohol)的意思 (Rucker, 2001)。而羟基直接接在苯环上时，即称为酚，故该类化合物称为生育酚，而非醇。缺少生育酚，人体就不能正常发育、维持健康，成年人会失去生殖能力。

生育酚被大量用于食品营养强化剂、化妆品、医药食品抗氧化剂及保健食品等，并且主要的是化学合成的 α-生育酚。

生育酚的化学结构式为色满(chroman)的衍生物 (Fernholz, 1938)。天然生育酚有两大类 (Kamal-Eldin and Appelqvist, 1996)：生育酚和三烯生育酚(tocotrienols)（表 5-1）。生育酚是一个在酚环上的不同位置由甲基取代的色满酚，在 2-位带有一个甲基和一个植基；三烯生育酚也是在酚环上的不同位置由甲基取代的色满酚，在 2-位带有一个甲基和三烯植基(图 5-1)。

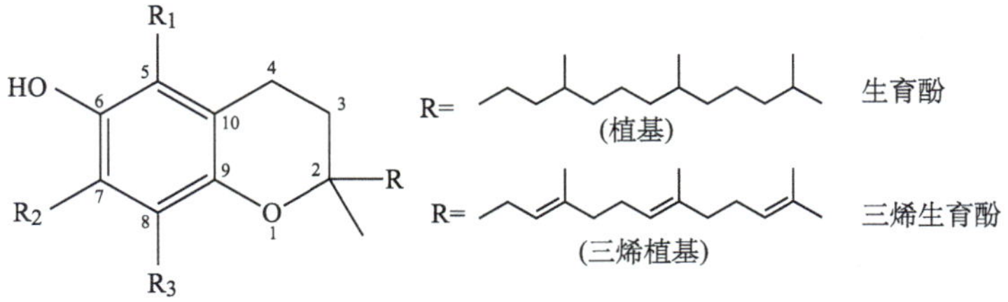

图 5-1　生育酚和三烯生育酚的基本结构

生育酚芳香环的不同位置被甲基取代产生α-、β-、γ-、δ-生育酚，在色满环上的 2-位及植基上又有 3 个手性中心，因此，α-、β-、γ-、δ-生育酚又各自包含 8 个旋光异构体。天然的生育酚均为 R,R,R 型 (Mayer et al.,1963)，用 d-生育酚表示；合成的生育酚则是 8 个不同旋光异构体的混合物，用 dl-生育酚表示。

三烯生育酚的色满环的 2-位上仅有一个手性中心，但在三烯植基上有两个顺反异构，故同样也有 8 个异构体。

表 5-1　各个生育酚的名称、缩写、生理活性及自然界的最好来源

R_1、R_2、R_3	名称	缩写	相对生理活性/%*	自然界中最好来源
生育酚				
Me、Me、Me	(d-)**α-生育酚	α-T	149	小麦胚芽油
	dl-α-生育酚	α-T	110	合成
Me、H、Me	(d-)β-生育酚	β-T	75	小麦胚芽油、向日葵油
	dl-β-生育酚	β-T	30	合成
H、Me、Me	(d-)γ-生育酚	γ-T	15	豆油、棉籽油、菜籽油
	dl-γ-生育酚	γ-T	1.5	合成
H、H、Me	(d-)δ-生育酚	δ-T	5.0	玉米油、豆油
	dl-δ-生育酚	δ-T	1.5	合成
三烯生育酚				
Me、Me、Me	(d-)α-三烯生育酚	α-T-3	45	棕榈油
	dl-α-三烯生育酚	α-T-3	30	合成
Me、H、Me	(d-)β-三烯生育酚	β-T-3	8.0	小麦胚芽油
	dl-β-三烯生育酚	β-T-3	1.0	合成
H、Me、Me	(d-)γ-三烯生育酚	γ-T-3	1.5	棕榈油
	dl-γ-三烯生育酚	γ-T-3	未测出	合成
H、H、Me	(d-)δ-三烯生育酚	δ-T-3	1.0	棕榈油
	dl-δ-三烯生育酚	δ-T-3	未测出	合成

* 以 dl-α-生育酚乙酸酯的生理活性为 100%，Me 为甲基，T 为 tocopherol（生育酚）的缩写

** 通常括号内的可省略

生育酚在体内的生理作用是怎样产生的，尤其是生殖生理作用，目前还不十分清楚。但有初步证据表明，生育酚在体内也是以抗氧化作用为主，并且生殖生理作用也是以抗氧化作用来表现的。研究表明，当缺少生育酚时，老鼠的生殖系统出现问题，但是，当用合成的抗氧化剂 *N*,*N*′-二苯基对苯二胺代替生育酚时，在老鼠两代的传代生殖研究中未出现问题。

5.1　生育酚及单芳香环酚类的抗氧化活性

作为抗氧化剂是生育酚最广泛的应用功能，在大量的研究报道中，关于生育酚抗氧化活性的报道是一致的，内容如下。

(1) 生育酚在体内是有效的抗氧化剂 (Sebrell and Harris, 1972)。

(2) 体内天然的各生育酚的抗氧化活性大于对应合成的生育酚，烷植基系列的生育酚远大于三烯植基系列的三烯生育酚。

由于色满的芳香环上甲基取代位置和个数不同，所产生不同的生育酚的体内抗氧化活性按下列次序减弱 (Burton and Traber, 1990；Burton and Ingold, 1986；Dillard et al., 1983; Century and Horwitt, 1965)：**α-生育酚 ＞β-生育酚 ＞γ-生育酚 ＞δ-生育酚。**

(3) 在体外的食品、油脂、药物等非生物系统中，各天然生育酚的抗氧化活性和相应的合成生育酚的活性相等，烷植基系列的生育酚等于三烯植基系列的三烯生育酚。

由于色满的芳香环上甲基取代位置和个数不同，所产生不同的生育酚的体外抗氧化活性按下列次序增强 (Lea and Ward, 1959；Chow and Draper, 1974)：**α-生育酚 ＜β-生育酚 ＜γ-生育酚 ＜δ-生育酚。**

这样各种生育酚在体内和体外的抗氧化活性的强弱顺序就完全反过来了。

(4) 在体外以捕捉有机自由基(如 DPPH˙)的强弱来测定抗氧化剂的强弱，生育酚的抗氧化活性只能按下列次序减弱，和体内的抗氧化活性次序一致 (Chan, 1987；Minisci, 1997)：**α-生育酚 ＞β-生育酚 ＞γ-生育酚 ＞δ-生育酚。**

当以苯乙烯为底物，用二异丁腈偶氮作自由基诱发剂时，发现各生育酚中，α-生育酚的抗氧化活性最强[表 5-2 和式(5-1)，$k_1 = 30\times 10^4$ L/(mol • s)](Burton et al., 1985)。还有一个很有趣的现象，当生育酚的植基被取代后，其抗氧化活性也随取代基吸电效应的增强而变弱。当取代基是甲基时，$k_1 = 380 \times 10^4$ L/(mol • s)；当取代基是羧基时，$k_1 = 110 \times 10^4$ L/(mol • s)。这一现象和作者的发现是一致的，因为吸电基使苯环上的电子云密度变薄，不利于酚羟基提供氢原子给活泼自由基。但是由于羧基并没有直接接到苯环上，这有可能与羧基和吡喃环上的氧同接在一个碳上很有关系，因为该氧原子在功能羟基的对位，它的供电性能的降低能极为灵敏地反映到色满酚羟基的供氢速度上。而使色满酚羟基释放氢原子的速度下降如此之大(只有α-生育酚和 PMHC 的 1/3)，也是难以预料的。

表 5-2　酚类抗氧化剂的结构与提供氢原子给活泼自由基的速度(k_1)的关系 (Burton et al., 1985)

结构	R_1	R_2	R_3	代号	k_1(10^{-4} L/(mol • s))
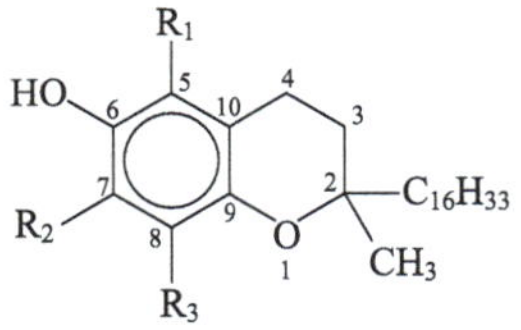	H	H	CH_3	δ-T	44
	H	CH_3	CH_3	γ-T	140
	CH_3	H	CH_3	β-T	130
	CH_3	CH_3	CH_3	α-T	320
	CH_3	CH_3	H	DMT	180

续表

结构	R_1	R_2	R_3	代号	$k_1(10^{-4}$ L/(mol • s))
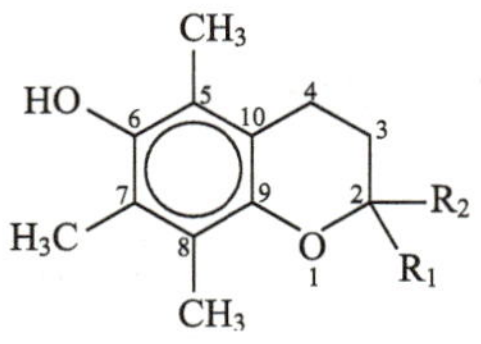	H	H		Ia	270
	CH_3	CH_3		Ib	380
	CH_3	COOH		Ic	110
	CH_3	$COOCH_3$		Id	180
	CH_3	CH_2COOH		Ie	190
	CH_3	CH_2COOCH_3		If	270
	CH_3	CH_2OH		Ij	150
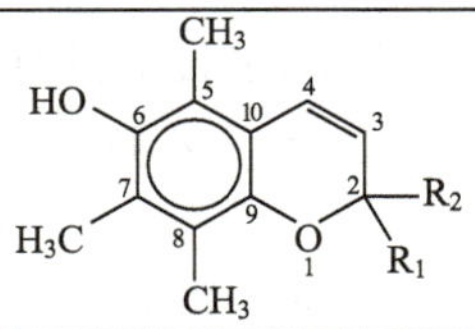	CH_3	CH_3		IIa	250
	CH_{356}	CH_2COOH		IIb	100
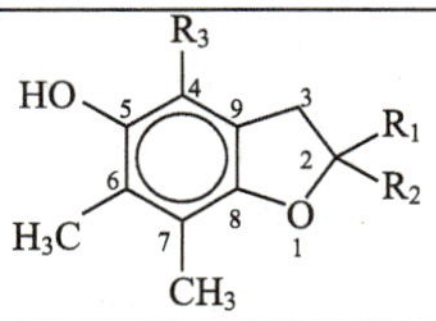	H	CH_3	CH_3	IIIa	540
	CH_3	CH_3	CH_3	IIIb	570
	CH_3	COOH	CH_3	IIIc	160
	CH_3	CH_3	H	IIId	320
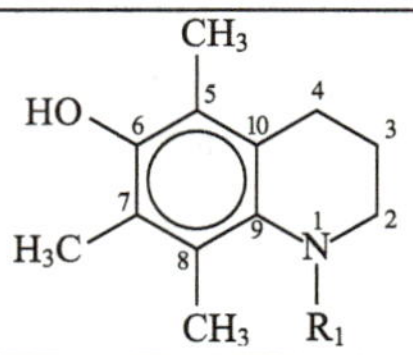	H			IVa	/
	$COCH_3$			IVb	12
	CH_2CH_3			IVc	200
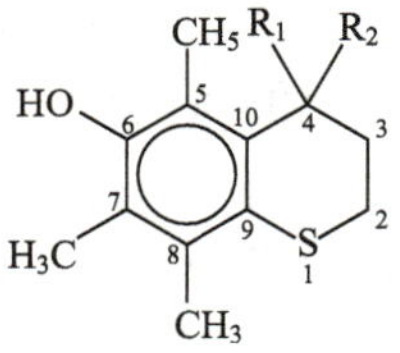	CH_3	CH_3		V	280
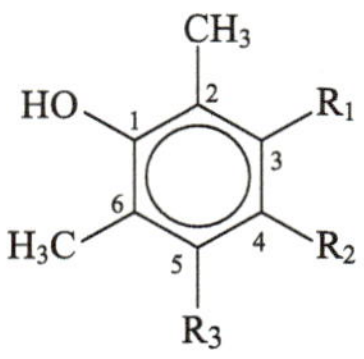	H	OCH_3	H	VIa	94
	H	OCH_3	CH_3	VIb	130
	CH_3	OCH_3	CH_3	VIc	39
	CH_3	CH_3	CH_3	VId	36
	CH_3	CH_3	H	VIe	11
	H	CH_3	H	VIf	8.5
	CH_3	H	CH_3	VIg	7.5
	H	H	H	VIh	2.5

续表

结构	R_1	R_2	R_3	代号	$k_1(10^{-4}$ L/(mol · s))
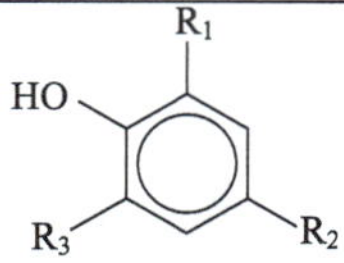	Me_3C	Me_3C	MeO	VIIa	11
	Me_3C	Me_3C	Me	VIIb	1.4
	Me_3C	Me_3C	H	VIIc	0.31

$$ROO^{\bullet} + ArOH \xrightarrow{k_1} ROOH + ArO^{\bullet} \tag{5-1}$$

$$BDE(C_6H_{5-n}X_nO—H)=BDE(C_6H_5O—H)+\sum_{i}^{n}\Delta BDE(X) \tag{5-2}$$

式(5-2)中，X 是任一取代基，如甲基或甲氧基。BDE(X)是 X 取代基取代后对苯酚氢氧键均裂键能影响的数值。如比较式(5-3)和式(5-4)，即可得到酚羟基的两个邻叔丁基和一个对甲氧基一起的效应将酚氢氧键的均裂能降低 10kcal/mol。而根据表 5-3 中的数据和式(5-2)的叠加原理，两个邻叔丁基和一个对甲氧基共同影响使得酚上的氢氧键共降低了 9.2kcal/mol(即 4.8 kcal/mol + 4.4 kcal/mol)。这一事实说明，式(5-2)的计算值和实验值十分接近，可用于一些抗氧化剂的抗氧化活性的预测。

表 5-3　在取代酚中计算均裂键能(BDE)的叠加贡献(BDE, kcal/ mol)

取代基	邻位(两个基团)	间位(两个基团)	对位
Me	−3.5	−1.0	−1.7
CMe_3	−4.8	−1.0	−1.9
OMe	−3.9	−0.9	−4.4

注：在式(5-1)中，使用酚最小的均裂键能 87.6 kcal/mol (Minisci, 1997)

(5-3)

BDE(ArO—H) = 88kcal/mol　　　ΔH° = 0kcal/mol

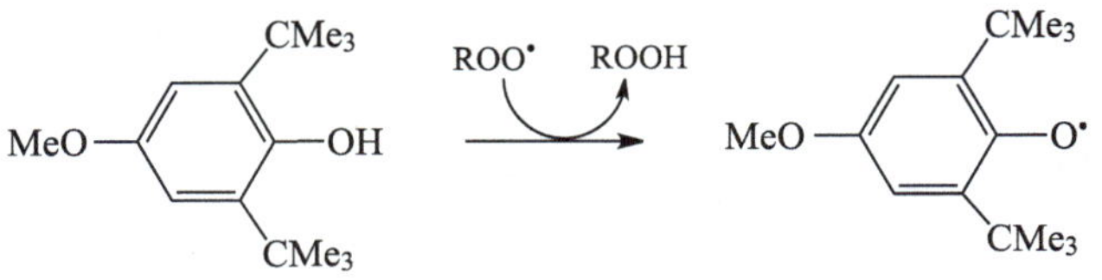

(5-4)

BDE(ArO—H) = 78kcal/mol　　　H° = −10kcal/mol

当直接用有机自由基来测酚类抗氧化活性时，抗氧化剂所表现出来的抗氧化活性的强弱主要取决于放出氢原子的速度。而释放氢原子的速度则主要取决于 3 个因素 (Burton et al., 1985)，即酚羟基两边的空间屏蔽效应、取代基的诱导效应和共轭效应，从数值上反映出来的则是酚羟基的氢氧键的离解能(bond dissociation energy, BDE)。当苯环上的电子云密度越大时，其 BDE 越小，抗氧化活性越强。所以，酚类抗氧化剂羟基邻位和对位上的氢被一些供电的基团，如烃基、羟基、烃氧基、氨基和胺基取代后，其抗氧化活性会增加。所以生育酚的苯环上的甲基增加时，在体内捕捉过氧自由基或在体外捕捉有机自由基的活性越强。

图 5-2 是一棵各种酚羟基的氢氧键离解“能级树”，对应的离解能数值列在表 5-4 中。表 5-3 中则列出甲基、叔丁基和甲氧基在酚苯环上不同位置对酚羟基的氢氧键离解能的影响。从表 5-3 中的数值可知，甲基在羟基的邻位和对位对降低酚羟基氢氧键的离解能贡献几乎相等，但是远大于间位甲基(3.5 倍关系，注意：邻位和间位都是按两个基团算的，对位只有一个基团，故作比较时，邻位和间位的电子效应要除 2)，即不同位置上的甲基对降低氢氧键的离解能的贡献依次减小：**甲基邻 ≈ 甲基对 >> 甲基间。**

叔丁基在邻位对降低酚羟基氢氧键的离解能贡献要明显大于对位，要远大于间位，即降低氢氧键的离解能依次减小：**叔丁基邻 > 叔丁基对 >> 叔丁基。**

叔丁基在邻位和对位时对降低酚羟基氢氧键的离解能贡献分别是间位的 2.4 倍和 1.9 倍。

在对位上，叔丁基的供电性只略高于甲基，但在邻位上对降低酚羟基氢氧键的离解能贡献却明显高于甲基，这又是为什么呢？其主要原因在于叔丁基强大的空间阻碍作用 (Burton et al., 1985)。酚羟基相邻的两个叔丁基使得羟基非常拥挤，使得分子内能升高。当氢原子释放以后，其拥挤程度大大降低。

甲氧基在对位远比在邻位对降低酚羟基氢氧键的离解能贡献要大(−4.4 比 −3.9/2，是其两倍多)，远远大于间位(近 10 倍)，即降低氢氧键的离解能依次减小：**甲氧基对 >> 甲氧基邻 >> 甲氧基间。**

甲氧基主要通过其氧上的孤对 P 电子与苯环上的大π键共轭来供电，这种共轭供电效应不随着距离的增加而减小。而诱导效应是通过σ键来传递的，故氧的吸电效应随着距离的延长迅速减弱。而对位比邻位的距离大得多。这就是甲氧基在对位比邻位的供电效应要大得多的主要原因 (Burton et al., 1985)。但是在间位时，氧的诱导吸电效应较大，共轭供电效应则比对位和邻位的要低得多。将甲氧基上氧的诱导吸电效应从其共轭供电效应扣除后，甲氧基对降低羟基的氢氧键离解能的贡献就很小了。这一点从氧自由基的共振极限式可看出，间位甲氧基不能很好地分散酚氧上的自由基，而对、邻位的甲氧基则可。

细心的读者可能发现在第 1 章中的表 1-1 中，苯酚氢氧键的均裂键能是

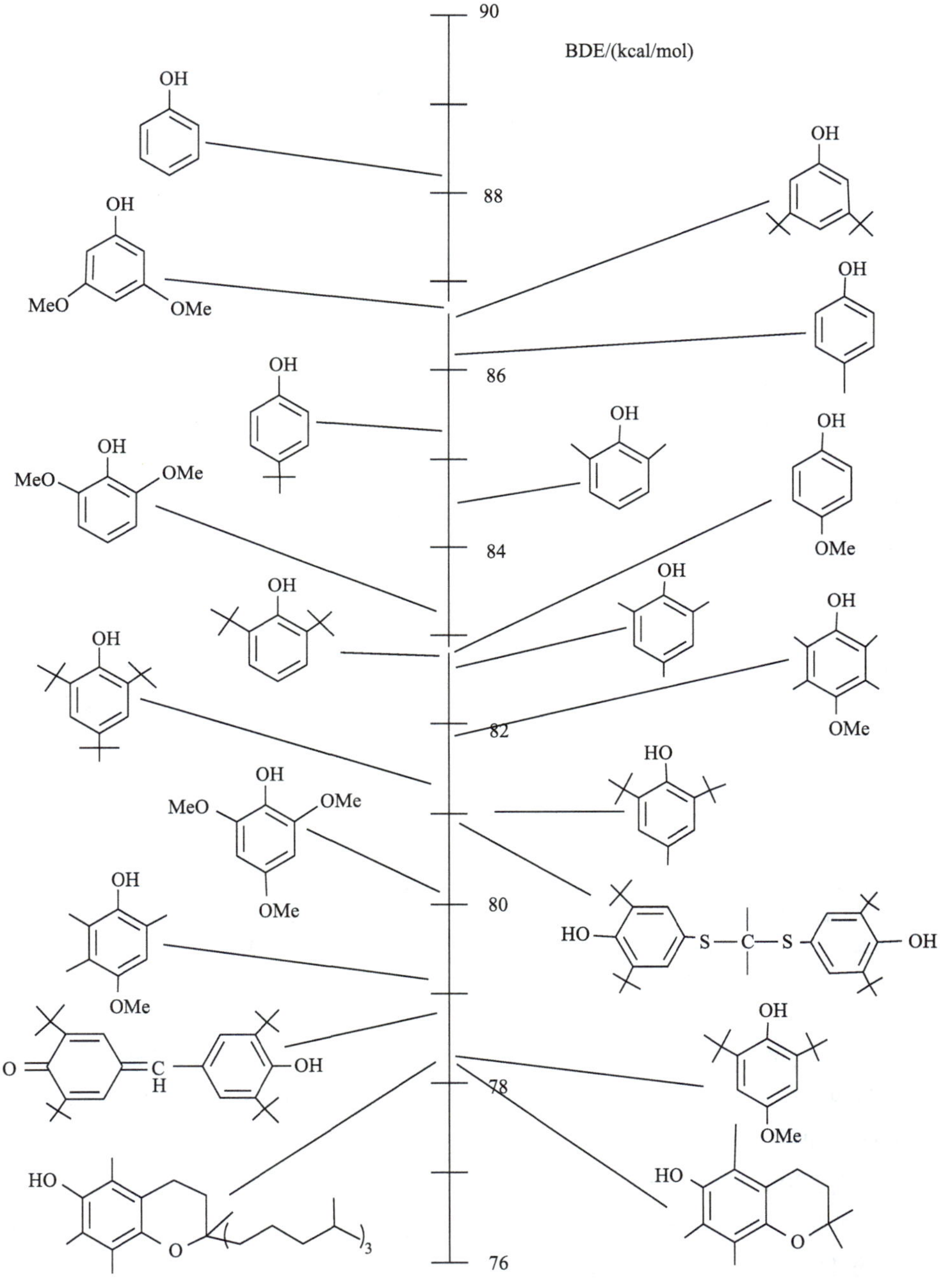

图 5-2　酚类化合物的酚羟基氢氧键均裂的键能(BDE，kcal /mol) (Minisci, 1997)

87kcal/mol, 而本章中的表 5-4 则是 88.3 kcal/mol。这主要是因为数据源于不同实验室的缘故。

表 5-4　取代基对苯酚羟基氢氧键均裂键能的影响 (Lucarini et al., 1996)

ArOH	R 邻	R 间	R 对	BDE_{exp}(kcal/ mol)	BDE_{cal}(kcal /mol)
1	H	H	H	88.30 ± 0.80	87.6
1a	H	H	Me	86.20 ± 0.60	85.9
1b	H	H	CMe_3	85.30 ± 0.50	85.7
1c	H	H	OMe	82.81 ± 0.21	83.2
2a	Me	H	H	84.50 ± 0.38	84.1
2b	CMe_3	H	H	82.80 ± 0.21	82.8
2c	OMe	H	H	83.16 ± 0.15	83.7
3b	H	CMe_3	H	86.62 ± 0.26	86.6
3c	H	OMe	H	86.70 ± 0.30	86.7
4a	Me	H	Me	82.73 ± 0.18	82.4
4b	CMe_3	H	CMe_3	81.24	80.9
4c	OMe	H	OMe	80.00 ± 0.12	79.3
4d	CMe_3	H	Me	81.02 ± 0.13	81.1
4e	CMe_3	H	OMe	78.31 ± 0.13	74.8
5a	Me	H	OMe	79.20 ± 0.15	79.2
5b	Me	Me	OMe	81.88 ± 0.25	78.7
6a	PMHC			78.25 ± 0.18	78.7
6b	α-生育酚(-T)			78.23 ± 0.25	78.7

注：BDE_{exp} 实验测得的键离解能数据(bond dissociation energy by experiment)；BDE_{cal} 计算得到的键离解能数据(bond dissociation energy by calculation)；Ar 表示芳香基；Me 表示甲基；OMe 表示甲氧基；CMe_3 表示叔丁基；PMHC 表示 2,2,5,7,8-五甲基-6-羟基-色满

从图 5-2 的"能级树"和表 5-4 中可知 2,2,5,7,8-五甲基-6-羟基-色满(PMHC)、α-生育酚和 2,6-二叔丁基-4-甲氧基酚的酚氢氧键离解能分别为 78.25kcal/mol、78.23kcal/mol 和 78.31kcal/mol，三者几乎一样。但是它们捕捉自由基的速度常数(k_1)分别为 380×10^4 L/(mol • s)、320×10^4 L/(mol • s)和 11×10^4 L/(mol • s)（表 5-2)，这就意味着 2,6-二叔丁基-4-甲氧基酚捕捉自由基的速度常数只有另外两个化合物的 1/30，而 2,3,6-三甲基-4-甲氧基酚的氢氧离解键能为 79.20kcal/mol，明显高于 2,6-二叔丁基-对甲氧基酚的酚羟基离解键能，但是它捕捉自由基的速度常数为 130×10^4 L/(mol • s)，也是 2,6-二叔丁基-4-甲氧基酚捕捉自由基的速度常数(11×10^4 L/(mol • s))的 10 多倍。酚羟基氢氧键离解能是参加抗氧化反应的热力学性质，反映酚提供氢原子可能性的大小。例如，酚中羟基的氢氧键离解能和氢

过氧化物的离解能相等，均为 88kcal/mol，所以式(5-3)(Minisci, 1997)是可逆的，故苯酚不能有效地捕捉过氧自由基。而 2,6-二叔丁基-4-甲氧基酚的酚羟基离解键能只有 78kcal/mol，远小于氢过氧化物的氢氧键离解能，式(5-4)(Minisci, 1997)是不可逆的，故从热力学上讲是很好的自由基捕捉剂。

在大多数情况下，氢氧键离解能与捕捉自由基的速度常数是一致的，至少是相关的。但是为什么在上面的几个案例中会出现如此大的反常现象呢？这主要是因为 2,6-二叔丁基-对甲氧基酚上的两个叔丁基将酚羟基屏蔽得很严，使活泼自由基很难接触酚羟基，发生有效碰撞概率小，所以捕捉自由基的速度很慢。而其他 2 个化合物酚羟基，两个邻位都是甲基，几乎不能屏蔽酚羟基，使活泼自由基很易接触酚羟基，故有很快地捕捉自由基的能力 (Minisci, 1997; Wright et al., 2001)。

当α-生育酚的吡喃环被呋喃环取代后，其抗氧化活性达到极大值[表 5-2，$k_1 = 570\times10^4$ L/(mol·s)]。另一非常有趣的现象是，当 2,6-二甲基对甲氧苯酚苯环上的甲氧基的邻位(即 4,5-位)上两个氢原子中，只有一个被甲基取代时，其抗氧化活性是增加的[k_1 从 94×10^4 L/(mol·s)增加到 130×10^4 L/(mol·s)]，但是当两个氢全部被甲基取代后(即 2,3,5,6-四甲基-4-甲氧基苯酚)其抗氧化活性[$k_1=39\times10^4$ L/(mol·s)] 只和五甲基苯酚相当[$k_1 = 36\times10^4$ L/(mol·s)](Burton et al., 1985)。

这两个现象在 X 射线衍射对分子空间构象的研究结果表明，对烃氧基苯酚类型化合物的抗氧化活性的影响最大的因素之一是烃氧基上氧孤对电子与苯环的共轭情况 (Burton et al., 1980)。在呋喃环代替吡喃环后，氧孤对电子比相应的生育酚更有利于共轭。同样，当甲氧基的两个邻位都被甲基取代后，两个甲基的空间阻碍作用使得甲氧基上氧的孤对电子的 p 轨道和苯环不能垂直，不能和苯环上的大π键重叠(即共轭)，氧就不能很好地向苯环上供电。图 5-3 中，当θ角达到 0°时，氧上孤对电子 p 轨道和苯环大π键共轭的程度最大化，氧向苯环上供电也最大化。尽管氧的电负性大，有吸电性，但是其共轭供电效果远大于诱导吸电效果。

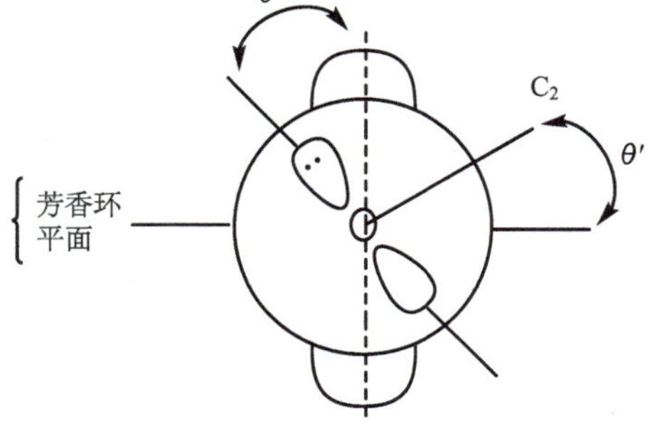

图 5-3 烃氧基上氧的 p 电子云和苯环大π键之间的夹角θ 的变化与其共轭大小关系的示意图 (Burton et al., 1985)

所以就整体而言，甲氧基表现出供电性，这样使得酚羟基的氢氧键离解能降低，抗氧化活性增大。当θ角达到 90° 时，氧上孤对电子 p 轨道和苯环大π键共轭的程度最小，即零；氧向苯环上供电也最小，即零。由于氧的电负性远大于碳，此时的甲氧基表现出来的是纯吸电效应，使苯环上的电子云密度降低，羟基的氢氧键离解能升高，所以分子的抗氧化活性降低 (Burton et al., 1985)。

式(5-5)是烃氧基对酚氧自由基稳定作用的解释 (Burton and Ingold, 1981)。

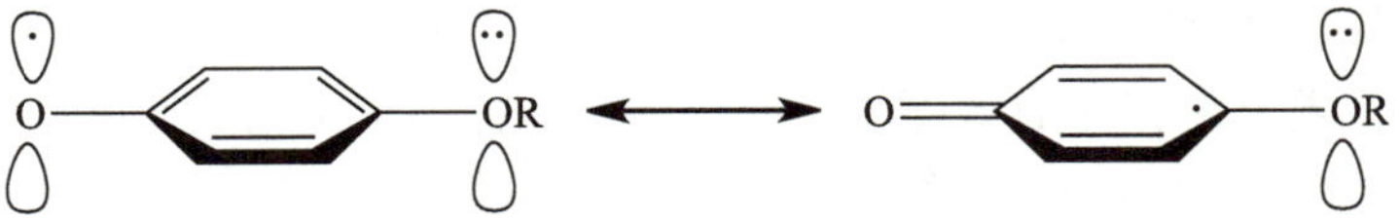

(5-5)

表 5-4 中的化合物 VIc(即对甲氧基 4 甲基苯酚)测得θ'角为 88°，此时的θ角约为 90°，氧上的 p 轨道和苯环上的共轭程度则为零。所以其抗氧化活性远比在甲氧基旁没有甲基或只有一个甲基的弱。

除了上面所提到的几个特例需要 X 射线衍射法解释外，其他现象按照式(5-1)(Minisci, 1997)和表 5-3 的叠加原理，表 5-2 和表 5-4 中的结果都能给出非常合理的解释。

对于α-生育酚来说，相当于 VIc 上 4-位的甲氧基和 3-位上的甲基被呋喃环替代了(图 5-4)。由于色满环的限制，酚羟基对位氧上的 p 电子云能很好地和苯环上的大π键共轭，使功能羟基的氢氧键离解能降低而使其分子提供氢原子的速度升高[式(5-6)]。

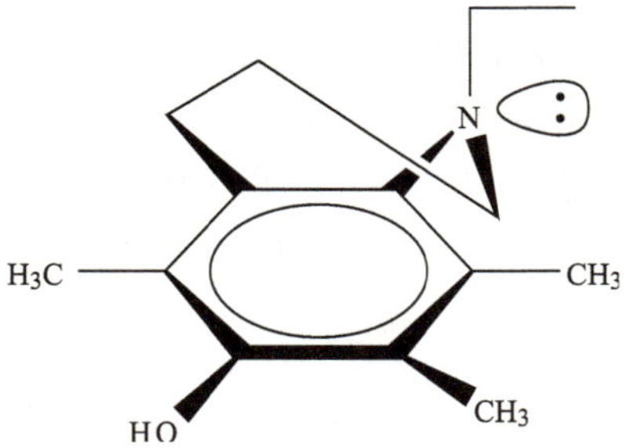

图 5-4　当 α-生育酚中的色满的氧原子被乙基氮代替后的空间构象和氮上孤对电子轨道和苯环的相对位置

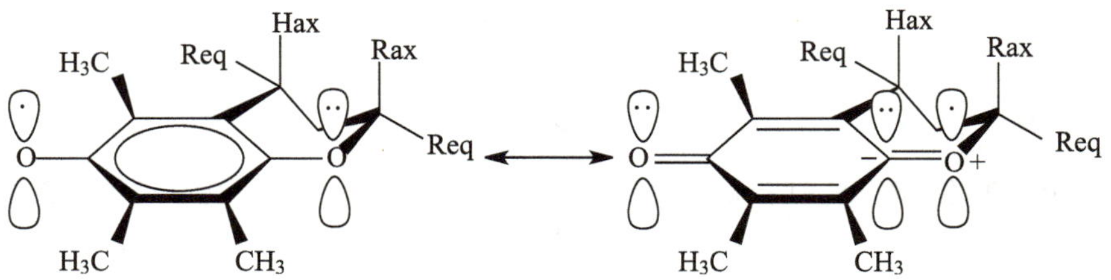

(5-6)

共振式(5-6)表明了α-生育酚的空间构象和烃氧基与苯环上大π键共轭情况(Valgimigli et al., 1996)。

当α-生育酚中的色满中的氧原子被乙基氮代替后(表 5-2 中化合物 IVc)，其抗氧化活性应该比α-生育酚要强，因为氮的电负性比氧要小，氮上的孤对电子和苯环能更好地共轭。但是，事实上由于乙基的空间阻碍作用，氮上孤对电子轨道和苯环大π键的夹角θ 较大，共轭程度较小。所以，IVc 的抗氧化活性反而小于α-生育酚(图 5-4)。当 IVc 的乙基被乙酰基取代后(化合物 IVb)，由于乙酰基强大的吸电子效应，IVb 的抗氧化活性[k_1= 12 × 10^4 L/(mol · s)]远低于 IVc 的[k_1 = 200 ×10^4 L/(mol · s)](Burton et al., 1983)。

α-生育酚不能结晶，在很低的温度下仍保持液态。为了搞清楚α-生育酚的空间构象，进而推测电子云分布情况，单晶 X 射线衍射的研究是最直接、最能说明问题的方法。表 5-2 中，Ib 的化学结构和α-生育酚是最接近的，并且能够结晶，是进行 X 射线衍射的化合物。X 射线衍射研究发现，化合物 Ib 的θ角为 17°，所以烃氧基上的氧孤对电子的 p 轨道和苯环上大π键共轭较好。但当化合物 Ib 上的杂氧环从六元环变成五元环，即化合物 IIIb 时，其 X 射线衍射研究发现化合物 IIIb 的θ角为 6°，所以烃甲基上的氧孤对电子的 p 轨道和苯环上大π键共轭要远远好于 Ib。表 5-2 表明，IIa、Ib、IIIb 对烃过氧自由基的反应活性分别从 k_1 = 250 × 10^4 L/(mol · s)增加到 380 × 10^4 L/(mol · s)，和 570 ×10^4 L/(mol · s)。而它们的θ角则分别从 38° 降到 17° 和 6°。

以上主要讨论的是生育酚系列捕捉有机自由基的强弱，主要是由提供氢原子的快慢，或酚羟基氢氧键离解能(BDE)的大小来决定。但是在油脂或脂肪食品的自动氧化过程中，产生自由基的速度很缓慢，所以，抗氧化剂提供氢原子后形成自由基的稳定性和参加抗氧化后能否形成新的具有强的抗氧化活性化合物，以及抗氧化剂向活泼自由基提供氢原子的个数，都对其抗氧化活性具有重要的影响。

其中最好的一个例子就是在油脂的自动氧化中，α-生育酚的抗氧化活性不如β-生育酚、δ-生育酚、γ-生育酚，这个现象在本书的第 2 章中做了很好的解释。

5.2　稠环芳香酚及杂环芳胺的抗氧化活性

据研究，氧化二苯胺(phenoxazine)和硫化二苯胺(phenothiazine)两个杂环化合物具有很强的抗氧化活性，其化学结构见图 5-5。它们的功能氢都在氮上。它们的氮氢键离解能(BDE)分别为 77.2kcal/mol 和 79.2kcal/mol，其差别非常明显，有 2kcal/mol 之大(Minisci, 1997)。从图 5-2 的能级树可看出，2kcal/mol 是一个不小的能级差额数。这两个十分相似的化合物 N－H 键离解能为什么相差如此之大呢？尤其是氧和硫都有孤对电子，并且硫的电负性还远小于氧的，更有利于供电。但是，碳、氮、氧均为同一周期的相邻元素，原子半径相等，并且价电子层都为第二层。当它们都为 sp^2 杂化时，氧上的孤对电子能和苯环上的大π键共轭得很好，能很好地分散氮上的自由基(图 5-6)。而硫原子的价电子层为第三层，其孤对 p 电子轨道远大于碳、氮原子的 p 轨道，不能很好有效地与苯环上的大π键和氮自由基的 p 轨道共轭，所以也不能很好地分散作为功能氮氢向活泼自由基提供氢原子后形成氮自由基，图 5-6 能比较形象直观地表现这个理论(为了更直观，氮和硫原子的 p 轨道的大小对比度人为地加大了，和实际比例不一定相符)(Burton et al., 1983)。

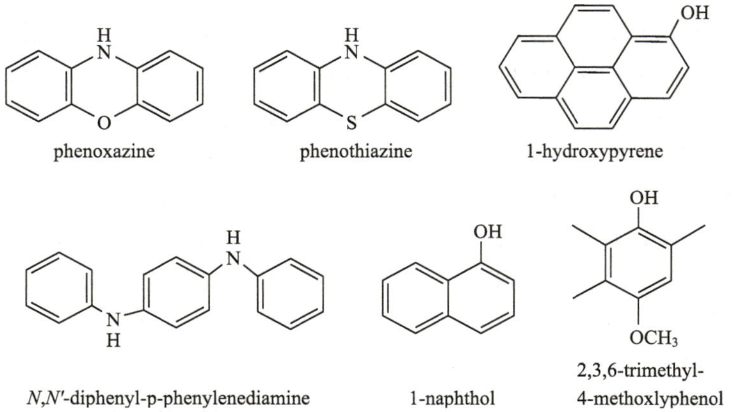

图 5-5　几种芳胺、稠环芳香酚和杂环化合物的结构式

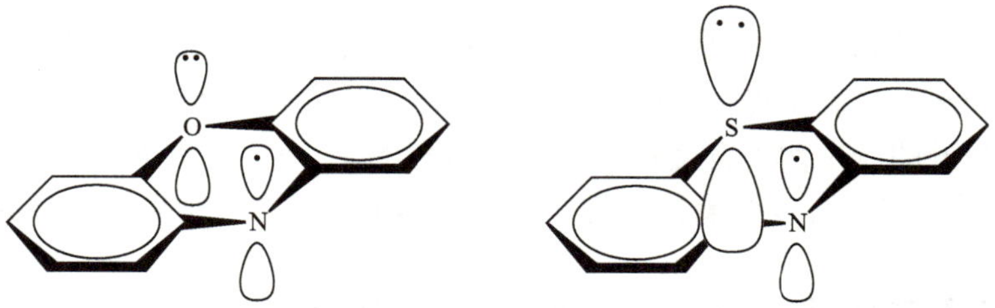

图 5-6　氧化二苯胺和硫化二苯胺提供氢原子后形成的氮自由基

在 Burton 和 Ingold(1981)的另外一篇研究论文中报道，*N*, *N*′-二苯基-对苯二胺(*N*,*N*′-diphenyl-p-phenylenediamine)、1-萘酚(1-naphthol)、1-羟基芘(1-hydroxypyrene)和α-生育酚的速度常数分别为 117×10^4 L/(mol · s)、24×10^4 L/(mol · s)、186×10^4 L/(mol · s)和 235×10^4 L/(mol · s)。这批数据比表 5-2 中的相应的数据要小 35%～45%。1-羟基芘和 1-萘酚，一个是四稠环，一个是二稠环，但是 1-羟基芘捕捉过

氧自由基的速度常数是 1-萘酚的近 8 倍，这主要是因为芘比萘能够更好、更大范围地将自由基分散。氧化二苯胺(phenoxazine)的氮氢键比α-生育酚氢氧键离解能要低，而硫化二苯胺(phenothiazine)的氮氢键和 2,3,6-三甲基-4-甲氧基苯酚氢氧键离解能一样大，都是 79.2kcal/mol，并且都无空间阻碍，故它们捕捉过氧自由基的速度常数也是一样的，为 130 × 10^4 L/(mol • s)。所以图 5-5 中几个化合物捕捉自由基的速度大小依下列顺序减小：**氧化二苯胺 > α-生育酚 > 1-羟基芘 > *N,N'*-二苯-4-苯二胺 >硫化二苯胺 ～ 2,3,6-三甲基-对甲氧基苯酚 > 1-萘酚。**

参 考 文 献

Burton G W, Doba T, Gabe E, et al. 1985. Autoxidation of biological molecules. 4. maximizing the antioxidant activity of phenols. J Am Chem Soc, 107(24): 7053-7065.

Burton G W, Hughes L, Ingold K U. 1983. Antioxidant activity of phenols related to vitamin E: Are there chain-breaking antioxidants better than α-tocopherol? J Am Chem Soc, 105(18): 5950-5951.

Burton G W, Ingold K U. 1986. Vitamin E: Applications of the principles of physical organic chemistry to exploration of its structure and function. Acc Chem Res, 19(7): 194-201.

Burton G W, Ingold K U. 1981. Autoxidation of biological molecules. 1. antioxidant activity of vitamin e and related chain-breaking phenolic antioxidants *in vitro*. J Am Chem Soc, 103(21): 6472-6477.

Burton G W, Page Y L, Gabe E J, et al. 1980. Antioxidant activity of vitamin E and related phenols. importance of stereoelectronic factors. J Am Chem Soc, 102(26): 7791-7792.

Burton G W, Traber M G. 1990. Vitamin E: antioxidant activity, biokinetics, and bioavailability. Annual Review of Nutrition, 10(1): 357-382.

Century B, Horwitt M K. 1965. Biological availability of various forms of vitamin E with respect to different indices of deficiency. Fed Proc, 24(4): 906-911.

Chan H W S. 1987. Autoxidation of Unsaturated Lipids. London: Academic Press: 141-206.

Chow C K, Draper H H. 1974. Oxidative stability and activity of the tocopherols in corn and soybean oils. Int J Vit Nutr Res., 44: 396-403.

Dillard C J, Gavino V C, Tappel AL. 1983. Relative antioxidant effectiveness of α-tocopherol and γ-tocopherol in iron-loaded rats. J Nutr, 113(11): 2266-2273.

Fernholz E. 1938. On the constitution of α-tocopherol. J Am Chem Soc, 60(3): 700-705.

Herbert E M, Bishop K S. 1922. On the existence of a hitherto unrecognized dietary factor essential for reproduction. Science, 56(1458): 650-651.

Kamal-Eldin A, Appelqvist L A. 1996. The chemistry and antioxidant properties of tocopherols and tocotrienols. Lipids, 31(7): 671-701.

Karrer P. 1938. Alpha-Tocopherol. Helvetica Chimica Acta, 21(1): 520-525.

Lea C H, Ward R J. 1959. Relative antioxidant activities of the seven tocopherols. Journal of the Science of Food and Agriculture, 10(10): 537-548.

Lucarini M, Pedrielli P, Peduli G F, et al. 1996. Bond dissociation energies of O-H bonds in substituted phenols from equilibration studies. J Org Chem, 61(26): 9259-9263.

Mayer H. 1963. Die absolute konfiguration des naturlichen alpha-tocopherols. Helv Chim Acta, 46(3): 963-969.

Minisci F. 1997. Free Radicals in Biology and Environment. Boston: Kluwer Academic Publishers.

Rucker R B. 2001. Handbook of Vitamins. New York: Marcel Dekker, Inc.

Sebrell W H J, Harris R S. 1972. The Vitamins. 2nd ed. Vol. 5, New York: Academic Press.

Valgimigli L, Ingold K U, Lusztyk J. 1996. Antioxidant activities of vitamin e analogues in water and a kamlet-taft β-value for water. J Am Chem Soc, 118(15): 3545-3549.

Wright J S, Johnson E R, DiLabio G A. 2001. Predicting the activity of phenolic antioxidants: theoretical method, analysis of substituent effects, and application to major families of antioxidants. J Am Chem Soc, 123(6): 1173-1183.

第 6 章　醌类的抗氧化机制

在中草药中，丹参具有较强的抗氧化活性。1984 年，郑州粮食学院韩国麒和王以群发现丹参具有抗氧化活性，并分离鉴别了一种活性成分 (王以群, 1984)。随后，作者和 Gordon (Gordon and Weng, 1992；Weng and Gordon, 1992)、Zhang 和 Ho(1990), Houlihan 等(1985)、Hall 和 Cuppett (1998a, 1998b, 2000)等对丹参的抗氧化活性进行了系统深入的研究，取得了有趣的研究成果。在丹参中，主要是一些脂溶性色素具有较强的抗氧化活性，经研究发现它们是一类 3,4-菲醌的衍生物。

6.1　丹参粉末及初提物的抗氧化活性

丹参粉末(过 20 目筛)在猪油中有明显的抗氧化活性。在 100℃下，空气流速为 20L/h，0.51%、1.0%、2.3%和 5.1%的丹参粉末在猪油中将其氧化诱导期从 4.3h 提高到 17.5h、25.5h、33.5h 和 41.5h，见图 6-1 中的曲线 A。

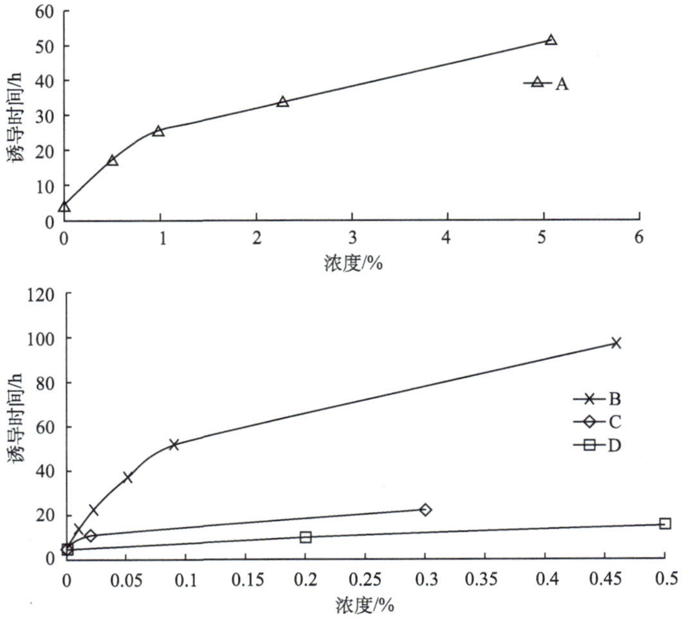

图 6-1　丹参粉末及其正己烷萃取物、氯仿萃取物和甲醇萃取物在猪油中的抗氧化活性

条件：100℃，空气流速 20L/h。A.丹参粉末；B.正己烷萃取物；C.氯仿萃取物；D.甲醇萃取物

分别用正己烷、氯仿和甲醇萃取丹参粉末，得到1.46%正己烷萃取物、0.84%氯仿萃取物和1.1%甲醇萃取物。这3种萃取物在猪油中都有一定的抗氧化活性，其中以正己烷萃取物的抗氧化活性最强，0.010%、0.022%、0.051%、0.090%、0.460%的正己烷萃取物分别将猪油的氧化诱导期从4.3h增加到13.5h、22.3h、37.0h、51.6h、96.8h。氯仿萃取物的抗氧化活性次之；0.02%、0.3%、0.5%、1.0%的氯仿萃取物分别将猪油的氧化诱导期从4.3h增加到10.7h、21.8h、23.0h、29.0h。甲醇萃取物的抗氧化活性最弱，0.20%、0.50%的甲醇萃取物分别将猪油的氧化诱导期从4.3h增加到9.5h和15.2h。

三价铁离子(2ppm)对丹参正己烷萃取物的抗氧化活性有很强的抑制作用，尤其是在正己烷萃取物浓度很低的情况下。随着正己烷萃取物的浓度提高，铁离子的作用也越来越小。若再同时加入100ppm的柠檬酸，则正己烷萃取物的抗氧化活性几乎完全恢复(图6-2)。这表明正己烷萃取物中有一定量的金属螯合剂，但量很小。而柠檬酸对三价铁离子的螯合作用更强。

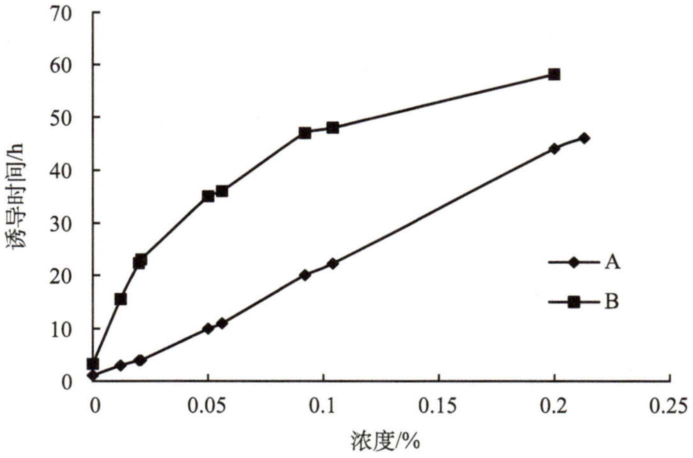

图6-2　正己烷萃取物+ 2ppm Fe^{3+}在猪油中(A)和正己烷萃取物 + 2ppm Fe^{3+} +100ppm柠檬酸在猪油中(B)的抗氧化活性(条件同图6-1)

6.2　丹参中化合物的抗氧化活性

研究醌类化合物在油脂中的抗氧化活性是从研究丹参的抗氧化活性开始的(图6-3)。王以群(1984)、Zhang(1990)和作者从丹参中提取了12种抗氧化活性化合物，并对其抗氧化活性作了系统深入的研究。对它们的抗氧化活性与结构关系的规律和抗氧化机制进行了讨论和研究。发现以下规律(Weng, 1991; Gordon and Weng, 1992; Weng and Gordon, 1992）。

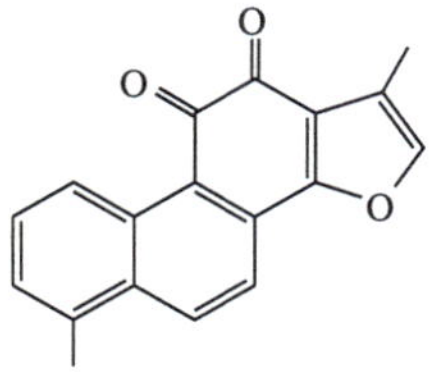

1. 丹参醌 I

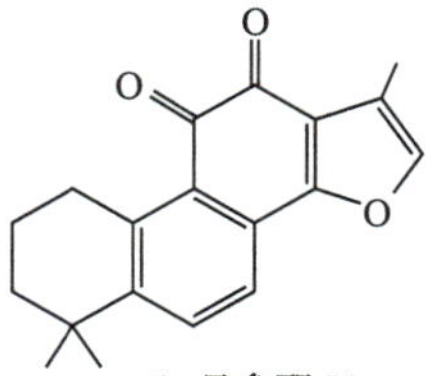

2. 丹参醌 IA

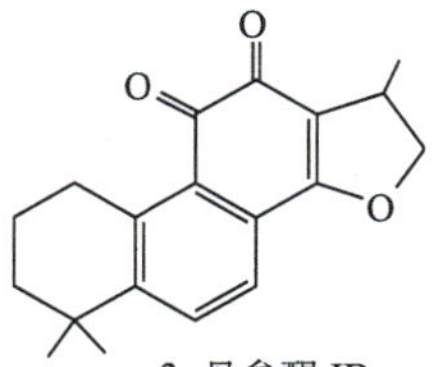

3. 丹参醌 IB

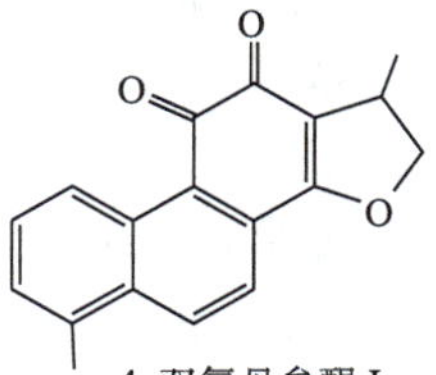

4. 双氢丹参醌 I

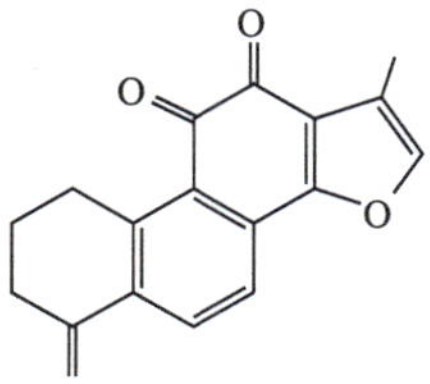

5. 亚甲基丹参醌

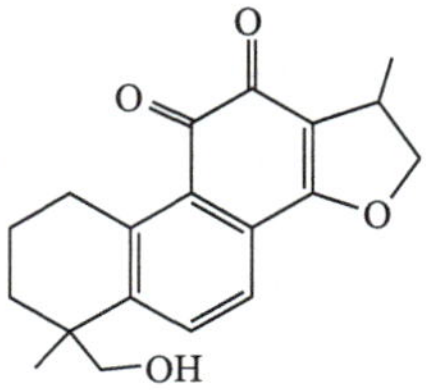

6. 丹参新醌 B

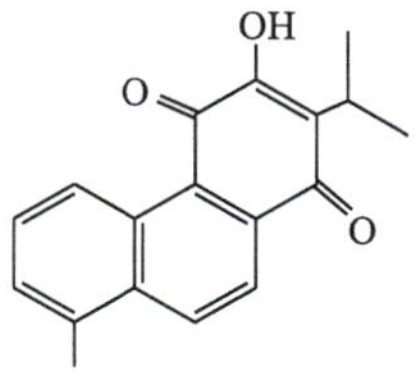

7. 丹参新醌 IIA

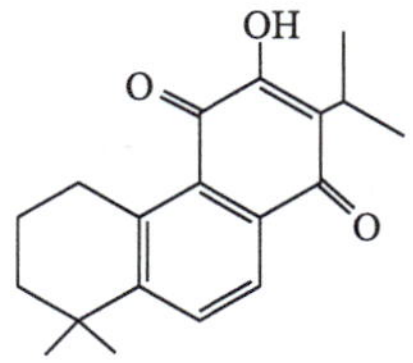

8. 丹参新醌

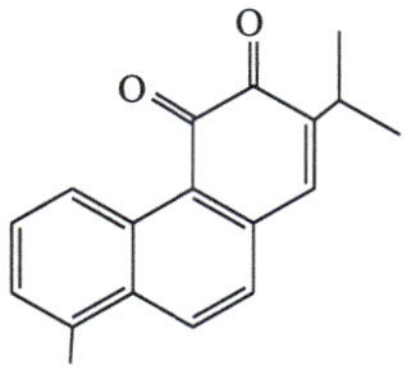

9. 迷尔特醌

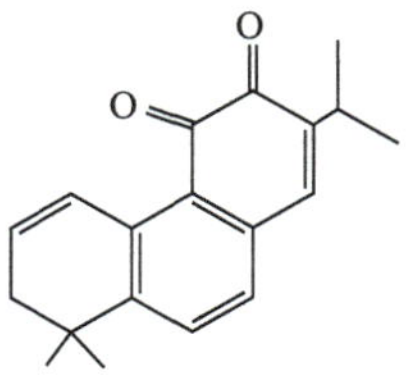

10. 脱氢迷迭香醌

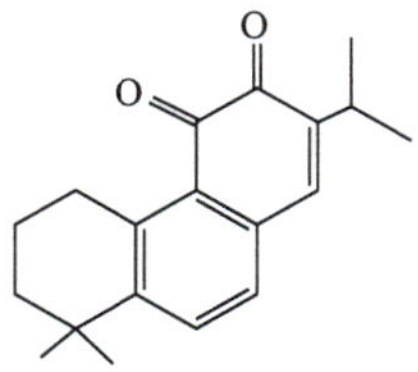

11. 迷迭香醌

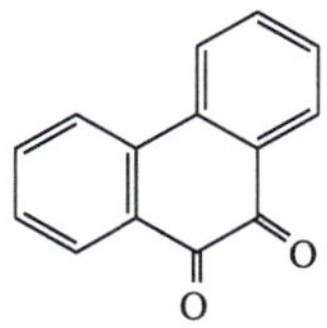

12. 9,10-菲醌

图 6-3　从丹参中分离出的几种具有抗氧化活性的化合物(王以群, 1985; Zhang, 1990; Weng, 1991)

(1) 当化合物有一个杂氧五元环 D，且 A 环为芳香环时，D 环未芳香化的抗氧化活性更高。尽管 D 环芳香化后，单从分子的共轭体系来看是扩大了，有利于抗氧化活性的加大。但是，未芳香化的 D 环可提供氢原子，如式(6-1)所示。

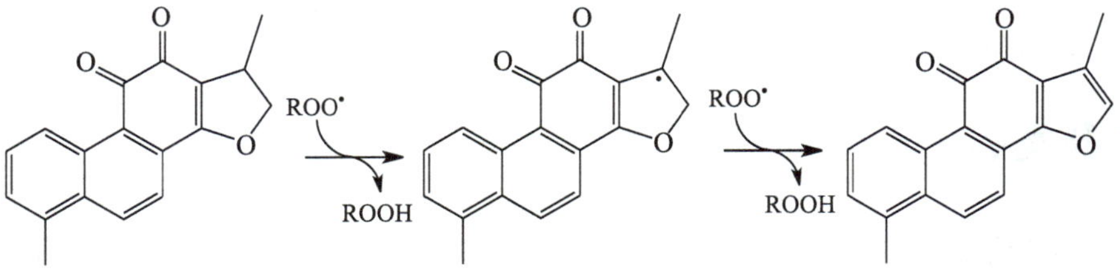

(6-1)

这是丹参醌 I 的抗氧化活性不如双氢丹参醌 I 的抗氧化活性强的主要原因。同理，丹参醌 IA 的抗氧化活性远不如丹参醌 IB 的抗氧化活性高。

(2) 双氢丹参醌 I 和丹参醌 IB 的 D 环均为非芳香环，但是前者的 A 环是芳香环，共轭体系大，而后者的不是。所以，双氢丹参醌 I 的抗氧化活性高于丹参醌 IB 的抗氧化活性。

(3) 当 D 环为芳香环时，A 环芳香化的比非芳香化的抗氧化活性要强。

(4) 丹参醌系列的抗氧化活性没有迷迭香醌系列化合物的抗氧化活性高，尽管前者有 D 环，而后者没有 D 环，但是后者有一个异丙基，增加了其空间阻碍作用。

(5) 迷迭香醌系列的抗氧化活性随着其共轭体系的加大而增加，如迷尔特醌的抗氧化活性大于脱氢迷尔特醌。

表 6-1 中的实验结果可以印证以上结论(参见图 6-3)。

表 6-1　在 100℃下，各种醌在猪油中的抗氧化活性

化合物	氧化诱导期/h[a]	保护系数[a]	保护系数[c]
对照样(猪油 1)	4.3	1	1
双氢丹参醌 I	23.5	5.5	4.1
迷尔特醌	22.9	5.3	
脱氢迷迭香醌	17.9	4.2	
丹参醌 IA	6.8	1.6	1.0
丹参醌 I			2.8
亚甲基丹参醌			3.0
丹参新醌 B			2.2
丹参新醌 IIA			1.8
9,10-菲醌	12.7	2.95	
对照样(猪油 2)	2.1	1	1
迷迭香醌[b]	13.4	6.4	
丹参醌 IB[b]	7.4	3.5	2.6
BHA[b]	12.2	5.8	3.7
BHT[b]	6.3	3.0	2.2

a 和 c 氧化诱导期和保护系数取自作者和 Gordon 的研究结果(Weng, 1991; Gordon and Weng, 1992)

b 从 Zhang 等(1990)的研究结果算出

6.3　醌类的抗氧化机制

醌类作为抗氧化剂研究的时间还很短，其研究力度、深度和广度远不如酚类抗氧化剂的研究。这是因为醌类是酚类抗氧化剂的氧化产物，以前一般认为它们有氧化催化作用，而没有抗氧化活性。对其抗氧化机制的研究是从 1990 年开始的。在此之前，有关于醌类化合物在体内抗氧化活性的报道，也有关于醌类化合物终止自由基诱发的聚合反应机制的报道 (El-Najjar et al., 2011)，除了从丹参中分离出来的醌类外，做过抗氧化研究的醌类都列在图 6-4 中 (Roberts and Caserio, 1965;

Wills, 1969；Wills, 1972；Weng, 1991)。四氯对醌终止自由基聚合反应的机制如式(6-2)所示 (Roberts and Caserio, 1965)。

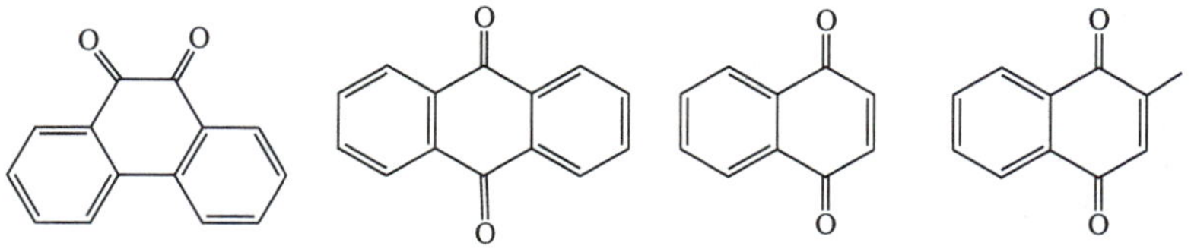

1.9,10-菲醌　　2. 9,10-蒽醌　　3.1,4-萘醌　　4. 维生素K_3

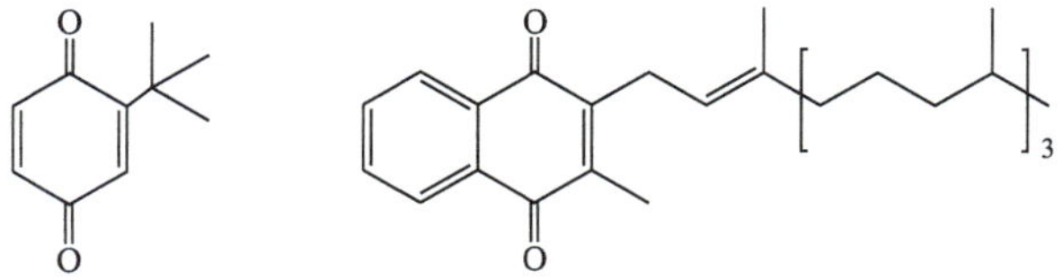

5. 叔丁基对位醌　　6. 维生素K_1

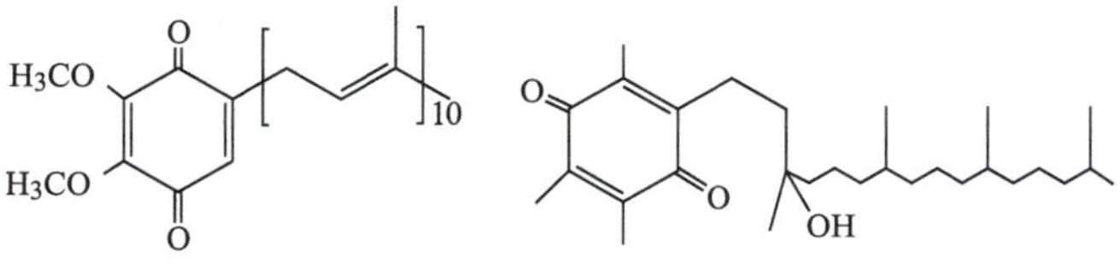

7. 泛醌　　8. α-生育醌

图 6-4　做过抗氧化研究的非丹参来源的醌类

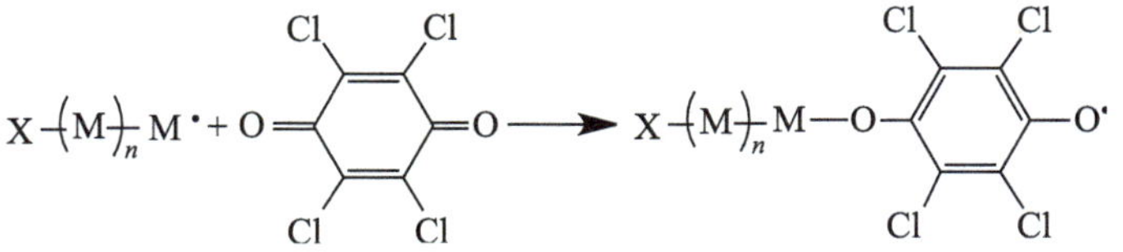

(6-2)

作者和 Gordon 发现在 100℃下，菲醌不但在猪油中用 OSI 测定有明显的抗氧化活性，用烘箱测定也有明显的抗氧化活性。以 9,10-菲醌为模型，将其加到油酸甲酯中，放置于 60℃的烘箱内，待到菲醌的黄色快消失时，进行分离，得到了菲醌和亚油酸的反应产物。菲醌的抗氧化机制如式(6-3)所示 (Weng, 1991; Gordon and Weng, 1992)。

Hall 等对丹参中醌类化合物的抗氧化活性进行了系统的研究，尤其是对其抗氧化机制进行了深入的研究。他们发现，在有光的参与下，迷迭香醌先被氧化异构化成邻二酚，然后再以提供氢型参加抗氧化反应[式(6-4)] (Hall et al., 1998b)。但是，作者和 Gordon 的研究是在避光的条件下(在烘箱中)进行的。研究结果表明，菲醌和萘醌都有显著的抗氧化活性。和迷迭香醌的结构相比，菲醌和萘醌都不能氧化异构成邻二酚化合物。显然，即使 Hall 等的这个抗氧化机制是正确的，也不能完全说明各类醌类的抗氧化机制。作者认为醌类可能同时以式(6-3)和式(6-4)所表达的抗氧化机制参加抗氧化。但是在无光的情况下主要是以式(6-3)进行的。

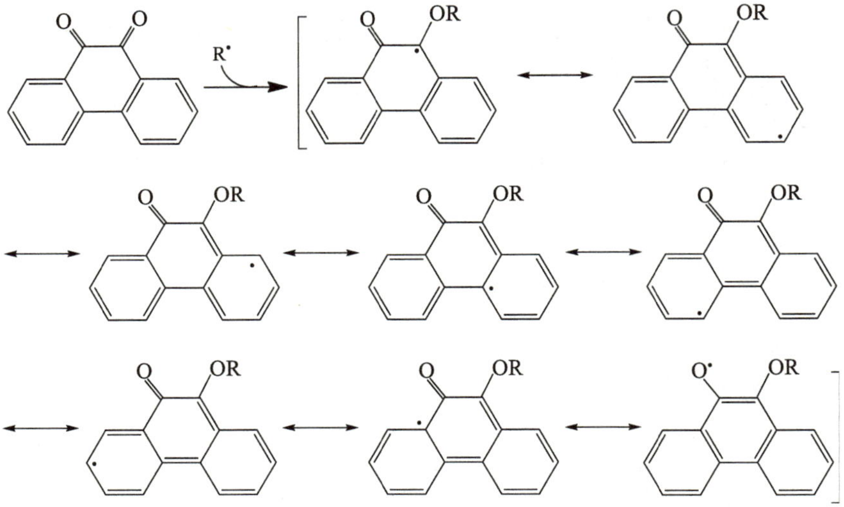

(6-3)

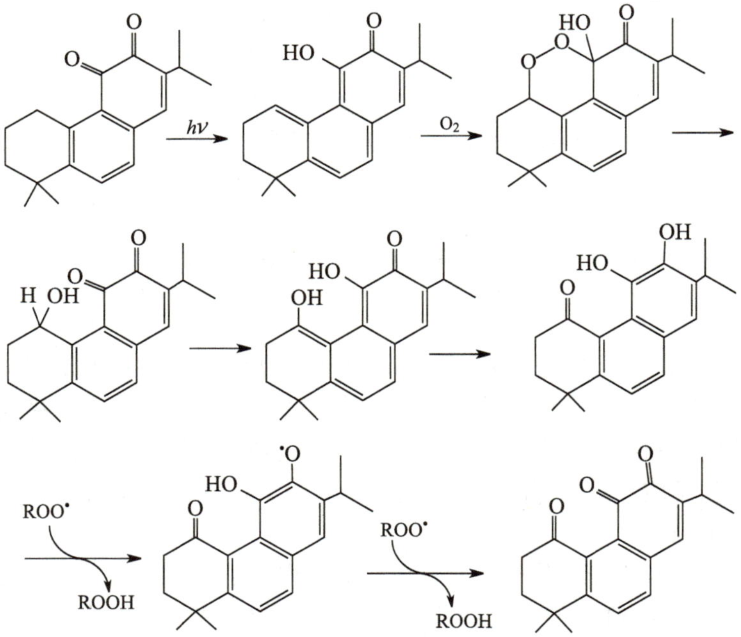

(6-4)

Hall 等又合成另了一系列的迷迭香醌的衍生物(rosmariquinone derivative，RQD)，并且比较了这些化合物在室温下并且有荧光的照射下的抗氧化活性 (Hall et al., 1998a ; Hall and Cuppett, 2000)。

图 6-5 中所列的化合物在去生育酚的豆油中的抗氧化活性研究结果也很有意思。迷迭香醌的 A 环上失去一个甲基后，其抗氧化活性显著地降低；当两个都失去时，其抗氧化活性进一步降低，这一现象目前还无法解释。

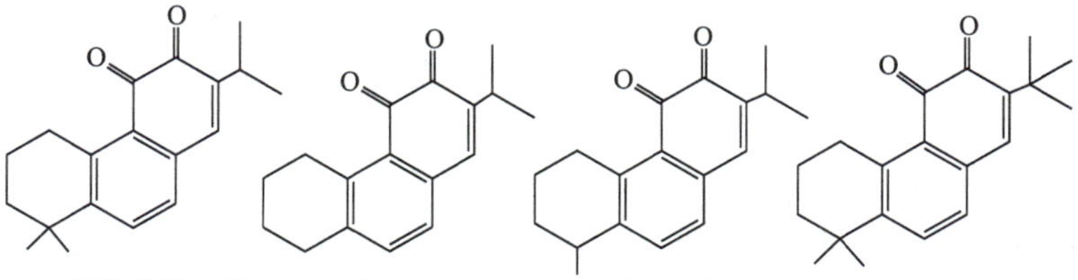

1.迷迭香醌 (RQ)　2.RQD1　3.RQD2　4.RQD3

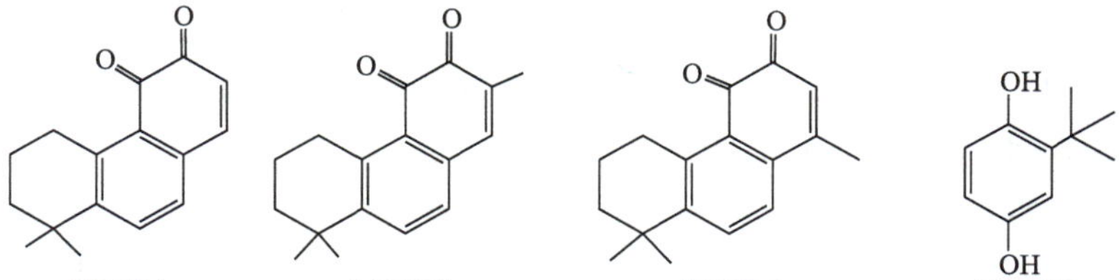

5.RQD4　6.RQD5　7.RQD6　8.TBHQ

图 6-5　迷迭香醌(RQ)及合成的 6 个迷迭香醌的衍生物(RQD1～RQD6)和对照物 TBHQ

更有趣的是，当迷迭香醌羰基旁边的异丙基去掉后，其抗氧化活性反而增强。而用叔丁基取代异丙基后，抗氧化活性减弱(图 6-6)。其抗氧化活性为：**TBHQ >> RQD4 > RQD5 > RQ > RQD6 > RQD2 > RQD3 = RQD1 > 空白猪油。**

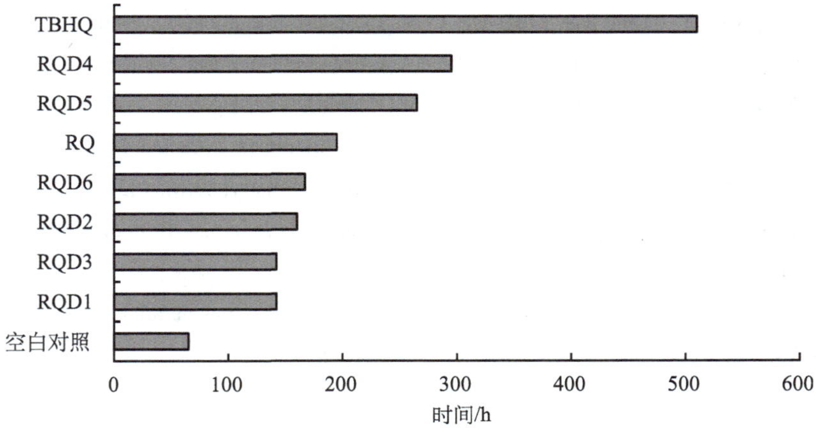

图 6-6　迷迭香醌(RQ)及其衍生物(RQD1～RQD6)和 TBHQ 在去除生育酚及其他抗氧化剂的豆油中的抗氧化活性

含有 0.02%不同化合物的豆油的过氧化物值到 20meq/kg 所需的时间。条件：25℃下，4200lx 荧光照射

由于多数醌类化合物有或强或弱的颜色，具有毒性作用的较多，故将其作为抗氧化剂的研究较少。但是丹参中的脂溶性醌类化合物的强抗氧化活性的发现，将有力地改变这种现状。

参考文献

王以群. 1984. 天然抗氧化剂的研究. 郑州：郑州粮食学院硕士学位论文.

El-Najjar N, Gali-Myhtasib H, Ketola R A, et al. 2011. The chemical and biological activities of quinones: overview and implications in analytical detection. Phytochemistry Reviews, 10(3): 353-370.

Gordon M H, Weng X C. 1992. Antioxidant properties of extracts from tanshen (*Salvia miltiorrhiza* Bunge). Food Chemistry, 44(2): 119-122.

Hall C A, Cuppett S L, Dussault P. 1998a. Synthesis and antioxidant activity of rosmariquinone and several analogues. Journal of Agricultural and Food Chemistry, 46(4): 1303-1310.

Hall C A, Cuppett S L, Dussault P. 1998b. Hydrogen-donating mechanism of rosmariquinone, an antioxidant found in rosemary. Journal of the American Oil Chemists' Society, 75(9): 1147-1154.

Hall C A, Cuppett S L. 2000. Rosmariquinone interactions in autoxidation and light-sensitized oxidation of stripped soybean oil. Journal of the American Oil Chemists' Society, 77(9): 937-943.

Houlihan C M, Ho C T, Chang S S. 1985. The structure of rosmariquinone-a new antioxidant isolated from *Rosmarinus officinalis* L. Journal of the American Oil Chemists' Society, 62(1): 96-98.

Roberts J D, Caserio M C. 1965. Basic Principles of Organic Chemistry. New York: Benjamin, W. A.

Weng X C, Gordon M H. 1992. Antioxidant activity of quinones extracted from tanshen (*Salvia miltiorrhiza* Bunge). Journal of Agricultural and Food Chemistry, 40(8): 1331-1336.

Weng X C. 1991. Antioxidant components of tanshen (*Salvia miltiorrhiza* Bunge). United Kingdom, Reading: University of Reading PhD Thesis.

Wills E D. 1969. Lipid peroxide formation in microsomes. General Considerations Biochem J, 113(2): 315-324.

Wills E D. 1972. Effects of vitamin k and naphthoquinones on lipid peroxide formation and oxidative demethylation by liver microsomes. Biochemical Pharmacology, 21(13): 1879-1883.

Zhang K Q, Bao Y D, Wu P, et al. 1990. Antioxidative components of tanshen (*Salvia miltiorrhiza* Bung). Journal of Agricultural and Food Chemistry, 38(5): 1194-1197.

第 7 章　脂肪胺类的抗氧化活性

继酚型和醌型抗氧化剂的深入研究之后 (Weng and Gordon，1992; 翁新楚, 1993)，脂肪胺类的抗氧化活性也引起一些学者的兴趣。作者和其合作者也对脂肪胺类化合物进行了较系统深入的研究 (Streitwieser et al.，1981；翁新楚等, 1994，1996，1999；章佳妮等，2009)。

7.1　脂肪胺类抗氧化剂的研究

胺类抗氧化剂从结构上可以分为苯胺类抗氧化剂和脂肪胺类抗氧化剂。苯胺类抗氧化剂的抗氧化机制和酚类抗氧化剂相似，酚类抗氧化剂的抗氧化机制的研究比较深入(见第 2 章)，同时苯胺类抗氧化剂在食品中的应用较少，本章就不再讨论。脂肪胺的抗氧化活性发现得较早，最早是发现氨基酸有明显的抗氧化活性，此后相关的报道也很多。

Ikeda 和 Fukuzumi (1976a)发现乙撑亚胺多聚合物类化合物有很强的抗氧化活性。同年，同一组研究者又对同样的反应体系的自动氧化产物进行了研究(Ikeda and Fukuzumi, 1976b)。近年来，作者等对四乙撑五胺和精胺的抗氧化活性进行了较为系统和全面的研究，发现这两个脂肪胺类化合物都具有很强的抗氧化活性，但是在酸性条件下，四乙撑五胺的抗氧化活性降低很多。而更有意义的是，研究中的精胺来源于动物的精液，作为一种滋补品，可加到食品中作为营养强化剂和抗氧化剂。

和其他类型的抗氧化剂及苯胺类抗氧化剂相比，这些开链脂肪多胺类化合物的抗氧化活性的研究及其相关报道很少。而对这一类型的抗氧化剂的研究将不仅能扩大抗氧化剂的成员，更为可贵的是可为找到无毒、高效的食用和药用抗氧化剂提供新的思路和途径。

7.2　脂肪胺类的抗氧化性能

Ikeda 和 Fukuzumi(1976a)对离子交换树脂和乙烯亚胺多聚合物类化合物的抗氧化活性进行了研究，发现铵盐是没有抗氧化活性的，乙烯亚胺多聚物类化合物的抗氧化活性最强，带氨基或胺基的树脂的抗氧化活性则要低得多。当将上述化合物经过过氧化氢处理后，这些化合物的抗氧化活性均大幅度地降低了，这清楚地表明这些胺类化合物能被过氧化物所氧化（图 7-1）。

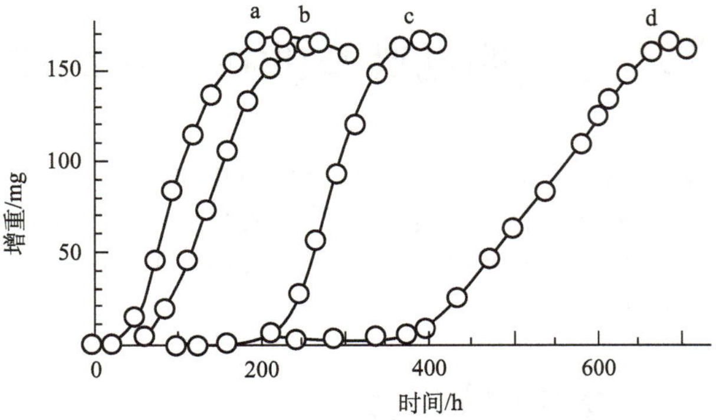

图 7-1　加入 2%（*w/w*）的聚乙烯亚胺和安伯莱特 45 的亚油酸甲酯在 36.5℃下，1.03mm 厚度增重与时间的曲线图

a. 空白对照；b、c. 用双氧水处理过和未处理过的安伯莱特 IR45；d. 聚乙烯亚胺

同时还发现，在2%～30%（*w/w*）的浓度内，随着浓度的增加，这些胺类化合物的氧化稳定性还在迅速地增加。在非常高的浓度下（30%，*w/w*），这些化合物仍旧表现出很强的抗氧化活性（图7-2），这与一般酚型抗氧化剂是不同的，是酚类抗氧化剂几乎不能做到的。众所周知，酚类抗氧化剂的浓度高于0.05%时，其氧化稳定性就不再随浓度的提高而升高了，甚至有时酚类抗氧化剂的氧化稳定性还会出现下降的现象。

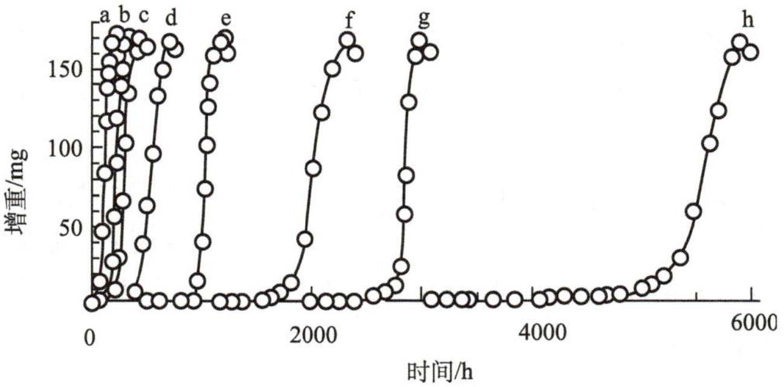

图 7-2　加入不同浓度（*w/w*）离子交换树脂和聚乙烯亚胺在油酸甲酯中的自动氧化过程中，增重与时间的曲线关系

a. 空白对照；b、c、e、g.分别为 1%、2%、10%、30%的安伯莱特 IR45；e、f、h.分别为 2%、10%、30%聚乙烯亚胺

另外，从图7-3可清晰地看到，安伯莱特 IR45和聚乙烯亚胺加入的浓度为0%～30%内，其氧化稳定与浓度几乎呈理想的直线关系，即它们的抗氧化活性与其浓度呈正比关系。并且聚乙烯亚胺的抗氧化活性明显高于安伯莱特 IR45的抗氧化活

性(同时见图7-2)。这和酚类抗氧化剂及醌类抗氧化剂是很不一样的，这两类抗氧化剂随着浓度的增加，其抗氧化活性的增加量会越来越低。

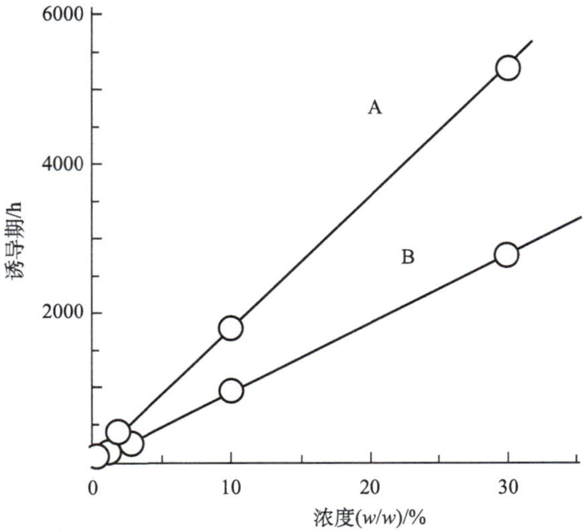

图 7-3　亚油酸的氧化诱导期与加入聚乙烯亚胺(A)和安伯莱特 IR45(B)浓度的变化相关性

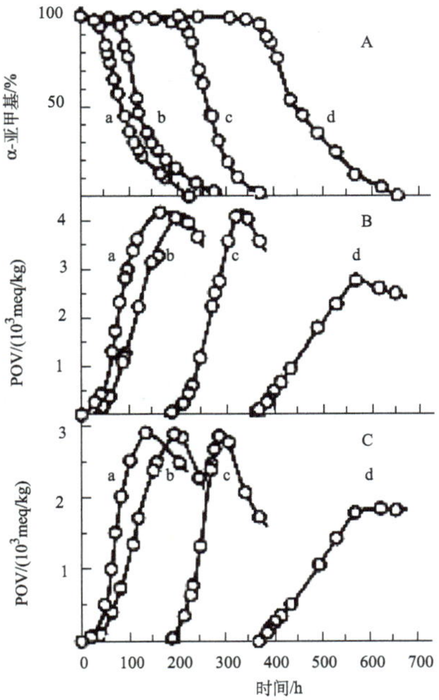

图 7-4　离子交换树脂和聚乙烯亚胺对 α-亚甲基含量的影响(A)；对由碘量法得到(B)和由红外光谱得到(C)的过氧化值的影响

a. 空白对照；b、c. 用双氧水处理过与未处理过的安伯莱特 IR45；d. 聚乙烯亚胺。加入量均为 2%(*w/w*)。温度 36.5℃，亚油酸甲酯厚度 1.03mm

含安伯莱特 IR45 和聚乙烯亚胺的亚油酸甲酯的过氧化物与时间变化见图 7-4。无论是通过碘量法还是由红外光谱测得的氢过氧化物，其趋势是一致的，尽管其绝对值有所差异(图 7-4 B，C)。其位于两个双键的亚甲基也随过氧化物的增加而减少，且在时间上与过氧化物增长拐点是一致的(图 7-4A)。

图 7-5 表明，四乙撑五胺有很强的抗氧化活性。磷酸能降低其抗氧化活性，与α-生育醌也无明显的抗氧化协同效应。在甲苯中回流后，抗氧化活性急剧下降。表 7-1 清楚地表明，在 75℃下四乙撑五胺可先将油脂内的过氧化物还原为零，然后保持 10 天为零。这和图 7-1～图 7-4 中的结果是一致的。

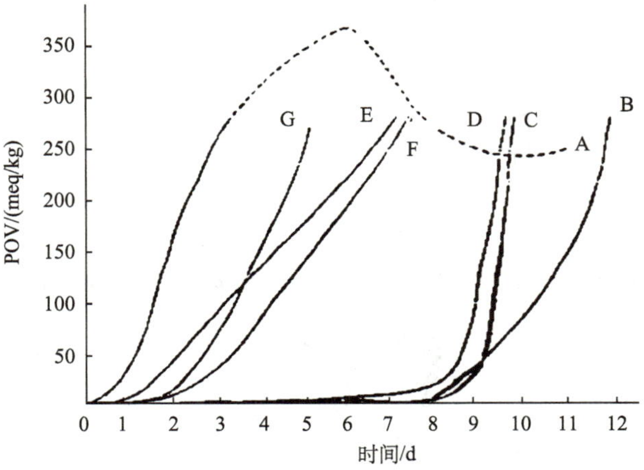

图 7-5　在 85℃下，含有不同的物质的猪油的过氧化值与时间的变化曲线

A.空白；B.四乙撑五胺(TEPA)(0.04%)；C.TEPA(0.04%)+α-生育醌(0.08%)；D. TEPA(0.04%)+ α-生育醌(0.08%)+磷酸(0.05%)；E.TEPA(0.04%)+α-生育醌(0.08%)+ 磷酸(0.05%)(回流 3.5h)；F.TEPA(0.04%)+α-生育醌(0.08%)(回流 3.5h)；G.TEPA(0.04%)+ 磷酸(0.05%)

表 7-1　在 75℃下，含不同浓度四乙撑五胺的猪油的过氧化值随时间的变化

天数	A(空白)	B(0.1%)	C(0.2%)	D(0.5%)
0	1.5	1.5	1.5	1.5
2	20.0	0	0	1.6
3	74.6	0	0	0
4	130.5	0	0	0
8		0	0	0
12		0	0	0
16		2.9	2.8	3.5
18		4.2	6.6	4.0

续表

天数	A（空白）	B（0.1%）	C（0.2%）	D（0.5%）
20		4.8	2.1	2.2
22		5.1	2.1	3.1
24		8.7	未测	3.8
26		80.0	2.2	4.2

图 7-5 中，当过氧化值达到一定值以后，不再上升，而是下降。这和图 7-1～图 7-3 是一致的。

图 7-6 表明，过氧化达到一定的值后，体系的增重继续，但过氧化值趋缓或停止，这说明过氧化物进入了二次产物的生成期，即生成羰基化合物、羧酸类和醇类。图 7-7 表明，在含有安伯莱特 IR45 和聚乙烯亚胺的亚油酸甲酯自动氧化前期的共轭二烯的含量随体系的质量增加而增加，但到后期共轭双键的含量则随体系的质量增加而有所降低。这说明此阶段，体系中以共轭双键遭到破坏为主。

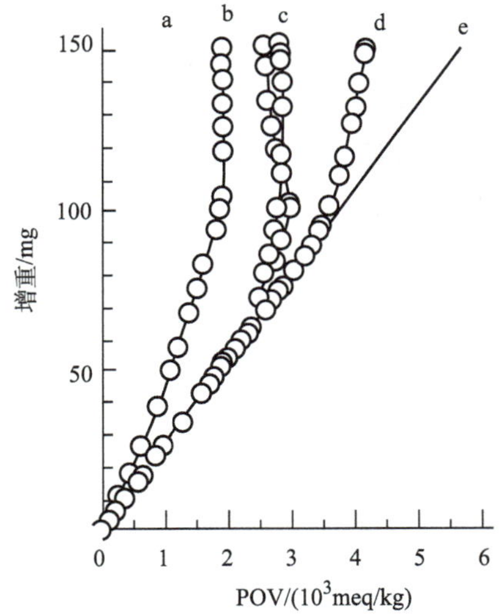

图 7-6　亚油酸甲酯增重与过氧化值的关系

a. 由红外光谱测得的含聚乙烯亚胺的过氧化值；b. 由碘量法测得的含聚乙烯亚胺的过氧化值；c. 由红外光谱测得的含有和不含离子交换树脂的过氧化值；d. 由碘量法测得的含有和不含离子交换树脂的过氧化值；e. 理论相关曲线

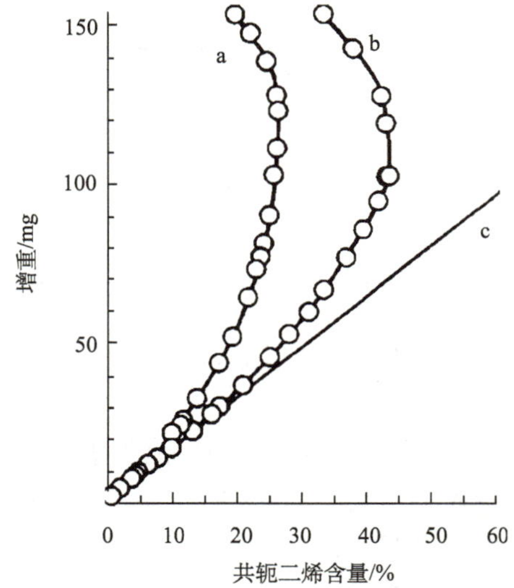

图 7-7 亚油酸甲酯自动氧化增重与共轭二烯含量的关系

a. 空白对照和含有聚乙烯亚胺；b. 含离子交换树脂；c. 理论值

图 7-8 的烘箱实验表明，0.04%的紫草石油醚提取物(LE-pet)对猪油有一定的抗氧化作用，对 2ppm 的三价铁离子也有一定的抑制作用。0.04%维生素 E 的抗氧化作用和 LE-pet 几乎相当，但是钝化三价铁离子的作用比 LE-pe 弱(图 7-8A)。由图 7-8B 可知，四乙撑五胺的抗氧化活性远高于 BHT，但 BHT 和四乙撑五胺之间的抗氧化协同作用并不强。

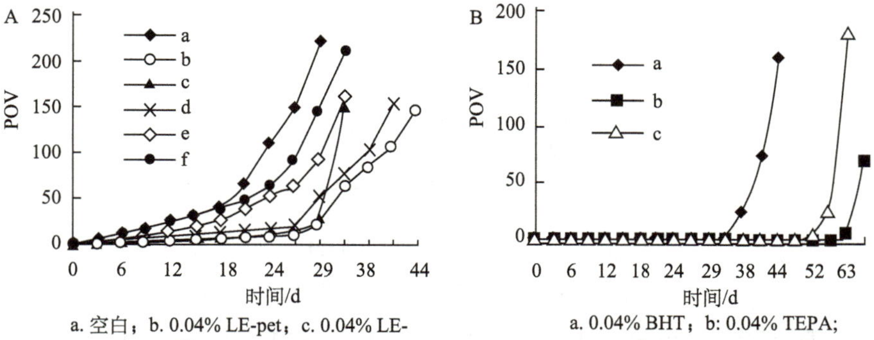

a. 空白；b. 0.04% LE-pet；c. 0.04% LE-pet+2ppm Fe^{3+}；d. 0.02%维生素E+0.02% LE-pet; e. 0.04%维生素E; f. 0.04维生素E+299m 2ppm Fe^{3+}

a. 0.04% BHT；b: 0.04% TEPA; c. 0.02% BHT+0.02% TEPA

图 7-8 在(60±5)℃的烘箱内，猪油中添加各种抗氧化剂的 POV-*T* 变化曲线

图 7-9 的 OSI 实验表明，维生素 E、BHT 和 LE-pet 的抗氧化活性没有太大的差别，但四乙撑五胺的抗氧化活性远远大于前 3 种物质的抗氧化活性。

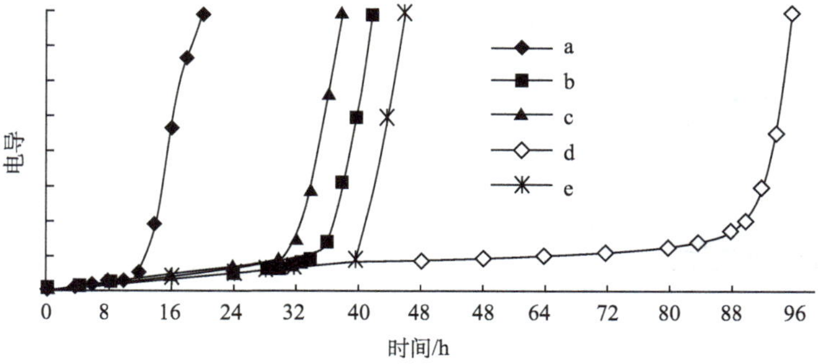

图 7-9　在 100℃下，空气流速 20L/h 的 OSI 上，各种抗氧化剂对猪油氧化诱导期的影响

a. 空白；b. 0.04%维生素 E；c. 0.04%LE-pet；d. 0.04%TEPA；e. 0.04%BHT

在图 7-10 中，以豆油为底物，在 100℃下，OSI 实验表明 LE-pet、BHT 和维生素 E 都没有表现出明显的抗氧化活性，但是菲醌表现出了明显的抗氧化活性，四乙撑五胺表现出了很强的抗氧化活性。

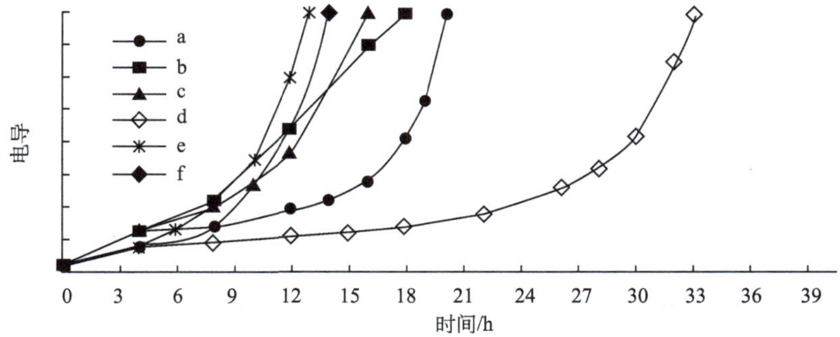

图 7-10　在 100℃下，空气流速 20L/h 的 OSI 上，抗氧化剂对豆油的氧化稳定性的影响

a. 空白；b. 0.04%LE-pet；c. 0.04%BHT；d. 0.04%TEPA；e. 0.04%维生素 E；f. 0.04%菲醌

图 7-11 说明，在 100℃下，0.04%的四乙撑五胺对豆油有很强的抗氧化活性，并且对 2ppm 的铁离子的氧化催化活性有很强的抑制作用(图 7-11d 曲线)，但是当铁离子的浓度达到 10ppm 时，0.04%的四乙撑五胺对其氧化催化活性就很难完全抑制了，反之，铁离子明显地抑制了四乙撑五胺的抗氧化活性(图 7-11e 曲线)。而 20ppm 的铁离子使 0.04%的四乙撑五胺几乎完全失去了抗氧化活性(图 7-11f 曲线)。

四乙撑五胺使铁离子氧化催化活性失活是通过螯合铁离子来实现的(图 7-12)，形成 4 个五元环，是十分稳定的。所以，四乙撑五胺螯合三价铁离子的能力应该不低于柠檬酸(见第 2 章)。

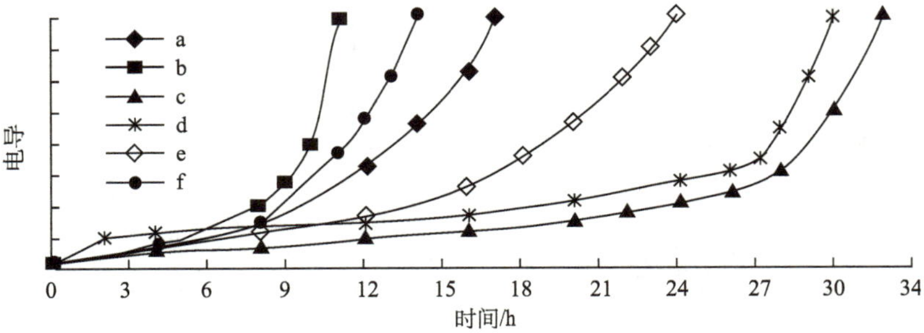

图 7-11　在 100℃下，空气流速 20L/h 的 OSI 上，各种浓度的 Fe^{3+}对 TEPA 在豆油中的抗氧化活性的影响

a. 空白；b. 2ppm Fe^{3+}；c. 0.04%TEPA；d. 0.04%TEPA+2ppm Fe^{3+}；e. 0.04%TEPA+10ppm Fe^{3+}；f. 0.04%TEPA+20ppm Fe^{3+}

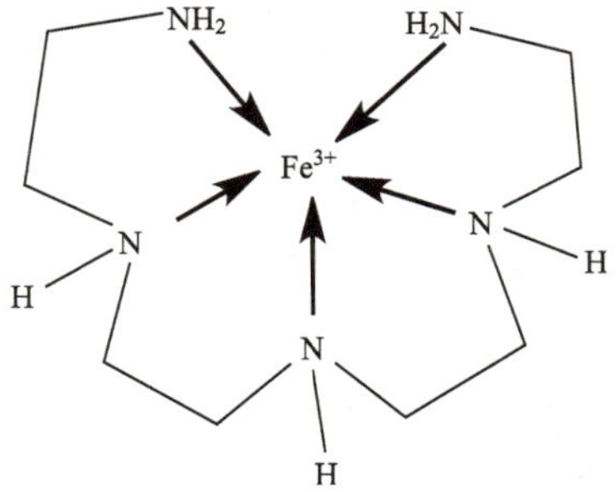

图 7-12　四乙撑五胺螯合金属示意图

Ikeda 和 Fukuzumi (1976a,1976b)认为，在亚油酸甲酯抗氧化研究中，亚氨基是直接提供氢原子来阻止自由基的链锁反应的[式(7-1)]。

$$ROO^{\bullet} + \rangle NH \longrightarrow ROOH + \rangle N^{\bullet} \quad (7\text{-}1)$$

而作者分析认为，上述反应是不可行的。因为亚氨基的氮氢键键能要大于亚油酸甲酯邻位碳上碳氢键的键能。自由基夺取亚油酸甲酯邻位碳上的氢后，亚油酸甲酯自由基会因为自由基和双键发生共振而得到稳定。对于亚氨基来说，其失去氢原子后，其自由基没有办法被稳定化。

对于精胺和四乙撑五胺来说，刚开始时，精胺和四乙撑五胺都将底物中的过氧化物还原，使其过氧化值反而比底物猪油初始时还要低，而对照样品 BHT(2,6-二叔丁基-4-甲基苯酚)和 BHA(2-叔丁基-4-甲氧基苯酚)却没有这种现象 (翁新楚等，1996)。同样，α-生育酚在猪油中的抗氧化作用也没有出现这种现象 (翁新楚等，1994)。这说明，精胺和四乙撑五胺都具有还原过氧化物的能力，这一点可以从基础有机化学反应得到说明 (Streitwieser et al., 1981)[式(7-2)]。

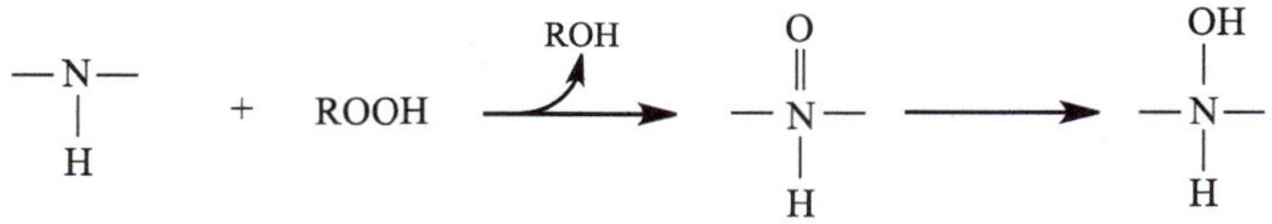

(7-2)

此外，0.08% 的α-生育酚对四乙撑五胺的抗氧化活性无大的影响，二者无明显的抗氧化协同作用。而加入磷酸或者在甲苯中回流后，四乙撑五胺的抗氧化活性大大地降低。这说明，在甲苯中回流后，四乙撑五胺被破坏了，所以起不到抗氧化作用了。而加磷酸后，一方面四乙撑五胺形成了铵盐，使其在油中的溶解度更小了；另一方面氮原子被质子化为铵盐后，其对邻位碳的作用也明显地减小了，难以还原过氧化物。这与前面 Ikeda 和 Fukuzumi (1976a, 1976b)发现铵盐是没有抗氧化活性的结果是一致的。

再仔细观察一下乙撑亚胺多聚物类化合物和四乙撑五胺的结构，可以发现亚氨基邻位上碳的碳氢键能够被亚氨基所活化，进而失去氢原子而成为自由基。产生的自由基又能够和亚氨基发生共振而进一步被稳定化。同样，该自由基也可以参与自由基的链锁反应[式(7-3)]。

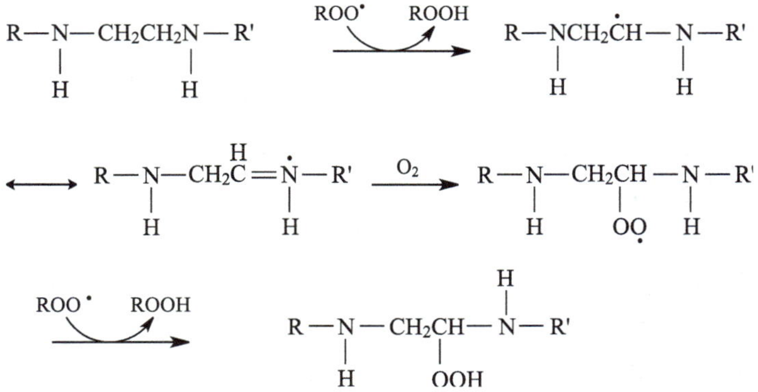

(7-3)

乙撑亚胺多聚物类化合物和四乙撑五胺等经过抗氧化反应，所得的氢过氧产物又可以被还原，还原产物在亚氨基的强碱性作用下发生脱水，以式(7-4)的方式生成能提供氢原子的化合物。

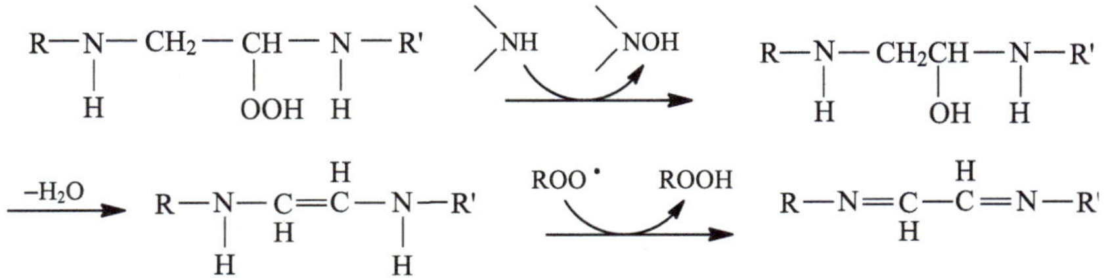

(7-4)

此时，这个能提供氢原子的化合物的抗氧化机制和酚类化合物或芳胺类化合物的抗氧化机制是一样的，因为它们之间具有相似的化学结构。

另外，作者对四乙撑五胺、精胺、BHA 和 BHT 的抗氧化活性做了对比，研究发现这 4 个抗氧化剂的抗氧化能力为：四乙撑五胺＞精胺＞BHT＞BHA（翁新楚等, 1994）。这也在一定程度上支持了上述观点。几种抗氧化剂结构式见图 7-13。

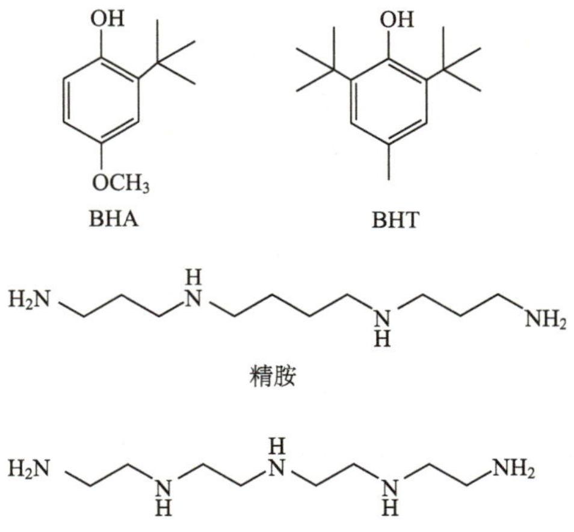

图 7-13　所讨论的几种抗氧化剂的结构式

酚类抗氧化剂及其一些氧化产物均具有一定的抗氧化作用（Streitwieser and Heathcock, 1981），上述胺类抗氧化剂及其氧化产物也能够充分有效地提供氢原子，来终止自由基的链锁反应，但它们作用的机制有一定的差异。另外，不同的是，酚类和醌类抗氧化剂不能使底物原有的过氧化物还原，而上述胺类抗氧化剂却可以。

另外，四乙撑五胺的抗氧化活性远比精胺的抗氧化活性高，图 7-14 中表现得很清楚，0.08%的精胺比 0.04%的四乙撑五胺的抗氧化性弱，其原因主要有 3 个：一是前者的抗氧化功能团在化合物中所占的比例比后者高，达到 37.1%，扣除 90%的纯度因素，其有效基团的比例为 33.4%；而后者的抗氧化功能团占 27.8%，扣

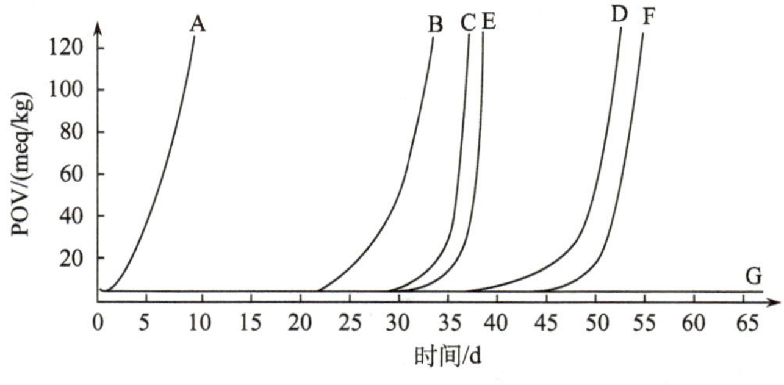

图 7-14　在(75±5)℃下，猪油含有不同精胺和四乙撑五胺的氧化稳定性

A. 空白；B. 0.02%精胺；C. 0.04%精胺；D. 0.08%精胺；E. 0.02%四乙撑五胺；F. 0.04%四乙撑五胺；G. 0.08%四乙撑五胺

除 99%的纯度因素，其有效基团比例为 27.5%。二是四乙撑五胺能通过参加抗氧化反应生成如式(7-4)所示的提供氢型的抗氧化剂，而精胺不能。三是前者对金属的螯合能力要远高于后者。前者有 5 个氨基螯合金属，形成 4 个五元环的稳定螯合物(图 7-12)。而后者只有 4 个氨基螯合金属(图 7-15)，形成一个七元环，两个六元环的螯合物，其稳定性远低于前者。

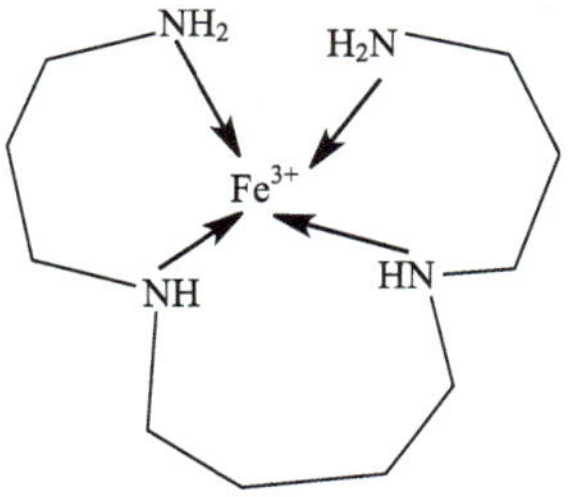

图 7-15　精胺螯合三价铁离子示意图

7.3　结语

胺类抗氧化剂的苯胺类由于和酚类抗氧化剂比较相似，得到了深入的研究，但是苯胺类抗氧化剂极少在食品中应用。而脂肪胺类抗氧化剂作为一类性能很高的新型抗氧化剂，是很值得进行研究的。脂肪胺类中的氨基酸因其营养功能得到了较多的研究，而对于其他类型的脂肪胺类则研究得较少，鲜有报道。例如，文中提到的精胺，不但具有抗氧化效应，还具有多种生理功能，能够作为营养强化剂应用到食品工业中去。

此外，对于影响脂肪胺类抗氧化剂性能的一些因素，还有待于从理论上进行深入而系统的研究。这不但对丰富抗氧化剂理论具有意义，而且对脂肪胺类抗氧化剂的应用很有价值。

参 考 文 献

翁新楚，曹国锋，梁利萍. 1994. 四乙撑五胺抗氧化性质的研究. 中国粮油学报, 9(4): 37-43.

翁新楚，曹国锋，刘芳玉，等. 1996. 精胺作为一种新型抗氧化剂的研究. 中国油脂，21(3): 28-30.

翁新楚，曹新伟，段杉，等. 1999. 四乙撑五胺抗氧化及金属螯合性能的研究. 中国粮油学报, 14: 23-26.

翁新楚. 1993. 抗氧化剂及其抗氧化机制. 郑州粮食学院学报, 19(3): 20-29.

章佳妮，候建平，翁新楚．2009．合成抗氧化剂及其氧化产物的抗氧化活性．粮油加工，(1): 59-63.

Ikeda N, Fukuzumi K. 1976a. Ion exchange resins and ethyleneimine polymer as antioxidants: I. Activity and mechanism. Journal of the American Oil Chemists' Society, 53(10): 618-622.

Ikeda N, Fukuzumi K. 1976b. Ion exchange resins and ethyleneimine polymer as antioxidants: II. Autoxidation products. Journal of the American Oil Chemists' Society, 54: 355-359.

Streitwieser A, Heathcock J C H. 1981. Introduction to Organic Chemistry. 2nd ed. New York: Macmillan Publishing Company.

Weng X C, Gordon M H. 1992. Antioxidant activity of quinones extracted from tanshen (*Salvia miltiorrhiza* Bunge). Journal of Agricultural and Food Chemistry, 40(8): 1331-1336.

第 8 章　抗氧化剂在乳浊液中的抗氧化活性

各种抗氧化剂在油脂中和在乳浊液中的抗氧化作用大有不同。在油脂体系中，抗氧化剂的强弱取决于多个因素：它们自身提供氢原子给更活泼的自由基的多少和快慢；提供氢原子后自身所生成的自由基的稳定性；抗氧化剂参加抗氧化后，自身所生成的自由基之间能否有效地结合生成新的抗氧化剂；以及油脂本身的性质和油脂中是否已经含有结构类似或相同的抗氧化剂等，这些都可以影响到所加抗氧化剂作用的强弱。当然，抗氧化剂能否充分溶解并有效地分散于油脂中也是非常关键的。但是在乳浊液体系中，抗氧化剂抗氧化活性的强弱除与以上因素有关外，还与抗氧化剂在油水中的分配比有关。因为乳浊液中的自动氧化反应主要是在油相中产生的，所以如果抗氧化剂绝大部分能被分配在油相中则会起到较好的抗氧化作用。否则，即使是抗氧化活性很强的抗氧化剂，如果其在乳浊液中大部分都分配在水相中，也不能很好地发挥其抗氧化作用，只会起到很弱的抗氧化作用。

8.1　几种常见的抗氧化剂在乳浊液中的抗氧化活性

生育酚、茶多酚、BHT 和 TBHQ 是目前国内用得较多的食品抗氧化剂。在结构上它们均为酚类化合物，能够把自身的一个酚羟基上的氢原子提供给较活泼的自由基，而自身生成较稳定的自由基，这样使自动氧化过程中自由基链锁反应被中断，从而有效地抑制油脂的氧化酸败。

从图 8-1 中可知，在 65℃的猪油中，0.03%的抗氧化剂的活性顺序是：**TBHQ >> BHT > 茶多酚 > 维生素 E > 空白**。

TBHQ 是目前油脂体系中抗氧化活性最强的合成抗氧化剂，其两个酚羟基中的一个的邻位被空阻大的叔丁基取代，能使提供氢后的自由基稳定化，并且使得对苯二酚更容易溶入油脂。该羟基对位的羟基是一个供电性很强的基团，能大大地提高该羟基的供氢能力。同时，TBHQ 的自由基很容易再提供给活泼的自由基一个氢，而本身生成对醌[式(8-1)～式(8-3)]。TBHQ 上两个羟基的空阻不一样，使得它们之间有较好的空间协同作用。1 位上的羟基空阻大，提供给活泼自由基氢原子的速度慢，但 1 位自由基更稳定。而 4 位羟基则反之。所以，在反应体系中，TBHQ 主要由 4 位羟基给活泼自由基提供氢原子，如式(8-1)所示；而以 4 位氧自由基的形式存在，如式(8-2)所示，这与 BHA 和 BHT 之间的抗氧化协同作用是相似的。

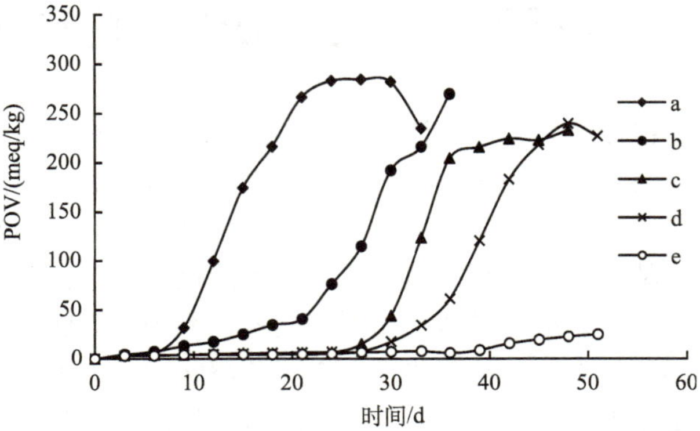

图 8-1　在(65±1)℃烘箱中，0.03%抗氧化剂在猪油中的抗氧化活性

a. 空白；b. 0.03% 维生素 E；c. 0.03% 茶多酚；d. 0.03% BHT；e. 0.03% TBHQ

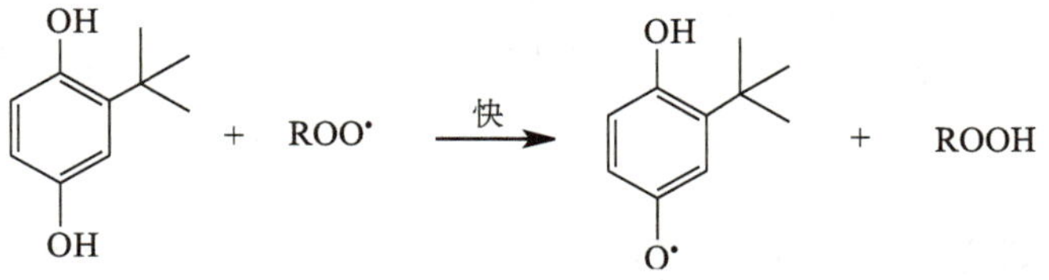

(8-1)

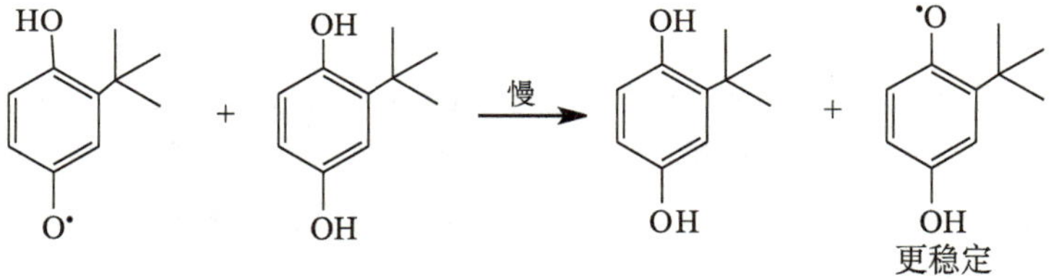

(8-2)

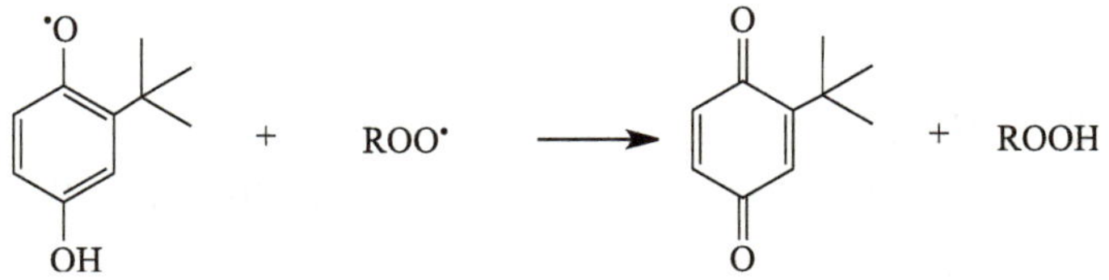

(8-3)

茶多酚的主要成分是儿茶素。从结构来看，茶多酚要比 BHT 的抗氧化活性高一些，但是茶多酚与 BHT 相比其极性却很大，在油脂中的溶解度很小，其抗氧化活性反而不及 BHT 强。这一现象与作者的实验结果是一致的。在乳浊液的分散体系中，抗氧化剂的极性和分子的大小对抗氧化剂作用的影响也是很关键的(Nenadis et al., 2003)。

从图 8-2 中可知，在 65℃的猪油+司班 80(1∶1)的体系中，0.03%的抗氧化剂的活性顺序为：**BHT > 茶多酚 > 空白 > 维生素 E > TBHQ**。

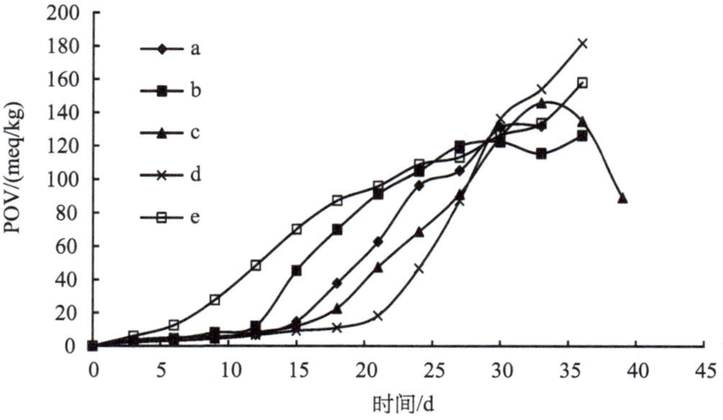

图 8-2　在(65±1)℃烘箱中，0.03%抗氧化剂在猪油+司班 80(*w*/*w*=1∶1) 体系中的抗氧化活性

a. 空白；b. 0.03% 维生素 E；c. 0.03% 茶多酚；d. 0.03% BHT；e. 0.03% TBHQ

从图 8-3 中可知，在 65℃的猪油+司班 80+水(1∶1∶3)体系中，0.03%的抗氧化剂的活性顺序为：**BHT > TBHQ > 茶多酚 ≈ 维生素 E ≈ 空白**。

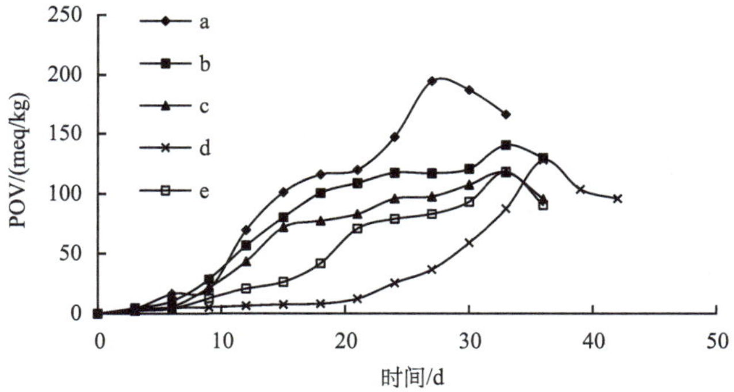

图 8-3　在(65±1)℃烘箱中，0.03%抗氧化剂在猪油+司班 80+水(*w*/*w*/*w*=1∶1∶3)体系中的抗氧化活性

a. 空白；b. 0.03%维生素 E；c. 0.03%茶多酚；d. 0.03% BHT；e. 0.03% TBHQ

由于水相的加入，极性很大的茶多酚全溶入水相，极性较大的 TBHQ 也部分溶入水相，极性较小的 BHT 则完全不溶于水中而全部溶解在油相中。所以，在这个体系中，茶多酚几乎没有表现出抗氧化活性，TBHQ 的抗氧化活性也表现得比在油脂中弱一些，而 BHT 则能起到充分的抗氧化作用。在这种条件下，BHT 的抗氧化活性比 TBHQ 的高是合理的。Frankel 等 (1994)对维生素 E 和 trolox(一种水溶性的维生素 E 类似物)与抗坏血酸和抗坏血酸棕榈酸酯在玉米油-吐温-水体系中的抗氧化作用进行了研究，同样发现极性小的油溶性的维生素 E 和抗坏血酸棕榈酸酯在乳浊液中的抗氧化作用较强，极性大的亲水性的 trolox 和抗坏血酸的抗

氧化作用较弱。

图 8-4 表明，在乳浊液中，在 10ppm Fe^{3+}存在时，BHT 的抗氧化活性略高于 TBHQ，而明显高于茶多酚和维生素 E。几乎看不出茶多酚和维生素 E 的抗氧化活性。

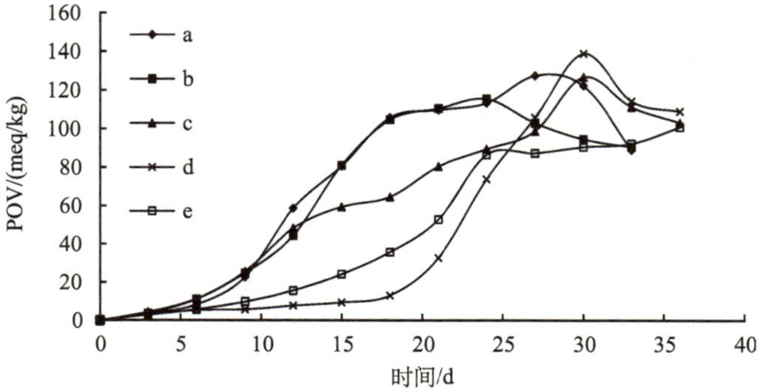

图 8-4　在(65±1)℃烘箱中，0.03%抗氧化剂在猪油+司班 80+水(*w/w/w*=1∶1∶3)+10ppm Fe^{3+}体系中的抗氧化活性

a. 猪油；b. 0.03%维生素 E；c. 0.03%茶多酚；d. 0.03%BHT；e. 0.03%TBHQ

从图 8-5 可知，在猪油-司班 80 体系中，10ppm Fe^{3+}使得所有的抗氧化剂失去抗氧化活性。这和作者以前的发现是一致的 (Gordon and Weng, 1992)。0.01％的柠檬酸使得所有的抗氧化剂恢复活性(图 8-6)，其抗氧化活性强弱顺序为：**BHT > TBHQ > 茶多酚 > 维生素 E > 空白**。

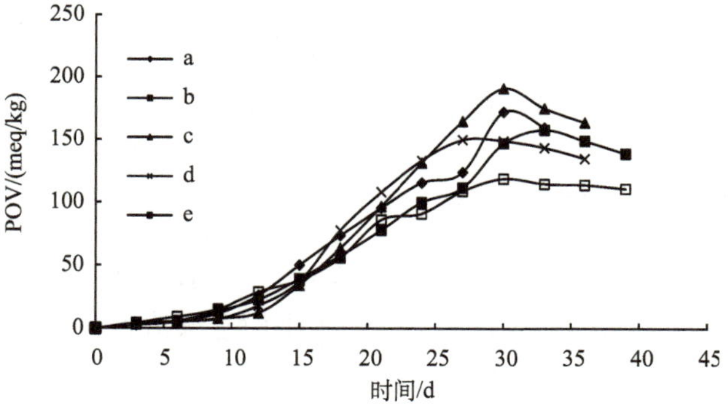

图 8-5　在(65±1)℃烘箱中，0.04%抗氧化剂在猪油+司班 80(*w/w*=1∶1)+10ppm Fe^{3+}体系中的抗氧化活性

a. 空白；b. 0.03%维生素 E；c. 0.03%茶多酚；d. 0.03%BHT；e. 0.03% TBHQ

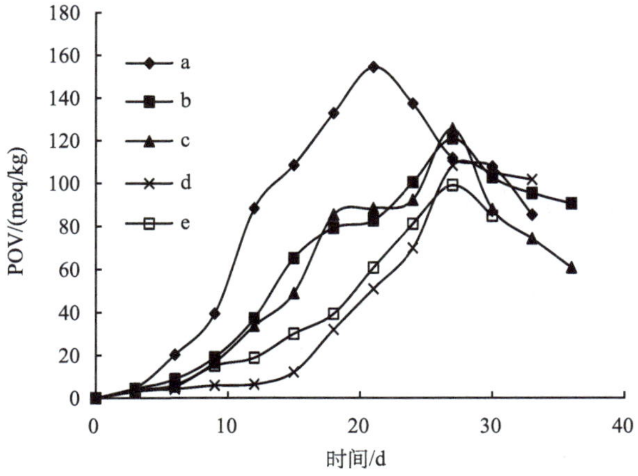

图 8-6　在(65±1)℃烘箱中，0.03%抗氧化剂在猪油+司班 80 +水(w/w=1 ∶ 1 ∶ 3)+10ppm Fe^{3+} + 0.01%柠檬酸体系中的抗氧化活性

a. 空白；b. 0.03%维生素 E；c. 0.03% 茶多酚；d. 0.03%BHT；e. 0.03%TBHQ

而图 8-7 则表明，在猪油+司班 80+10ppm Fe^{3+}的体系中，0.01%的柠檬酸使得所有的抗氧化剂恢复抗氧化活性。但各抗氧化剂之间无明显差别。由此可见，柠檬酸对三价铁离子有非常强的螯合作用，这与作者以前的发现是一致的(Gordon and Weng, 1992)。

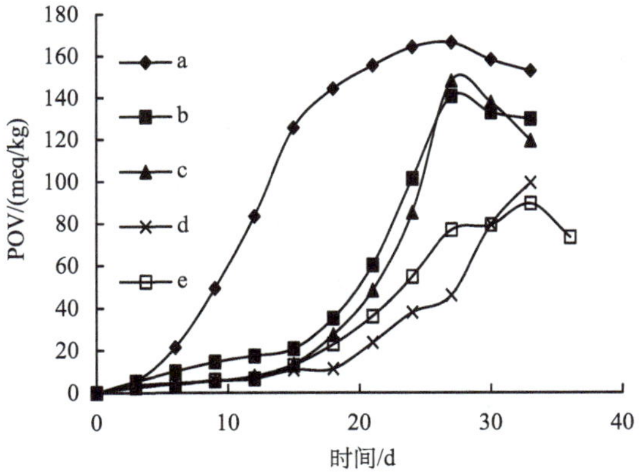

图 8-7　在(65±1)℃烘箱中，0.03%抗氧化剂在猪油+司班 80(w/w=1 ∶ 1)+ 10ppm Fe^{3+} + 0.01%柠檬酸体系中的抗氧化活性

a. 空白；b. 0.03%维生素 E；c. 0.03%茶多酚；d. 0.03%BHT；e. 0.03%TBHQ

Frankel 等对一些抗氧化剂在乳浊液中和油脂中的抗氧化行为做了一系列的研究，发现这些抗氧化剂的抗氧化活性大不一样。归结起来，其主要原因是各抗

氧化剂在油和水中的分配系数不一样。在乳浊液中，极性大的抗氧化剂大部分溶在水中，所以只有很少一部分起抗氧化作用。而极性小的抗氧化剂则大部分溶在油脂中。

8.2　几种新合成抗氧化剂在乳浊液中的抗氧化活性

图 8-8 和图 8-9 表达了几种抗氧化剂在乳浊液（油脂部分是经过柱色谱纯化的豆油）中的抗氧化活性（Zhang et al., 200）。两组 300μmol/L 和 1500μmol/L 浓度的各种抗氧化剂都未表现出明显的抗氧化活性。这有可能是豆油太容易氧化，速度太快有关，使得这些抗氧化剂难以显示它们的抗氧化活性，这在鱼油的氧化稳定性研究时，也出现了类似的问题（曹国锋和翁新楚，1994a/b）。尤其是在制备乳浊液过程中，体系被金属搅拌器如铁、或铜、或镍等过渡金属污染了。这些过渡金属都有很强的氧化催化活性，极强的抑制抗氧化剂的抗氧化活性（Weng，1991；Gordon and Weng，1992）。不过在两组实验中，月桂基化的 TBHQ，即 LTBHQ 相对来说还是表现出最强的抗氧化活性，而在高浓度时，BHT 也表现出相对很强的抗氧化活性（图 8-9）。LTBHQ 和 BHT 的极性较小，在乳浊液中较多的分配在有相中，故能更充分地起到抗氧化作用。

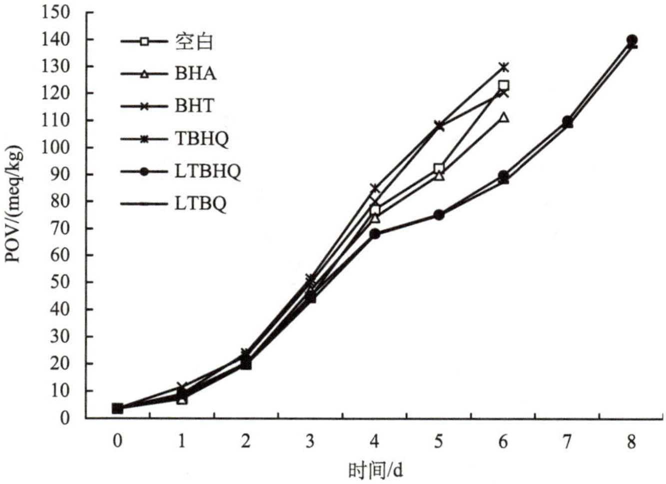

图 8-8　在(60± 2)℃烘箱中，含有 300μmol/L (*w*/*w*)不同抗氧化剂的乳浊液的过氧化值随时间的变化

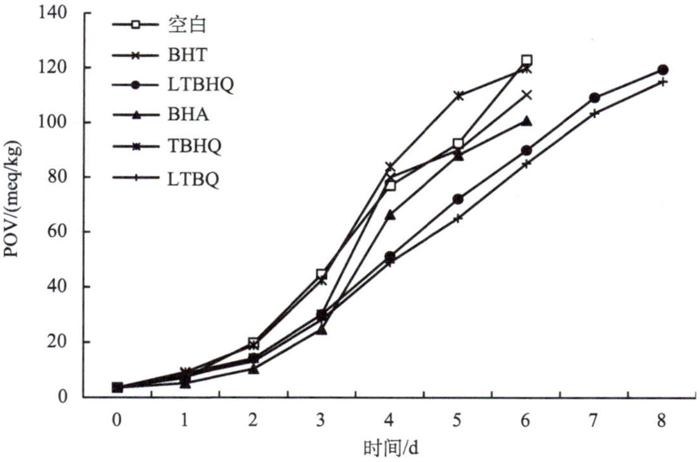

图 8-9　在(60± 2)℃烘箱内，含有 1500μmol/L (*w/w*)抗氧化剂的乳浊液的过氧化值随时间的变化

由此可见，影响抗氧化剂对油脂氧化抑制的因素很多。抗氧化剂本身的性质、金属离子、水、乳化剂、增效剂及储存条件等都可以不同程度地影响油脂的氧化，而其中抗氧化剂本身的性质起着决定性的作用。在纯猪油体系中，TBHQ 的抗氧化活性最强，BHT 次之，再次为 TP（茶多酚），而维生素 E 最弱；在乳化猪油体系中，由于 BHT 易溶于油脂而抗氧化活性强于 TBHQ；当 TBHQ 连上长碳链后，在乳浊液中的抗氧化活性会增强。Fe^{3+}的存在能够抑制抗氧化剂的活性，而加入柠檬酸又可以螯合金属离子，对抗氧化剂的活性有增效作用。所以在乳浊液体系中，在没有高效金属离子螯合剂的情况下，难以测得抗氧化剂真实的抗氧化活性。

参 考 文 献

曹国峰，翁新楚. 1995a. 鱼油氧化稳定性的研究. 中国油脂, 20(4): 49-52.

曹国峰，翁新楚. 1995b. 鱼油氧化稳定性的研究. 中国油脂, 20(5): 44-48.

姜竹茂，翁新楚，温少红. 2002. 不同极性抗氧化剂在猪油和猪油乳浊液中的抗氧化活性. 中国食品学报, 2(4): 53-57.

Frankel E N, Huang S W, Kanner J, et al.1994. Interfacial phenomena in the evaluation of antioxidants: bulk oils vs emulsions. Journal of Agricultural and Food Chemistry, 42(5): 1054-1059.

Gordon M H, Weng X C.1992.Antioxidant properties of extracts from tanshen (*Salvia miltiorrhiza* Bunge). Food Chemistry, 44(2), 119-122.

Nenadis N, Zafiropoulou I, Tsimidou M.2003. Commonly used food antioxidants: a comparative study in dispersed systems. Food Chemistry, 82(3): 403-407.

Weng X C. 1991.Antioxidant components of tanshen (*Salvia miltiorhiza* Bunge) Reading: University of Reading PhD Thesis.

Zhang C X，Weng X C, Wu H.2004.Two novel synthetic compounds as deep frying oils. Food Chemistry, 84: 219-222.

第9章 抗氧化剂捕捉自由基原理之热力学和动力学

抗氧化剂捕捉有机自由基的速度和能力是衡量抗氧化剂抗氧化能力强弱的一个重要指标。人和动物的线粒体是呼吸、氧化和新陈代谢的主要场所，在呼吸代谢过程中，会产生众多种类的自由基(如 $O_2^{\cdot -}$、$HOO^{\cdot}$、$HO^{\cdot}$)，并且速度很快。由于超氧化物歧化酶不能完全及时地清除线粒体产生的这些活泼自由基而诱发自由基的链锁反应。线粒体内释放自由基的速度就像有机自由基 $DPPH^{\cdot}$ 释放情况一样，瞬间放出很多高活性的自由基，只有能快速提供氢原子的抗氧化剂才能更及时有效地清除这些自由基。所以在生物体内捕捉自由基的速度是抗氧化剂抗氧化效率的决定因素。抗氧化剂的抗氧化活性强弱由两大因素左右，即热力学效应和动力学效应：从内能上影响抗氧化剂强弱的称为热力学效应(电子效应和空阻效应)；由于空阻效应和浓度效应而影响抗氧化活性的称为动力学效应。

9.1 抗氧化剂捕捉自由基 $DPPH^{\cdot}$ 的速度

在理论研究中，常用的有机自由基通常有几种，一种本身就是自由基，如二苯基苦肼基自由基($DPPH^{\cdot}$，其化学结构见图 9-1 中的化合物 10)，另外一些是重氮化合物，其本身不是自由基，但能较快地释放出来自由基，如水溶性较差的重氮异丁腈(ABN)和水溶性较好的重氮-4-羧基异戊腈(ACVN)，它们的结构式和释放自由基的原理如式(9-1)和式(9-2)所示 (许申鸿和杭瑚, 1999a；彭长连等, 2000；赵爱云和杭瑚，2000；许申鸿和杭瑚, 1999b)。

与重氮化合物作有机自由基源[式(9-1)和式(9-2)]相比，$DPPH^{\cdot}$有几个突出的优点：①相对较稳定，可操作性强；② 在有机溶剂中有较好的溶解度，其溶剂易选择；③ 在 515nm 的光线波段处有最强的独特吸收，易于检测。

抗氧化剂捕捉活泼自由基的速度决定因素之一是抗氧化剂的空间阻碍效应，即功能型酚羟基两个邻位取代基的空间效应。从化学热力学原理上来讲，如功能型酚羟基两个邻位取代基很大、很拥挤，则有利于给出氢原子后酚氧自由基的稳定性，换言之，有利于增强酚型抗氧化剂在不饱和度低、产生自由基很慢的油脂中的抗氧化活性。

但是，当在捕捉有机自由基(如 $DPPH^{\cdot}$)时或在不饱和度很高的油脂中(如高浓度的二十碳五烯酸和二十二碳六烯酸)，体系产生自由基速度很快，或自由基的浓度大，如果功能酚羟基两个邻位的空阻很大，则自由基接近抗氧化剂的功能酚羟

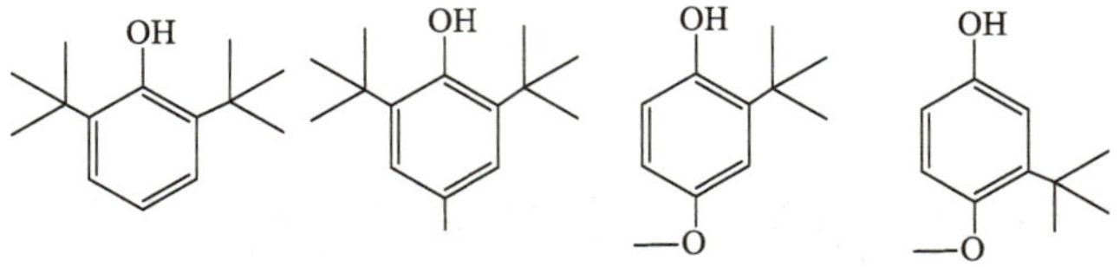

(1) DTBP　(2) BHT　(3-1) BHA-2　(3-2) BHA-3

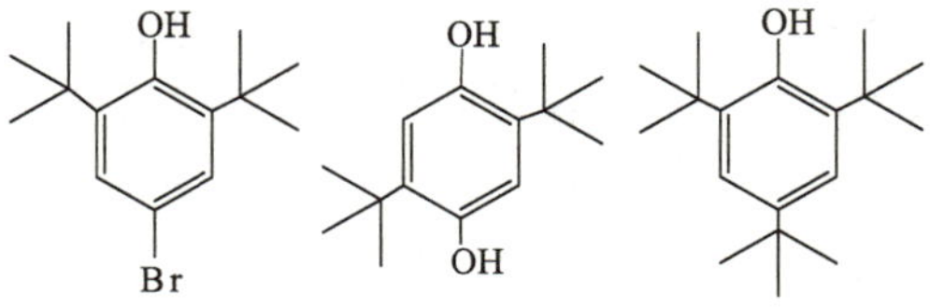

(4) TBHQ　(5) Br-DTBP　(6) DTBHQ　(7) TTBP

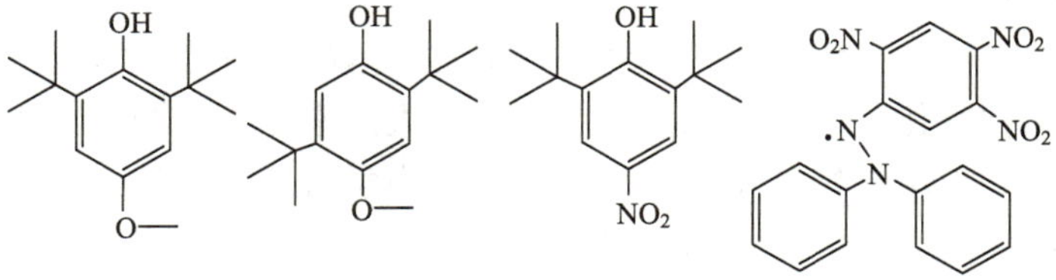

(8-1) DBHA-1　(8-2) DBHA-2　(9) NO_2-DTBP　(10) DPPH

图 9-1　本章所讨论的抗氧化剂和 DPPH 自由基的化学结构式

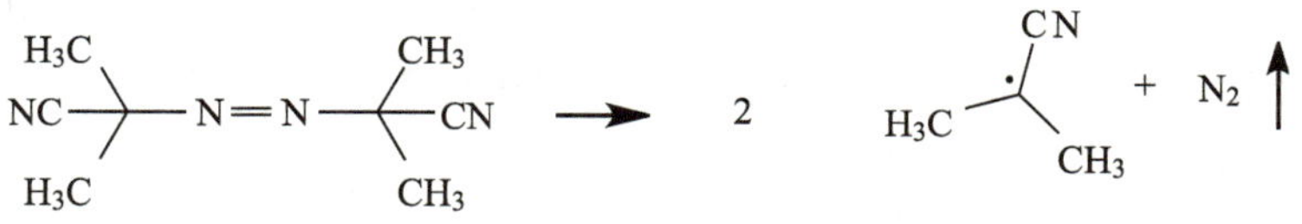

(9-1)

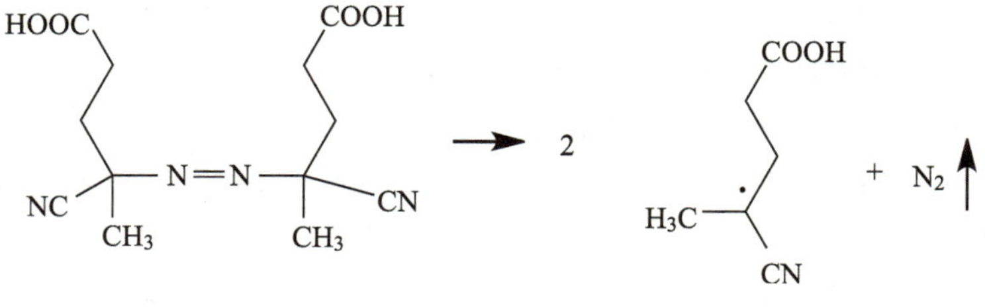

(9-2)

基的难度就大，或有效碰撞的概率就小，即抗氧化活性就弱，这是动力学效应所引起的。功能羟基两边巨大的空间阻位基团的动力学效应与取代基引起的空间位阻和电子效应综合所造成的热力学效应正好相反。当酚型抗氧化剂的功能型羟基的两个邻位没有任何取代基，在苯环上无强的吸电子基团或供电子基团时，酚羟基和自由基接近的可能性增加了，从化学动力学上来讲有利于增强抗氧化剂的抗氧化活性。但是由抗氧化剂形成的酚氧自由基的稳定性也降低了。另外，功能酚羟基的氢氧键离解能也变大了，故从热力学上来讲，其抗氧化活性也不会增加。

另外，当酚型抗氧化剂的苯环上，尤其是功能酚羟基的邻位和对位有强供电子基团时，则功能羟基的氧氢键能大大降低，使得抗氧化剂捕捉自由基的速度大大加快。这就较好地解释了为什么 2-叔丁基-4-甲氧基苯酚(BHA，图 9-1 中的化合物 3)捕捉自由基的速度是 2,6-二叔丁基-4-甲基苯酚(BHT，图 9-1 中的化合物 2)和 2,6-二叔丁基-苯酚(DTBP，图 9-1 中的化合物 1)的十几倍，因为 BHA 羟基旁的空阻远小于 BHT 和 DTBP，并且 BHA 的对位有一个甲氧基(—OCH_3)，供电能力很强(表 9-1)。反之，当酚型抗氧化剂的苯环上，尤其是功能羟基的邻、对位有强吸电子基团时，使功能羟基的氧氢键能大大增加，使得抗氧化剂捕捉自由基的速度大大减慢，如 2,6-二叔丁基-4-硝基苯酚，即 NO_2-DTBP(其化学结构见图 9-1 中的化合物 9)，由于功能羟基对位有一强大的吸电子的硝基，其几乎失去了提供氢原子的能力，因而失去了抗氧化活性(表 9-1)。但是这使得酚羟基释放出氢离子的能力极大增强，式(9-3)能较好地解释这一结果 (邱小勇等, 2005)。

表 9-1　各样品数据趋势线方程斜率、相关系数(R^2)、半数清除浓度(EC_{50})、清除效率及半数清除时间、新参数值(实验在 7℃下进行)

样品序号-体积/μl#	样品名缩写	数据趋势线斜率	相关系数 R^2	EC_{50} /(mol/L)	清除效率 0.5[DPPH˙]/EC_{50}	半数清除时间 $t_{1/2}$/min	标准半数*清除时间 $t_{1/2}$/min	$1/(C_0t_{1/2})$
1-80	DTBP	−0.0118	0.996	1.5×10^{-5}	2.55	58.7	46.96	112.9
2-75	BHT	−0.0061	0.998	1.4×10^{-5}	2.78	113.6	85.20	62.7
3-40	BHA	−0.0705	0.984	1.1×10^{-5}	3.50	9.8	3.92	1358.0
4-30	TBHQ	−0.057	0.999	1.4×10^{-5}	2.80	12.1	3.63	1415.3
5-130	Br-DTBP	−0.192	0.979	2.6×10^{-5}	1.50	3.6	4.68	1130.1
6-50	DTBHQ	−0.243	0.978	2.7×10^{-5}	1.45	2.9	1.45	3703.8
7-400	TTBP	−0.0177	0.977	7.4×10^{-5}	0.52	39.2	156.8	33.8
8-600	DBHA	−0.367	0.993	2.2×10^{-5}	1.10	1.9	11.4	481.7
8-400	DBHA	−0.243	0.984	2.2×10^{-5}	1.10	2.9	11.6	481.7
8-200	DBHA	−0.134	0.995	2.2×10^{-4}	1.10	5.2	10.4	481.7
9-1000	NO_2-DTBP	−0.0022	0.992	1.3×10^{-2}	0.0018	315.1	3151	7.0×10^{-2}

* 表中所有的抗氧化剂所加的量都换算到 100μl 时的半数清除时间作为标准半数清除时间

表中所有的化合物所配成的乙醇溶液浓度均为 3.0×10^{-3}，除 NO_2-DTBP 的浓度为 7.3×10^{-2} 和 DPPH˙的浓度为 2.5×10^{-4} 以外

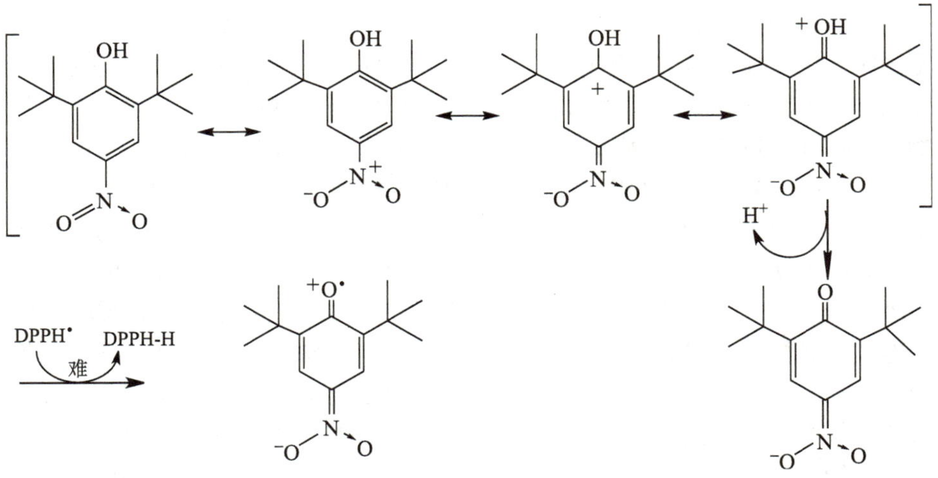

(9-3)

有趣的是，尽管 BHT 的对位有一个弱的供电基团，即甲基，使得其酚羟基提供氢原子的能力要大于结构极为相似但对位没有甲基的 DTBP。但是研究结果表明，BHT 捕捉自由基的速度反而远不如 DTBP。因为它们的功能羟基两边的空阻是一样的，这就给人表面现象是：实际结果似乎和理论不一致。但是，作者经过进一步研究后发现，当 BHT 和 DTBP 提供氢原子给自由基后，它们自身成为相对稳定的自由基，它们 4-位碳自由基中心的共振极限式中，甲基的空阻效应使得该极限式与活泼自由基结合受阻，所以对空阻同样较大的 DPPH·自由基来说，式(9-4)比式(9-5)要快得多。并且两个 DTBP 自由基的耦合也比两个 BHT 自由基的耦合更容易[式(9-6)]。

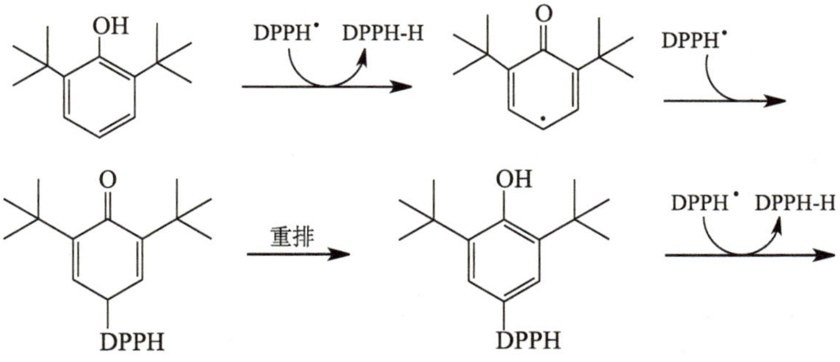

(9-4)

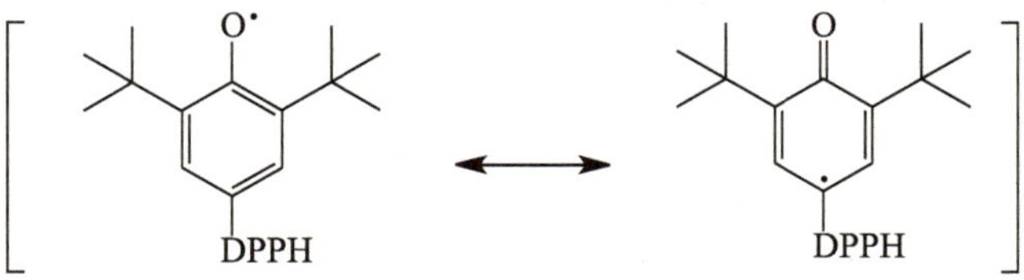

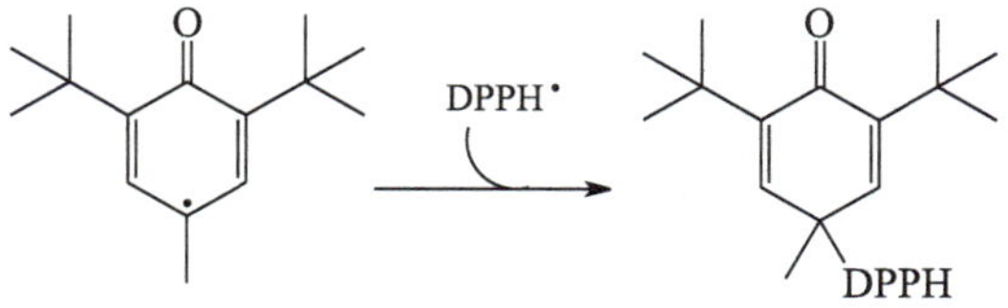

(9-5)

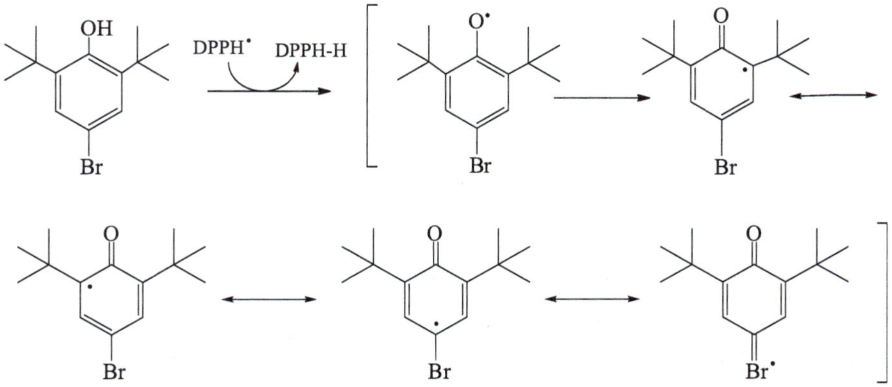

(9-6)

这一原理也能很好地解释对位溴化的 DTBP(2,6-二叔丁基-4-溴苯酚，即 Br-DTBP，其化学结构见图 9-1 中的化合物 5)。首先，溴是一个供电性比甲基要强得多的基团，并且其空阻要比甲基小，所以提供氢原子的速度远远高于 BHT 和 DTBP，而 Br-DTBP 自身生成的自由基和 DPPH·结合的速度高于 BHT 而小于 DTBP。但是溴的供电效应占主要因素。所以其捕捉自由基的速度不但比 BHT 要高得多，甚至比 DTBP 还要高。其解释见式(9-6)。

比较一下 BHT 和 2,4,6-三叔丁基苯酚(TTBP, 其化学结构见图 9-1 中的化合物 7)的结构：位于功能羟基对位的叔丁基的供电效应能够降低功能羟基氢氧键能 1.9kcal/mol, 而对位的甲基能够降低功能羟基氢氧键能 1.7kcal/mol(见第 5 章，表 5-3)，即叔丁基的供电效应比甲基要略强，而两个化合物的功能羟基的空阻完全一样，所以 TTBP(2,4, 6-三叔丁基苯酚)提供氢原子给活泼自由基的速度应比 BHT 的略高。但是表 9-1 中所列的研究结果表明 TTBP 捕捉自由基的速度远远小于 BHT 的速度。这一结果也可解释为：TTBP 提供氢原子给自由基后，自身生成一个相对稳定的自由基。这个自由基的 4 个共振极限式所表达的自由基中心的碳邻近都具有庞大的空阻基团，使其无法结合 DPPH·，两个抗氧化剂自由基之间也无法耦合，式(9-7)能很好地表达这一现象。所以在遇到空阻很小的自由基之前，将继续以自由基的形式存在。这样，它就有可能从 DPPH-H 上夺取一个氢原子，形成可逆反应[式(9-8)]。而 BHT、DTBP 的自由基能结合 DPPH·，形成一个非自由基的稳定化合物[式(9-4)，式(9-5)]。

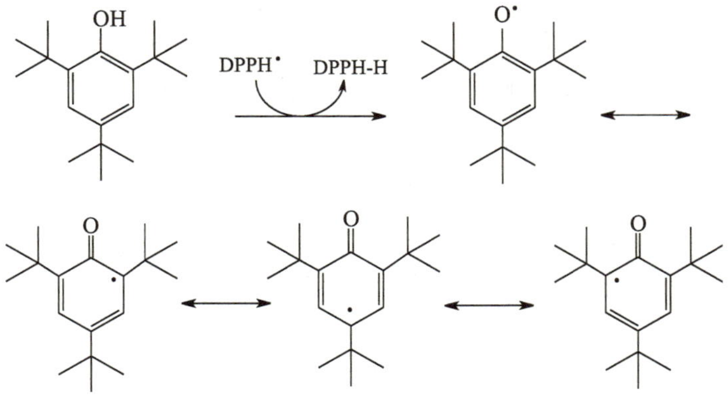

(9-7)

$$\mathrm{ArOH} + \mathrm{DPPH}^{\cdot} \rightleftharpoons \mathrm{ArO}^{\cdot} + \mathrm{DPPH\text{-}H} \tag{9-8}$$

所以，综上所述，如果单从反应热力学来看，这几个化合物的抗氧化活性强弱应以这个顺序依次降低：**Br-DTBP > TTBP > BHT > DTBP >> NO_2-DTBP**。

而在实际研究中却发现结果并非如此。因为 BHT、DTBP 提供氢原子后，它们自身所形成的自由基能进一步结合活泼自由基[式(9-9)]，或自身耦合[式(9-10)]。而上述几个化合物的 2,6-位全部被叔丁基完全屏蔽，在这两个位置上不能结合活泼自由基或自身耦合，只有在 4-位才可能结合活泼自由基或自身耦合。这实际是一个反应动力学问题，所以在考虑它们捕捉自由基的速度时，必须综合考虑。而 TTBP 在 4-位也是一个庞大的叔丁基，也完全不可能结合活泼自由基或自身耦合。在 4-位的空间阻碍大小按以下顺序依次减小：**TTBP > NO_2-DTBP > BHT > Br-DTBP >DTBP**。

$$\mathrm{ArO}^{\cdot} + \mathrm{DPPH}^{\cdot} \longrightarrow \mathrm{ArO-DPPH} \tag{9-9}$$

$$\mathrm{ArO}^{\cdot} + \mathrm{ArO}^{\cdot} \longrightarrow \mathrm{ArO-ArO} \tag{9-10}$$

综合其热力学因素和动力学因素，尤其是考虑到这几个系列化合物提供氢原子后其自由基直接结合自由基或自身耦合的能力，它们捕捉自由基的能力为：**Br-DTBP >DTBP >> BHT > TTBP >> NO_2-DTBP**。

2,5-二叔丁基对二酚(DTBHQ，见图 9-1 中化合物 6)捕捉自由基的速度是表 9-1 所列各化合物中最快的，比其母体 TBHQ(见图 9-1 中化合物 4)还要快一倍多。因为在对氢醌的两个酚羟基旁各有一个庞大的叔丁基，无论是从空间阻碍上讲还是从电子效应上讲，都对提供氢原子有利。酚羟基上的氢原子被叔丁基挤到另一边，则活泼自由基可从那边来有效接近酚羟基上的氢原子，达到有效碰撞的目的。

而 2,6-二叔丁基-4-甲氧基苯酚或 2,5-二叔丁基-4-甲氧基苯酚(DBHA，化学结构式见图 9-1 中化合物 8)有两个同分异构体，其中占主要含量的是结构 8-1，该化合物的两个庞大基团将功能羟基屏蔽在中间。所以 DBHA 捕捉自由基的速度远低于其母体 BHA。

仅从捕捉自由基的速度来比较，各抗氧化剂由大到小的顺序是：**DTBHQ > TBHQ > BHA > Br-DTBP > DBHA > DTBP > BHT > TTBP > NO_2-DTBP**。

事实上，综合酚型抗氧化剂苯环上的取代基的电子效应(热力学)和空间效应(动力学)，以及酚型抗氧化剂提供氢后自身生成自由基再结合活泼自由基和耦合的难易程度(动力学)来解释表 9-1 的结果是很合理的。

在酚型抗氧化剂捕捉自由基的活性研究中，对苯环功能羟基对位取代基的电子效应对抗氧化活性影响规律的研究已经比较透彻，但是有关功能羟基对位取代基的空间效应对抗氧化活性影响规律的研究还未见过报道。以上的研究结果是对 Zhang 等的抗氧化剂抗氧化活性的热力学理论解释的完善和补充 (张红雨等, 1999)。

9.2　抗氧化剂的 EC_{50}

对任何一个抗氧化剂的抗氧化活性完整和正确地描述并非易事，正如第 3 章所指出的那样，由于抗氧化剂所处的体系和条件千变万化，故各抗氧化剂在不同体系中表现出不同的抗氧化活性，还将随条件的变化而变化。

一般说来，衡量抗氧化剂的抗氧化活性强弱的有两个指标：①捕捉自由基的速度。捕捉速度有两种表示法：一是以单位质量的抗氧化剂捕捉自由基的速度来表示；二是以单位物质的量(mol)浓度捕捉自由基的速度来表示。当各抗氧化剂的分子质量相近时，两种表示法的结果也是接近的。②捕捉自由基的效率，即单位质量或单位物质的量所能捕捉自由基的质量或物质的量。在表 9-1 中，抗氧化剂的捕捉效率是在半清除 DPPH·时，每摩尔抗氧化剂能清除 DPPH·的物质的量，即 EC_{50}。

从表 9-1 可看出，每摩尔 TBHQ、BHT 和 DTBP 清除 DPPH·的物质的量很接近，是图 9-1 所列的抗氧化剂中最高的几个。尽管 BHT 捕捉自由基的速度较慢，但是由于有式(9-11)所表达的反应机制 (Roginsky and Lissi, 2005)，每摩尔的 BHT 能捕捉 2.78mol 的 DPPH·。

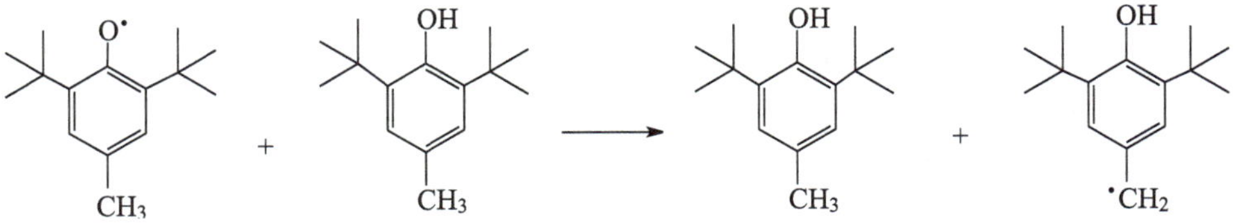

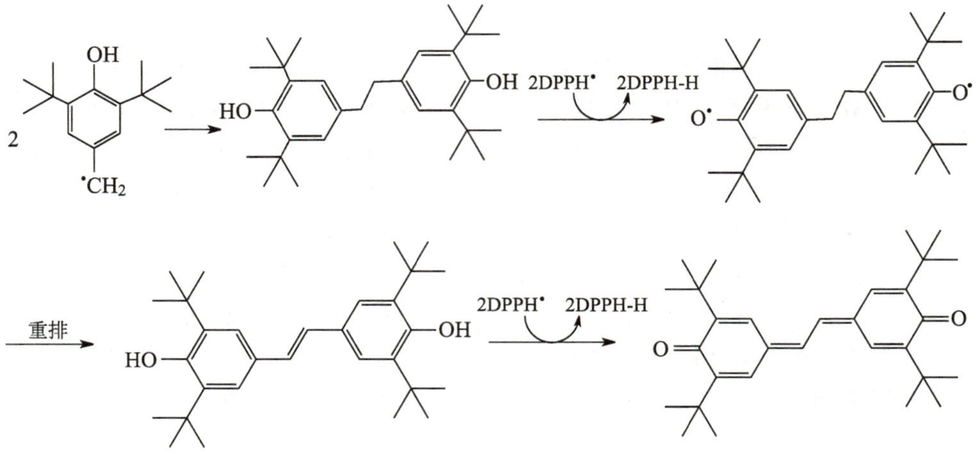

(9-11)

电子效应和空间效应，以及生成的自由基耦合重排形成新的抗氧化剂，使得 TBHQ 不但捕捉自由基的速度很快，而且每摩尔的 TBHQ 能捕捉 2.8mol 的 DPPH·(表 9-1)。其反应机制见式(9-12)和式(9-13)。

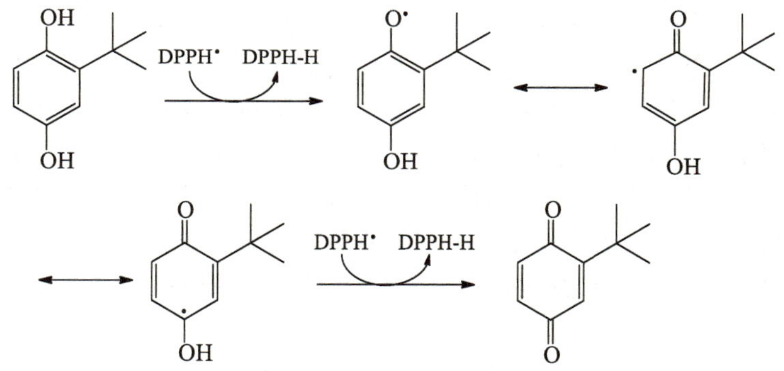

(9-12)

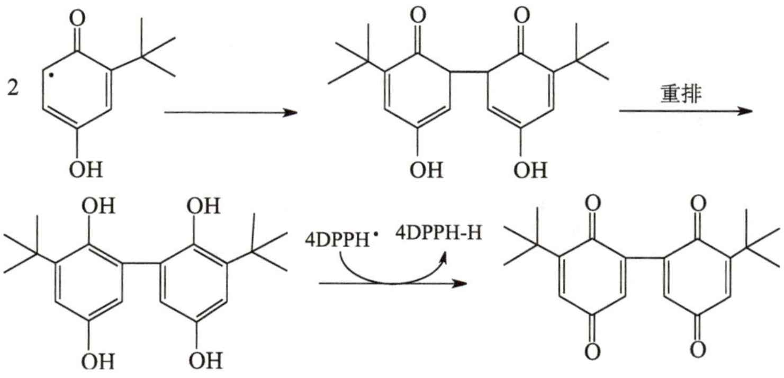

(9-13)

而 DTBHQ 由于在两个功能羟基旁各有一个空阻很大的叔丁基，使两个 DTBHQ 的自由基难以结合，重排成新的抗氧化剂[式(9-14)]，所以一个 DTBHQ 分子只能捕捉 1.45 个 DPPH˙。

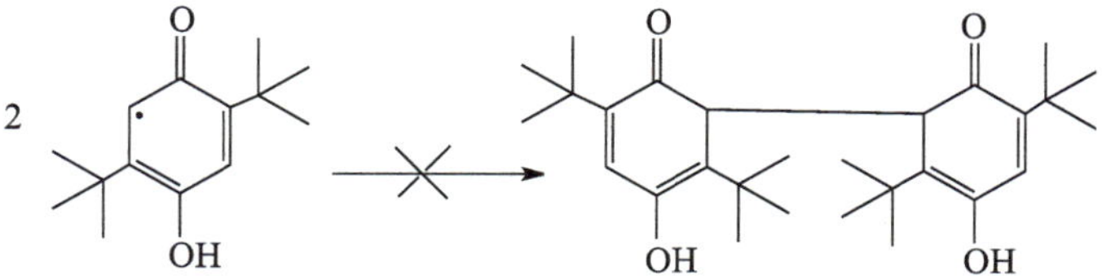

(9-14)

DTBP 在提供氢原子给 DPPH˙后自身形成的自由基能直接结合一个 DPPH˙，然后重排成一个新的酚，使之可重新给自由基提供氢原子，这样 1mol DTBP 可捕捉 3mol 的 DPPH˙，如式(9-4)所示。实际上，式(9-4)中两个自由基的共振极限式是很稳定的，因为酚氧自由基和苯环联接 DPPH˙位碳上基的空间阻碍效应是很大的。另外，两个 DTBP 自由基能结合，重排形成一个新的抗氧化剂，如式(9-15)所示，相当于 1mol DTBP 可捕捉 2mol 的 DPPH˙。所以综合起来，1mol DTBP 分子可捕捉 2.55mol 的 DPPH˙。而 1mol 的 Br-DTBP 也能结合 1.50mol 的 DPPH˙。

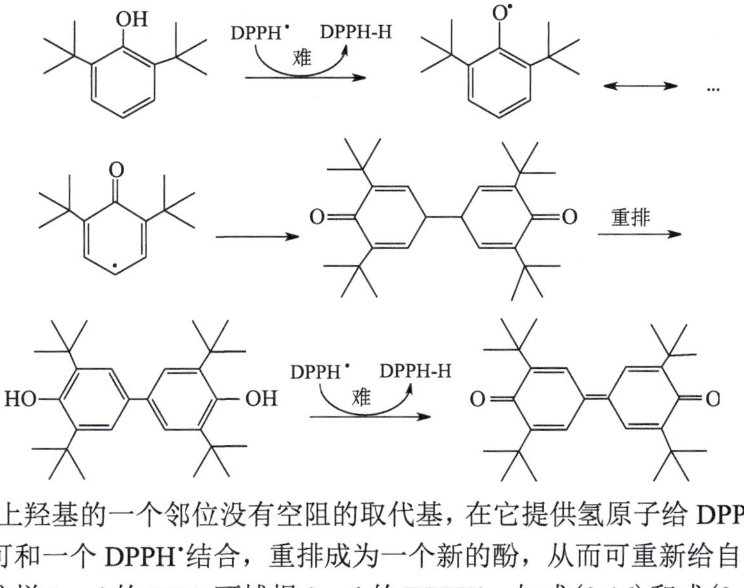

(9-15)

BHA 上羟基的一个邻位没有空阻的取代基，在它提供氢原子给 DPPH˙后，这个位上即可和一个 DPPH˙结合，重排成为一个新的酚，从而可重新给自由基提供氢原子，这样 1mol 的 BHA 可捕捉 3mol 的 DPPH˙，如式(9-16)和式(9-17)所示。

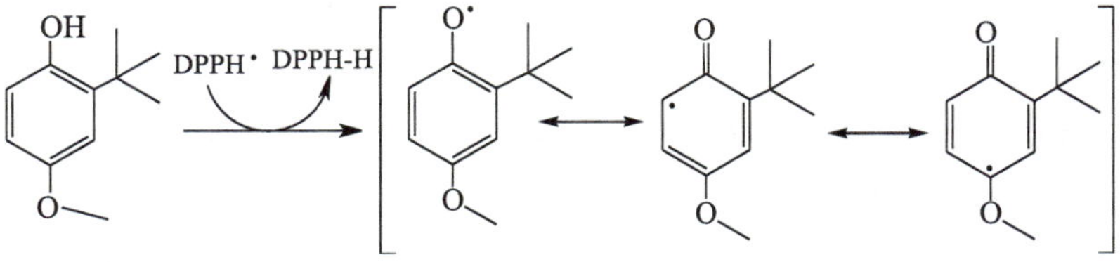

(9-16)

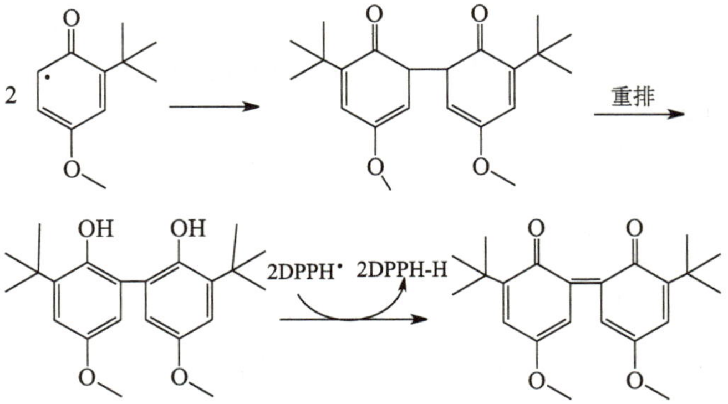

(9-17)

另外，两个 BHA 自由基能结合，重排形成一个新的抗氧化剂，如式(9-17)所示，相当于 1mol 的 BHA 可捕捉 2mol 的 DPPH$^{\cdot}$。所以综合起来 1mol 的 BHA 可捕捉 2.5mol 的 DPPH$^{\cdot}$。

而 BHA 在苯环上继续被一个叔丁基取代生成 DBHA 后，向自由基提供一个氢原子，自身形成的自由基则很难再结合一个 DPPH$^{\cdot}$，两个 DBHA 自由基也难以相耦合。这样，1mol 的 DBHA 只能结合 1.1mol 的 DPPH$^{\cdot}$。

B_r-DTBP 提供一个氢原子后，还可直接结合一个 DPPH$^{\cdot}$自由基，如式(9-19)所示。但由于溴原子的半径也不小，大的自由基 DPPH$^{\cdot}$接到 6 位上去也不容易。

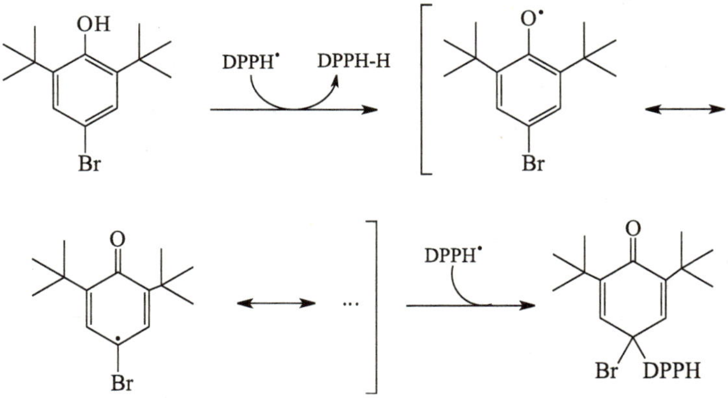

(9-18)

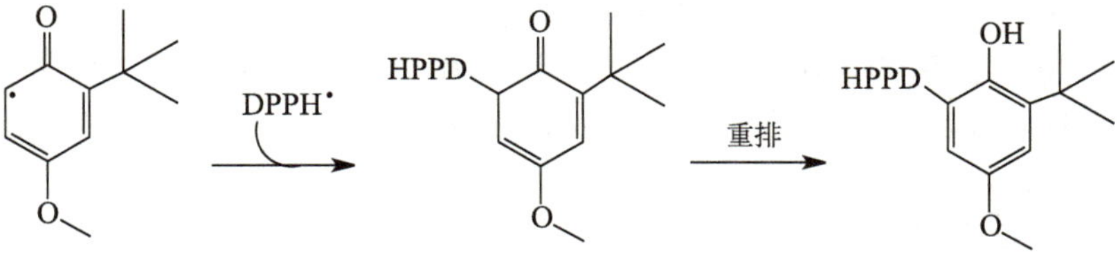

(9-19)

但是 TTBP 巨大的空阻效应，使其自由基难以再和其他自由基结合。而当 TTBP 自由基达到一定浓度时，它有可能从 DPPH-H 或其他物质上夺得一个氢原子而重新启动自由基链锁反应[式(9-7)，式(9-8)]。所以 1mol 的 TTBP 只能捕捉

0.52mol 的 DPPH˙。

$$NO_2\text{-DTBP} + DPPH^{\cdot} \rightleftharpoons NO_2\text{-DTBP}^{\cdot} + DPPH\text{-H} \quad (9\text{-}20)$$

硝基强大的吸电性和空阻效应，使得 NO_2-DTBP 几乎不能提供氢原子给 DPPH˙，正如式(9-20)所示，反应向逆方向进行。研究结果表明，1mol 的 NO_2-DTBP 只能捕捉 0.0018mol 的 DPPH˙。

基于以上研究结果，图 9-1 中的每个酚类化合物结合 DPPH˙个数的大小或能力的大小按下列顺序依次减小：**TBHQ > BHT > DTBP = BHA > Br-DTBP > DTBHQ > DBHA >> TTBP >> NO_2-DTBP**。

9.3　以清除自由基的速度和浓度 EC_{50} 来综合评价抗氧化剂的抗氧化活性

图 9-1 中所列的化合物都是单芳香环的酚类化合物，其结构有相似之处，它们之间的差异主要表现在不同的空间阻碍效应和电子效应方面及功能羟基的个数。作为抗氧化剂，单从其捕捉自由基的速度或半数清除浓度来评价抗氧化剂的抗氧化活性是不全面的。

评价抗氧化剂的抗氧化活性应将抗氧化剂捕捉自由基的速度和清除自由基的一半所需抗氧化剂的浓度(EC_{50})综合起来考虑。这里，设抗氧化剂清除 DPPH˙的反应速率方程为

$$v = k[A][DPPH^{\cdot}]$$

式中，k 为速率常数，[A]为抗氧化剂的浓度。由于 A 相对 DPPH˙浓度较大，可认为在反应过程中其浓度不变，设为 C_0，则消除反应可近似为只与 DPPH˙浓度有关的一级反应，因 DPPH˙浓度与其吸光度值成正比关系，所以可用吸光度值代替其浓度，又令 $y = A/A_0$，A 为任一时间的自由基 DPPH˙在 515nm 处的吸光度，A_0 为自由基 DPPH˙在 515nm 处的初始吸光度。由动力学知识可得如下关系式：

$$\ln(y) = kC_0 t$$

这与样品 DBHA(图 9-1 中化合物 8)实验数据结果推论符合(图 9-2)。再改变一下方程形式，即：

$$k = \ln(y)/(C_0 t)$$

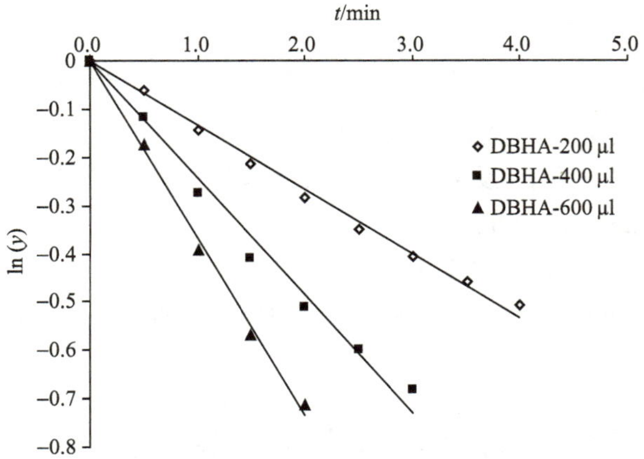

图 9-2　DBHA 各浓度 ln(*y*)对时间图

当 DPPH·半数被清除时 y=1/2，此时所需时间为 $t_{1/2}$，代入方程得

$$k = \ln(1/2)/(C_0 t_{1/2})$$

两边乘以1/ln(1/2)，右边就为$1/(C_0 t_{1/2})$。所以取$1/(C_0 t_{1/2})$这一参数即可表征DPPH·自由基消除反应的速率常数。其他各样品到半数清除时 ln(*y*)与 *t* 也都呈良好的一次线性关系，其线性相关性 $R^2 \geqslant 0.977$（表9-1），这充分证明了假设的正确性。样品各新参数值见表9-1中列的[$1/(C_0 t_{1/2})$]值。

图 9-2 为不同浓度二叔丁基在甲氧基苯酚（DBHA）的作用下，DPPH·吸光度(A)与 DPPH·初始吸光度(A_0)的比值($y = A/A_0$)的对数 ln (*y*) 随时间的变化曲线[ln(*y*)-*t*]。

从图 9-2 可知，ln(*y*)对时间的变化曲线具有较好的线性关系，并且，随着自由基捕捉剂 DBHA 浓度的提高，其斜率也变大。换言之，DBHA 的浓度越高，清除 DPPH·的速度也就越快。

图 9-3 是在其他各种抗氧化剂作用下 ln(*y*)对时间的变化曲线。值得注意的是，在图 9-3A 中横坐标时间刻度是图 9-3B 中的 20 倍，说明图 9-3B 中的化合物的抗氧化活性远高于图 9-3A 中的化合物。

NO_2-DTBP 的浓度高出其他抗氧化物很多，这是因为该化合物清除自由基的活性太低了。

DBHA 3 个浓度的动力学实验数据表明，到半数清除时 ln(*y*)与 *t* 呈良好的一次线性关系，其斜率与抗氧化剂浓度 C_0 比值分别为：−336.5、−322.5、−325.0，其标准偏差为 7.45，为其平均值的 2.7%，故可近似认为是一定值，于是可设 ln(*y*)与 *t* 有如下关系：

$$\ln(y) = kC_0 t_0$$

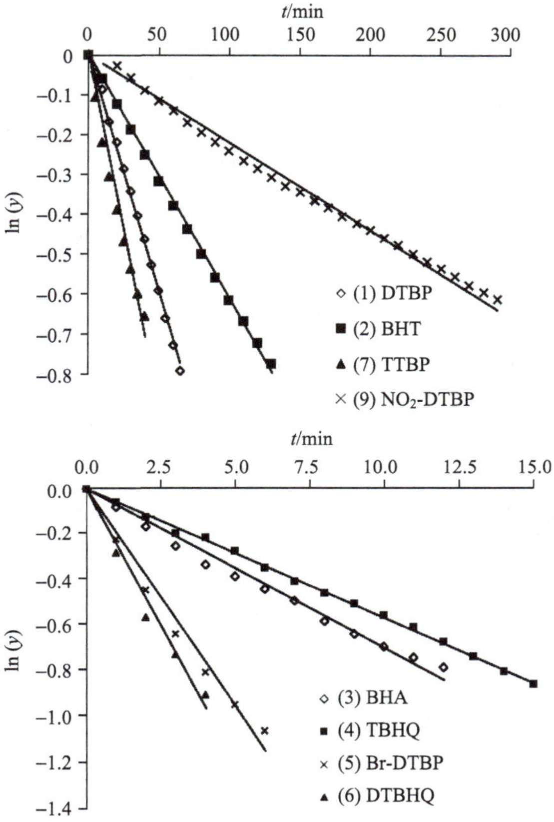

图 9-3　样品 1～7 及 9 的 ln(y)对时间图

而实际上，酚类抗氧化剂与 DPPH·样品各新参数值见表 9-1 中列的 $1/(C_0t_{1/2})$ 值。

比较表 9-1 中各参数值 $1/(C_0t_{1/2})$可知，样品消除自由基活性顺序为：(6)DTBHQ ＞(4) TBHQ ＞(3) BHA ＞(5) Br-DTBP ＞(8) DBHA ≫(1) DTBP ＞(2) BHT＞(7) TTBP≫(9) NO_2-DTBP。

表 9-1 列出的 $1/(C_0t_{1/2})$ 值能综合地反映各酚的抗氧化活性。反应式(9-18)和式(9-19)能较直观地表达溴可增加抗氧化活性的原理。但是由于溴原子的原子半径远大于碳和氧的原子半径，所以 Br 和苯环共轭的状况不如氧原子好，因而其抗氧化活性比 BHA 弱。而硝基是一个极端强的吸电子基团，所以 NO_2-DTBP 的抗氧化活性非常弱，这一点在该研究结果中也得到了验证。

DTBP 活性略大于 BHT，这一点 Wright 等(2001)未能作出预测。考虑到以上因素，使用新参数比较各抗氧化剂抗氧化活性才能得到正确结果。同时也表明，即使抗氧化剂浓度在反应过程中不为常量，参数也能很好地表征各抗氧化剂的活性。

DPPH·实验能很好地比较各抗氧化剂的活性，但目前普遍采用的 EC_{50} 或清除效率等单一浓度参数均不能正确反映物质消除自由基能力的差别，并且由于不同作者的实验所用的平衡时间、样品浓度等条件不同，对其得到的数据结果不能直接比较、采用。本文提出的新参数 $1/(C_0t_{1/2})$虽然从简单反应模型推出，但与消除DPPH· 反应的速率常数相关。实验证明，该参数不仅能准确地说明抗氧化剂清除自由基的能力，而且对其研究清除自由基过程的机制也有很好的指导作用，并且因实验过程中无需配制不同浓度梯度的抗氧化剂溶液和等待一段固定的平衡时间，而使实验更方便地进行。另外，因为温度对反应速率有较大影响，实验过程中要注意保持温度恒定，应尽量使用带恒温装置的紫外可见分光光度计，同时记录下实验温度。

9.4　其他一些酚类化合物抗氧化活性的研究

张红雨等(1999)从量子化学－热力学的角度研究了各种黄酮化合物和黄烷化合物的抗氧化活性。他们认为，在黄酮化合物中，由于 A 环和 C 环共轭较好，C 环中有一个强吸电基团——羰基，A 环上的羟基提供氢原子的能力减弱。而张红雨通过计算认为黄酮化合物的 B 环与 C 环几乎垂直，故 C 环对 B 环的影响较小。而在黄烷化合物中，C 环中无羰基，只有一个醚氧键直接连于 A 环，能增加 A 环上羟基提供氢原子的能力。

当两个羟基互为间位时，无论是 A 环还是 B 环，对增加羟基提供氢原子的能力比两个互为邻位的羟基要小得多。

根据张红雨等(1999)的研究，图 9-4 中所列化合物抗氧化活性按下列顺序依次减小：epigallocathin gallate > epicatechin gallate > epigallocachin > baicalein > baicalin > pueranin > wogonin > morin > resveratrol。

在 Roginsky 等研究图 9-5 所列的各个抗氧化剂的抗氧化活性中，他们以亚油酸甲酯为反应底物，用 ABN 和 ACVN 作为过氧化自由基的引发剂，在十二碳磺酸胶束体系中发现，黄酮有一个很有趣的现象，在 3-位上有一个羟基时(2,3-位之间有双键，见图 9-5)，该羟基提供氢原子的速度最快 (Roginsky and Lissi, 2005)。并且花青素(cyanidin)上的 3-位羟基活性最高，远远高于一般黄酮上 3-位羟基的抗氧化活性。

在一般苯酚化合物中，苯环上有强的吸电子基团时，会大大地降低其抗氧化活性。而在花青素的结构中，氧是以双键和碳结合的，并且还带有正电荷，从理论上来讲其吸电子效应极强。而黄酮 3-位上的羟基的邻位也有吸电子效应很强的

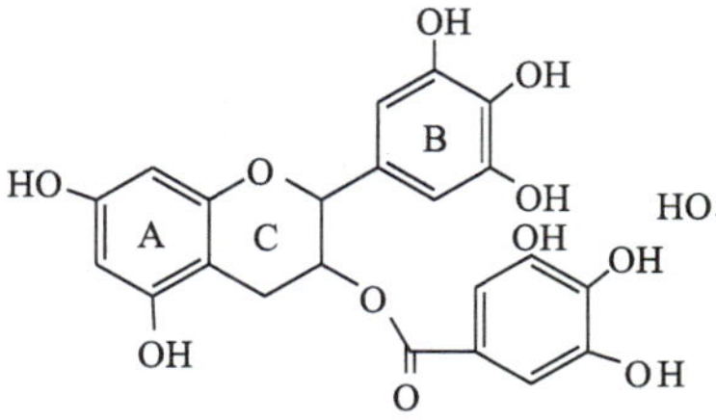
1. epigallocatechin gallate

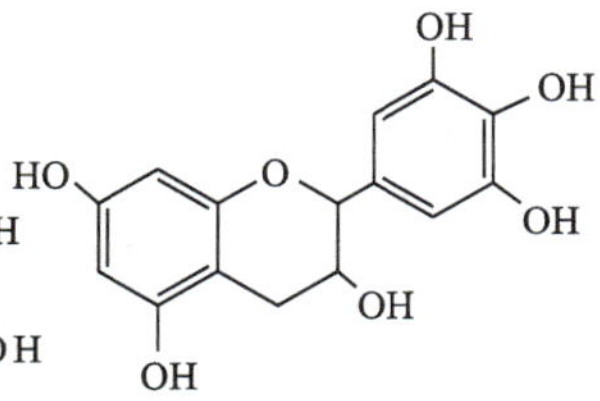
2. epigallocatechin

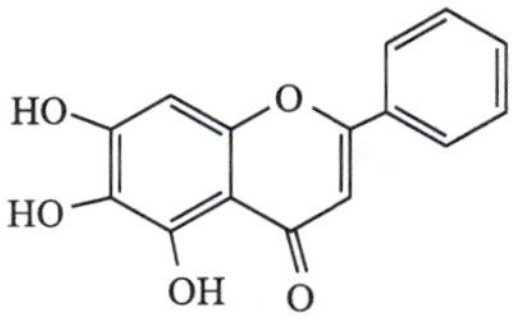
3. baicalein

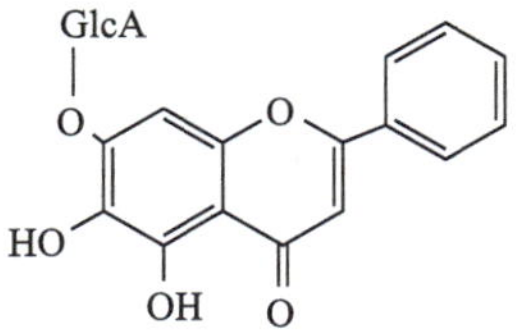
4. baicalin

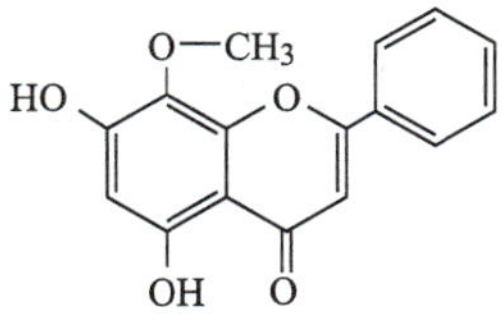
5. wogonin

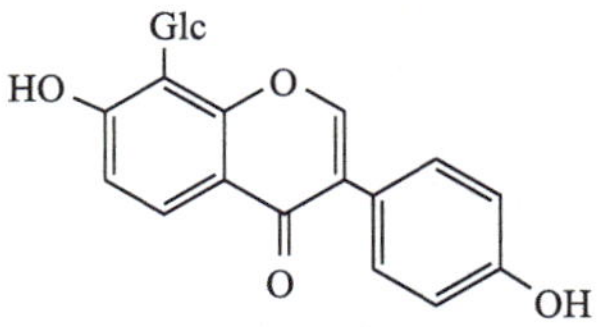
6. pueranin

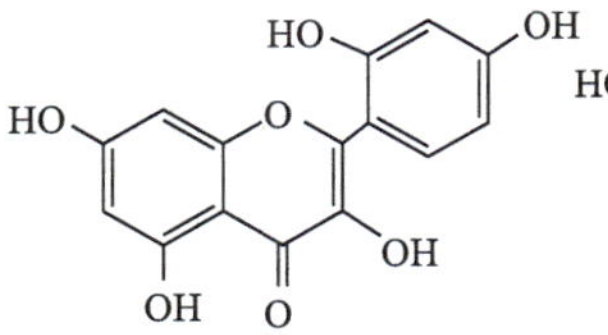
7. morin

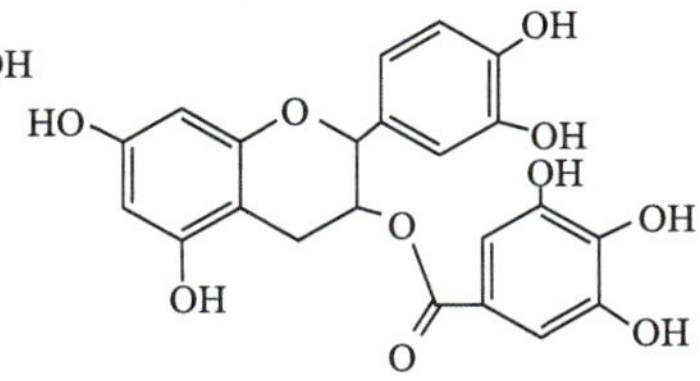
8. epicatechin gallate

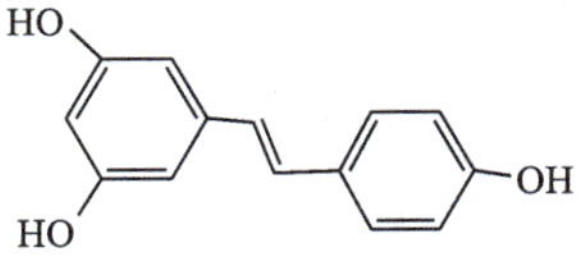
9. resveratrol

图 9-4　几种黄酮类化合物的化学结构

羰基。所以，这种情况似乎和酚苯环上的作用是相反的 (Lu and Foo, 2001；Wright et al.，2001；Badami et al., 2003；Aljadi and Kamaruddin, 2004)。

图 9-5 中各化合物的抗氧化活性按下列顺序按依次递减：cyanidine > dihydroquercetin > tocopherol > BHT > quercetin > catechin > gallic acid > ellagic acid > nordihydroguaiaretic acid > fisetin > chlorogenic acid > kaempferol > ascorbic acid～luteolin > cafeic acid > rutin > naringenin。

而 Sanchez-Moreno 等(1998)用 DPPH$^{\cdot}$研究抗氧化剂的活性，表明各抗氧化剂捕捉自由基的速度为：ascorbic acid >> cafeic acid > gallic acid > tannic acid > α-tocopherol > rutin > quercetin > ferulic acid > BHA > resveratrol。

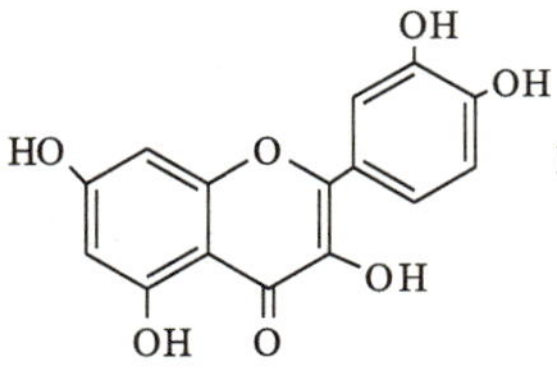
1. quercetin

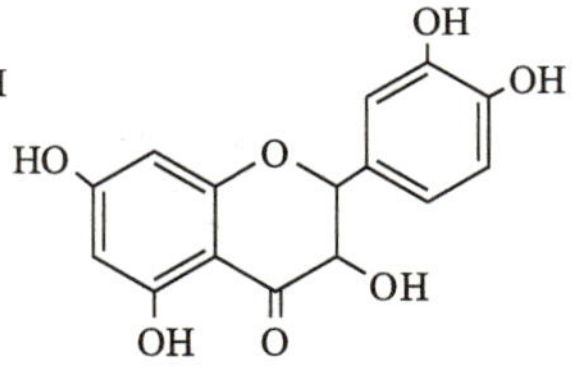
2. dihydroquercetin

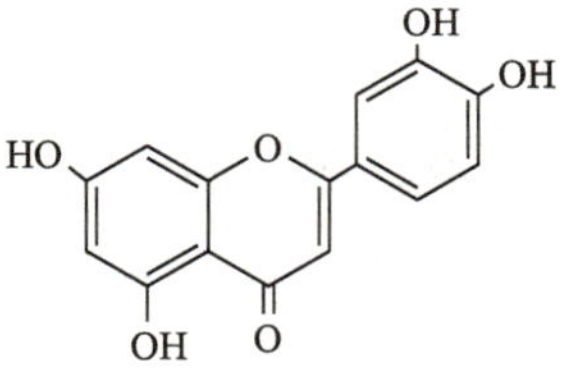
3. luteolin

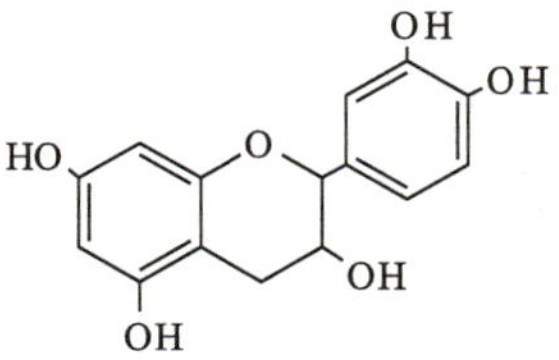
4. catechin

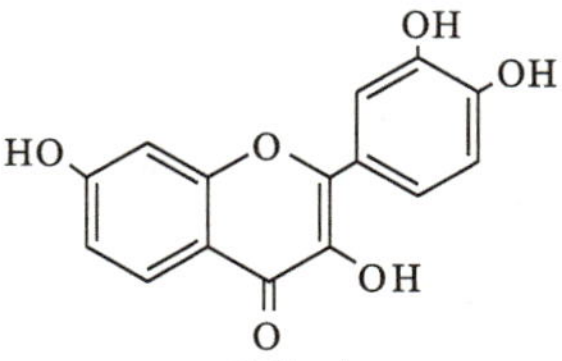
5. fisetin

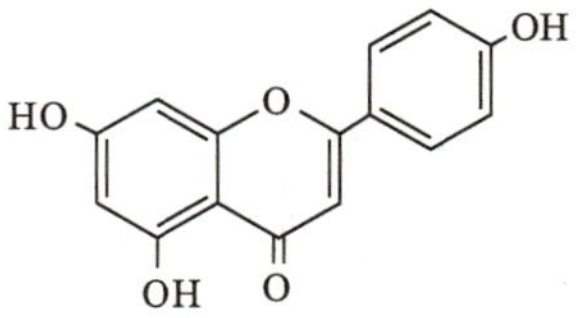
6. naringenin

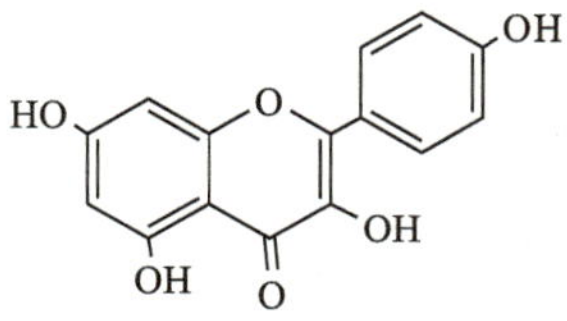
7. kaempferol

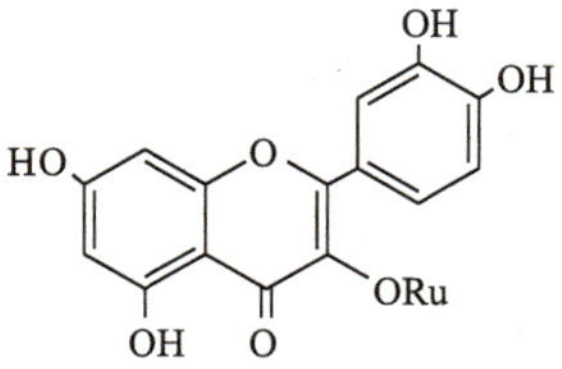
8. rutin

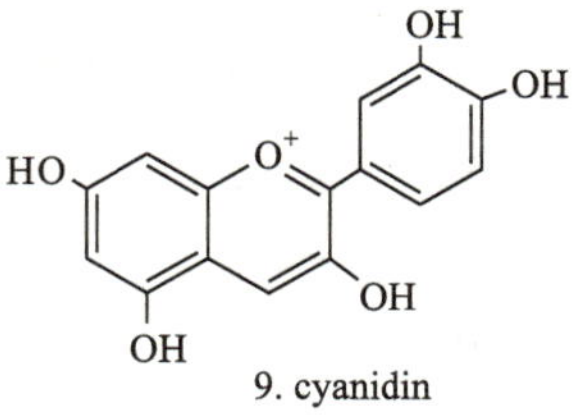
9. cyanidin

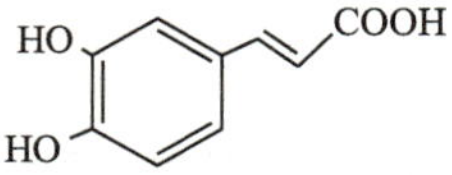
10. cafeic acid

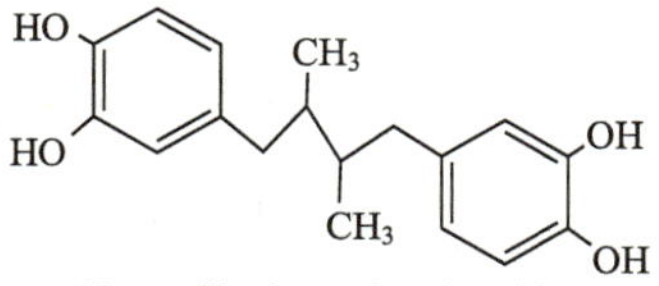
11. nordihydroguaiaretic acid

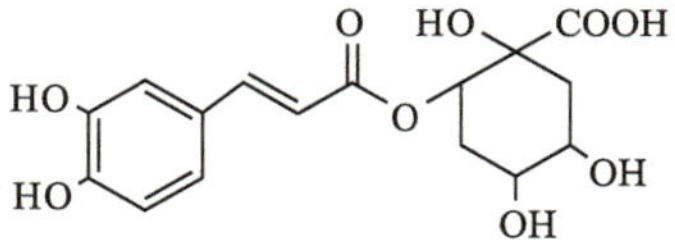
12. chlorogenic acid

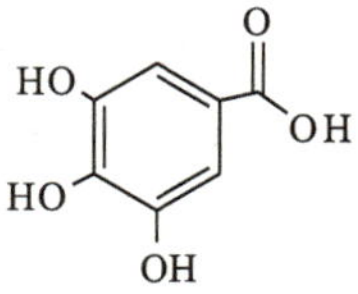
13. gallic acid

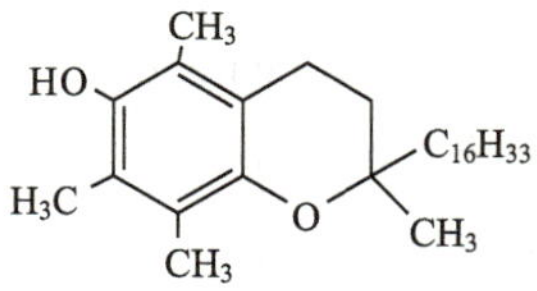
14. tocopherol

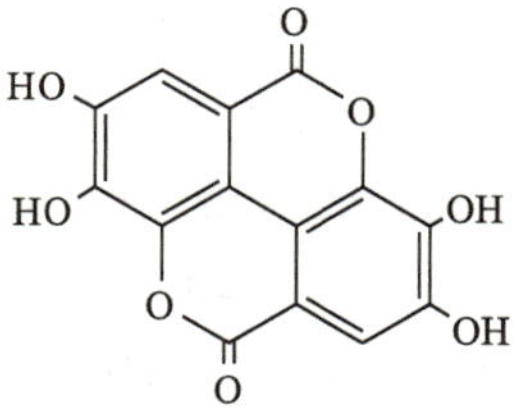
15. ellagic acid

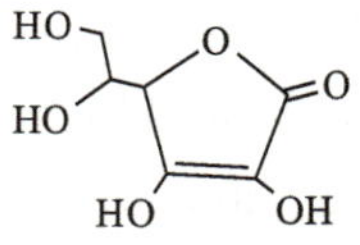
16. ascorbic acid

图 9-5　一些用于抗氧化活性研究的酚类化合物的结构

图 9-6 表明了抗坏血酸、维生素 E、rutin 在不同浓度下的抗氧化作用。3 个化合物都表现为随着浓度的升高，清除 DPPH·的能力增强。

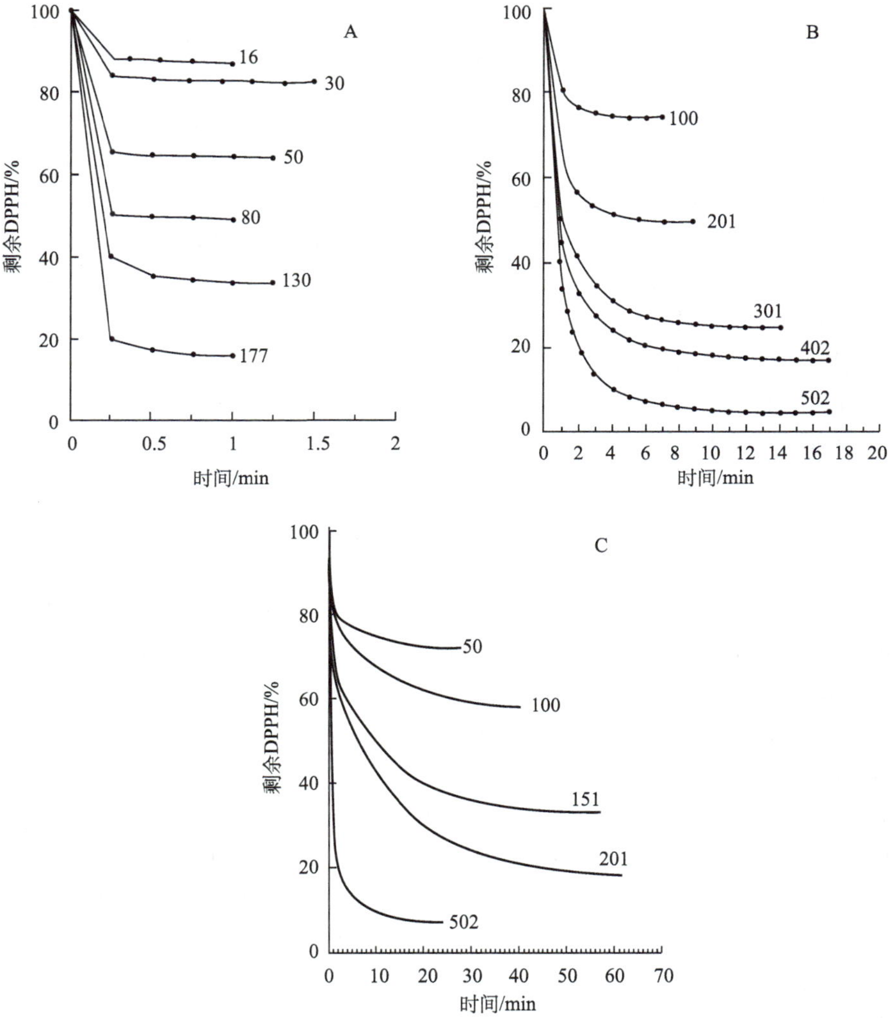

图 9-6　不同浓度捕捉自由基的速度，每条曲线所标的数字为 g 抗氧化剂/kg DPPH˙

A. 抗坏血酸；B 维生素 E；C. rutin

比较几个研究结果发现，各个抗氧化剂的抗氧化活性顺序发生了很大的变化。在 Roginsky 和 Lissi(2005)的研究中，BHT 比没食子酸丙酯(PG)和其他所有的黄酮类的抗氧化活性更高。而在作者 (翁新楚等, 1996；邱小勇等, 2005)及 Bonde 等(1997)用 DPPH˙作自由基的研究中，BHT 的抗氧化活性是很低的。

参 考 文 献

彭长连，陈少薇，林植芳，等．2000. 用清除有机自由基 DPPH 法评价植物抗氧化能力．生物化学与生物物理进展, 27(6): 658-660.

邱小勇, 王丹花, 李嘉燚, 等. 2005. 表征酚类抗氧化剂清除 DPPH˙能力的新参数的建立和应用. 上海大学学报(自然科学版), 11(2): 206-211.

翁新楚，段杉, 任国谱, 等. 1996. 3,5-二叔丁基-4-羟基甲苯在三氯化铁溶液中的氧化产物及其抗氧化性能. 中国油脂, 21(1): 42-44.

许申鸿, 杭瑚．1999a. 二苯代苦味肼基自由基分光测定法及其应用的初步研究．植物生理学通讯, 35(6): 474-477.

许申鸿, 杭瑚．1999b. 用分析法研究野生植物的抗氧化活性．青岛大学学报, 12(3): 74-77.

张红雨，李金龙，孙蓬. 1999. 氧的 P 型孤对电子对抗氧化剂苯氧自由基的稳定作用. 生物物理学报, 15(2): 369-373.

赵爱云，杭瑚．2000. 部分植物抗氧化活性的初步研究．天然产物研究与开发, 12(3): 42-44.

Aljadi A M, Kamaruddin M Y. 2004. Evaluation of the phenolic contents and antioxidant capacities of two malaysian floral honeys. Food Chemistry, 85(2): 513-518.

Badami S, Gupta M K, Suresh B. 2003. Antioxidant activity of the ethanolic extract of striga orobanchioides. Journal of Ethnopharmacology, 85(2-3): 227-230.

Bonde V, Brand-Williams W, Berset C. 1997. Kinetics and mechanisms of antioxidant activity using the DPPH. free radical method. LWT-Food Science and Technology, 30: 609-615.

Lu Y R，Foo Y L. 2001. Antioxidant activities of polyphenols from sage (*Salvia officinalis*). Food Chemistry, 75: 197-202.

Roginsky V, Lissi E A. 2005. Review of methods to determine chain-breaking antioxidant activity in food. Food Chemistry, 92: 235-254.

Sanchez-Morenok C, Larrauri J A, Saura-Calixto F. 1998. A procedure to measure the antiradical efficiency of polyphenols. J Sci Food Agric, 76: 270-276.

Wright J S，Johnson E R, DiLabio G A. 2001. Predicting the activity of phenolic antioxidants: theoretic method, analysis of substituent effects, and application to major family of antioxidants. J Am Chem Soc, 123: 1173-1183.

第10章　高温抗氧化剂的合成及其抗氧化活性

随着我国社会经济的迅速发展，尤其是我国工业化程度的日益提高，人们的生活节奏和工作节奏越来越快，人们的生活方式和饮食观念也在快速发生变化。为了节省时间，人们工作日的午餐往往选择一些快捷方便的食品。快餐食品或方便食品所占的市场份额越来越大。其中主要是油炸食品和焙烤食品，如大家熟知的直接食用的炸鸡、肉、鱼和薯条，以及大行其道的方便面，还有饼干、糕点等焙烤食品。由于这些食品具有各自不可替代的独特风味，并且快捷方便，很受消费者欢迎，尤其是受到青少年的青睐，这是肯德基、麦当劳等洋快餐在全世界大行其道的重要原因之一。

但是，在高温下，煎炸油和起酥油中的一些抗氧化剂很快会消耗掉，油脂容易因氧化、环化、聚合、分解等方式产生一些有害有毒的物质，并且这些物质也会使得产品的颜色加深和风味异常，程度严重时往往不被消费者所接受。更重要的是，一些产品不是加工后马上食用，而是要存放一定的时间，如方便面、饼干和糕点的存放时间一般长达10～24个月。由于在加工过程中抗氧化剂大量损耗，甚至耗尽，产品中的油脂在存放的过程中就会产生氧化、酸败，生成致癌性很强的过氧化物及其分解产物，结果不仅损害生产厂家的经济利益，更重要的是损害了消费者的健康和利益。防止这类产品氧化、酸败最有效的方法就是在油脂中加入适量的高效高温抗氧化剂。

高温抗氧化剂是指在140～220℃时，能有效地阻止或延缓自动氧化的一类化合物。这类化合物除了具备一般抗氧化剂的性能外，还要具备一些特殊性。首先在高温下要有很好的热稳定性，不分解；其次不容易蒸发，特别是在体系中有大量水蒸气蒸发的情况下，高温抗氧化剂不易随水蒸气蒸发掉。这些性质是目前普遍使用的食品抗氧化剂所不具备的，如棓酸丙酯(PG)在140℃以上时，容易热分解。而2,6-二叔丁基-4-甲酚(BHT)、2-叔丁基-4-甲氧基苯酚(BHA)、叔丁基对氢醌(TBHQ)的分子质量都较小，在166～220℃内，它们容易在高温下蒸发掉，尤其在有大量水蒸气的情况下，由于体系的分压增大导致组分沸点降低，故极易被水蒸气带出来而起不到抗氧化作用。而PG高温时易分解，也不能充分起到抗氧化作用。

高温抗氧化剂可广泛地应用于高温煎炸、焙烤等食品工业中。为了增加高温情况下的抗氧化效果，加大现有高效抗氧化剂的分子质量是一个有效的途径。

10.1　在 TBHQ 的苯环上接上一个月桂烃基

正十二烷基对苯二酚是 TBHQ 在酸作用下和月桂醇（正十二烷醇）反应所得的一个化合物，即月桂烃基叔丁基对苯二酚（LTBHQ）。相比 TBHQ，多了一个正十二烷基，即一个具有月桂烃基的 TBHQ。在反应过程中，会有很少部分的 LTBHQ 被氧化成相应的醌，即月桂烃基叔丁基对苯醌（LTBQ）(Zhang et al., 2006)。

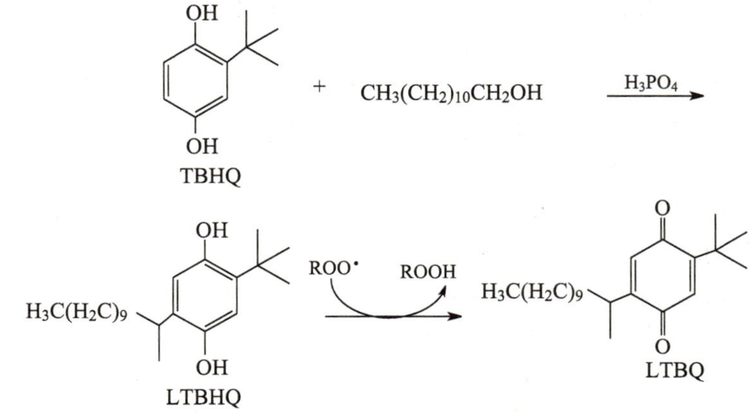

(10-1)

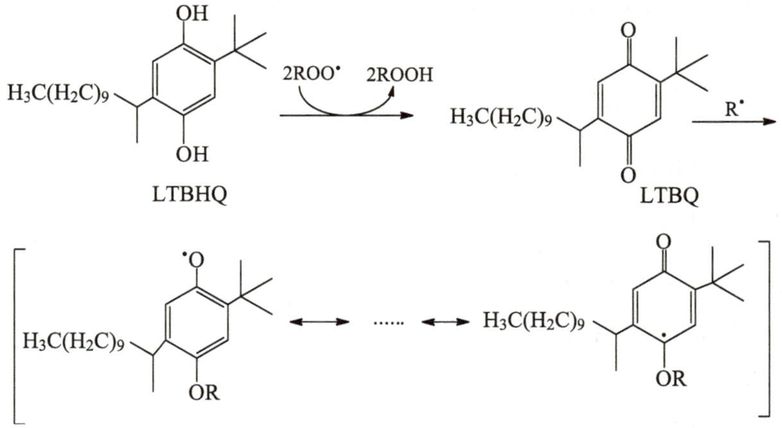

(10-2)

相比 TBHQ，LTBHQ 的分子质量增加了一倍以上，分子质量的增加是因为引入了一条较长的碳氢链，这不仅增大了 LTBHQ 的油溶性，而且在高温情况下，LTBHQ 的抗氧化活性表现得明显比 TBHQ 强。有意思的是，其氧化衍生物醌（LTBQ）在同一条件下也表现出较强的抗氧化活性（图 10-1～图 10-5）。在 160℃以上时，过氧化物非常不稳定，很容易就自动热分解了 (Chan et al., 1976)。因此，在高温煎炸时，油脂的氧化程度不能用通常的过氧化值变化来表示。但是，在这种条件下，油脂发生过氧化时，95%以上的多不饱和脂肪酸会发生共轭化，由于共轭双键在波长 233nm 处有很强的紫外光吸收，因此在波长 233nm 下油脂紫外吸收的变化即可代表其被氧化的情况(图 10-4，图 10-5)。

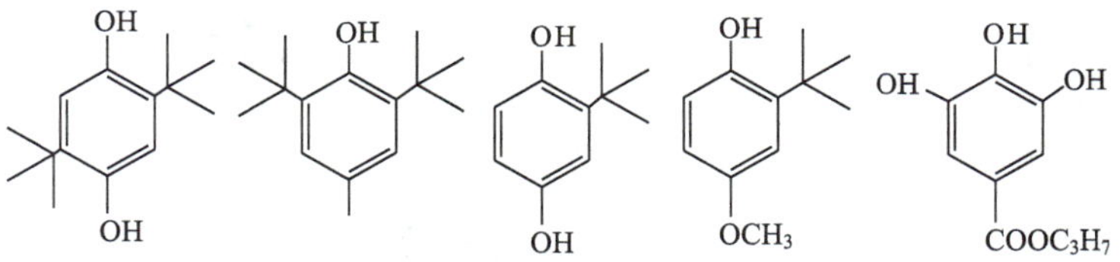

图 10-1　本章提到的几种合成抗氧化剂

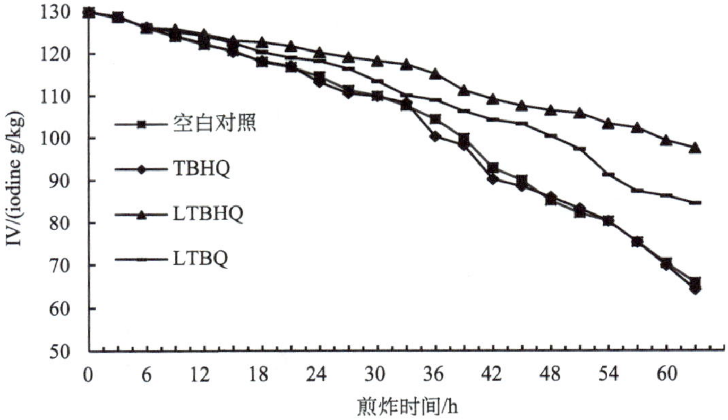

图 10-2　在(190 ± 5)℃下煎炸土豆片时，含有 0.02% (*w/w*)抗氧化剂的豆油的碘值(IV)随时间的变化

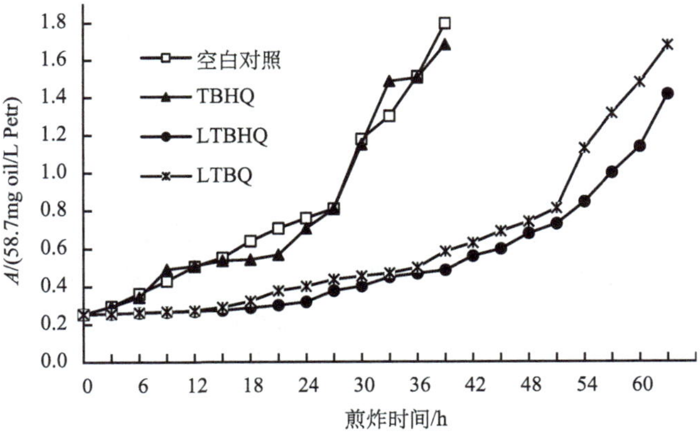

图 10-3　在(190 ± 5)℃下煎炸土豆片时，含有 1200μmol/L (*w/w*) 抗氧化剂的油脂在 233nm 的紫外吸收随时间的变化

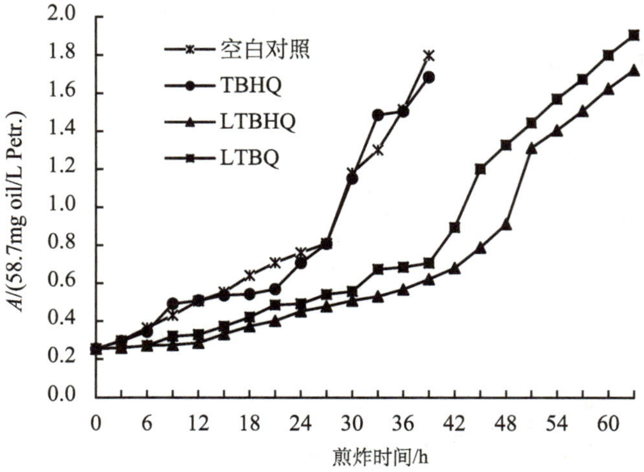

图 10-4　在(190±5)℃下煎炸土豆片时，含有 0.02%(w/w)抗氧化剂的油脂在 233nm 的紫外吸收随时间的变化

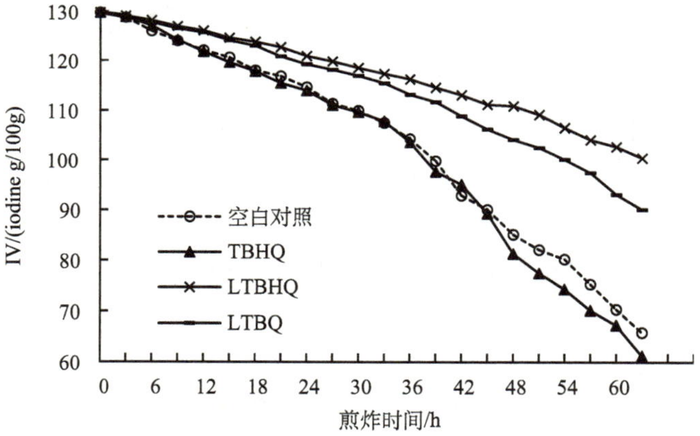

图 10-5　在(190±5)℃下煎炸土豆片时，含有 1200μmol/L (w/w)抗氧化剂的油脂的碘值(IV)随时间的变化

同时，在高温下，由于油脂的氧化分解及多不饱和脂肪酸的共轭化，其碘值也会明显地降低。故碘值(IV)的变化在这里也可以作为油脂氧化的指标之一(图 10-2，图 10-3)。另外，在高温煎炸时，油脂的酸价有所升高，这主要有两个方面的原因，一是油脂水解释放脂肪酸，二是由于氧化聚合分解产生新的羧基。因此，油脂酸价的变化也能部分地表现油脂的氧化情况(图 10-6，图 10-7)，但油脂酸价的变化不像碘值的变化和共轭双键含量的变化那么明显。

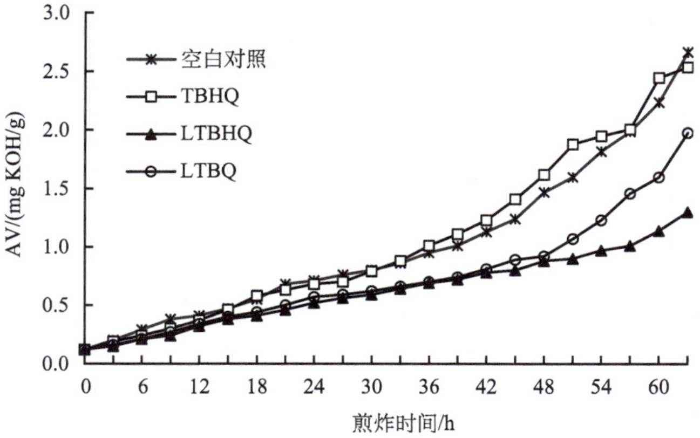

图 10-6　在(190 ± 5)℃下煎炸土豆片时，含有 0.02% (*w/w*)抗氧化剂的豆油的酸价(AV)随时间的变化

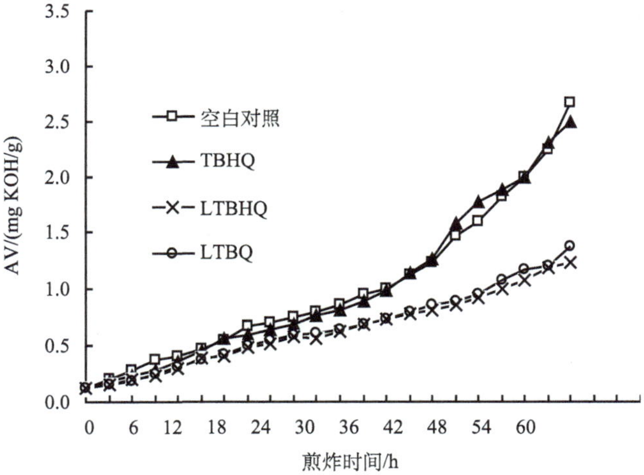

图 10-7　在(190 ± 5)℃下煎炸土豆片时，含有 1200μmol/L (*w/w*)抗氧化剂的豆油的酸价随时间的变化

但是在烘箱法试验中，LTBHQ 和 LTBQ 的抗氧化活性则远不如 TBHQ。这是因为在 TBHQ 中有很强的空间阻碍互补增效作用(图 10-3)，而在 LTBHQ 中则几乎失去了。事实上，二叔丁基对氢醌(DTBHQ)的抗氧化活性远不如 TBHQ。

从图 10-2～图 10-7 中分别可以看出，在高温煎炸条件下，LTBHQ 和 LTBQ 对油脂共轭亚油酸含量的上升、碘值的下降和酸价的上升都有明显的抑制作用，而 TBHQ 则不能。换言之，LTBHQ 和 LTBQ 在高温煎炸的条件下都有一定的抗氧化作用，而 TBHQ 则几乎没有抗氧化作用。

在烘箱法中结果却不是这样，LTBHQ 和 LTBQ 的抗氧化活性比 BHA 和 BHT 强得多，但比 TBHQ 弱很多（图 10-8）。前面已经说过，这主要是因为 TBHQ 相比 LTBHQ 和 LTBQ 有更强的空间协同增效作用[式（10-3）～式（10-5）]。

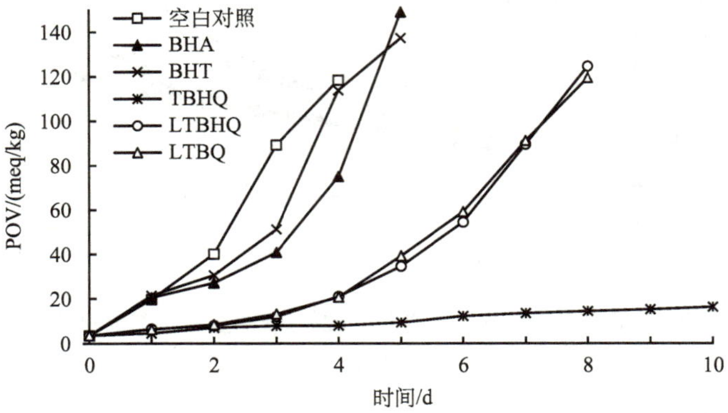

图 10-8　在(60±5)℃的烘箱内，含有 1500μmol/L (*w*/*w*)抗氧化剂的豆油的过氧化值随时间（天）的变化

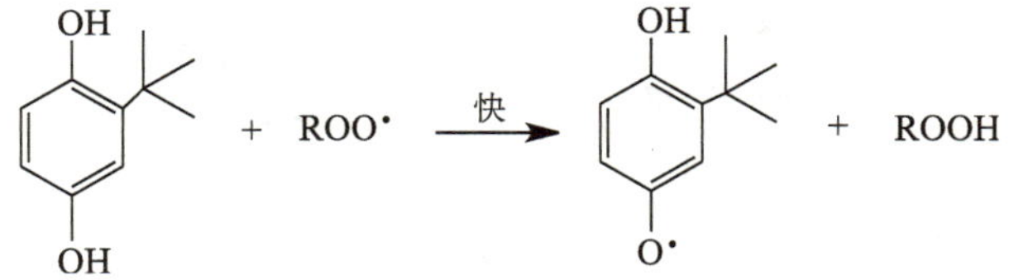

（10-3）

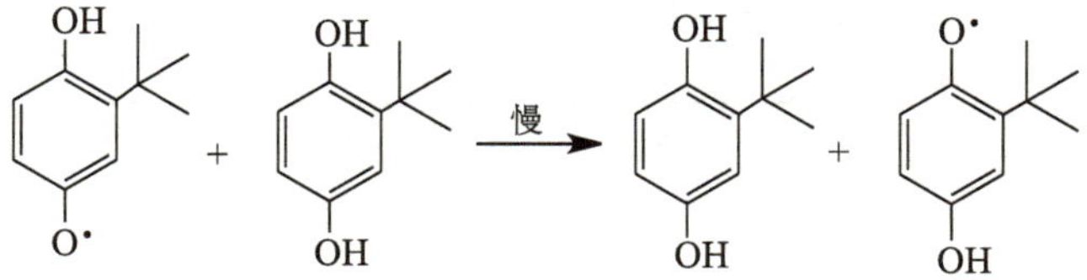

（10-4）

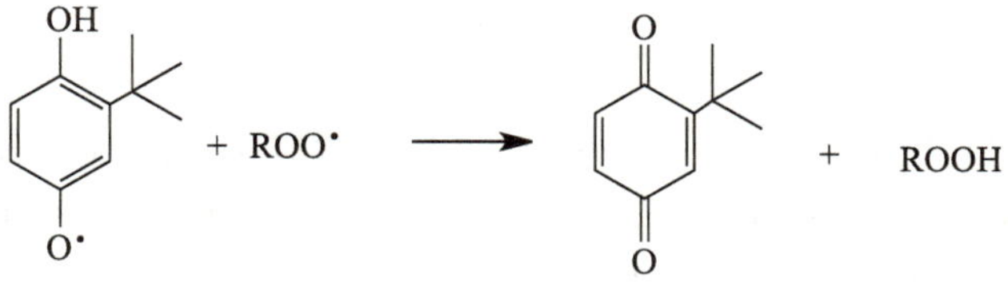

（10-5）

此外，直接将对氢醌和月桂醇反应可得到月桂烃基对氢醌（LHQ）。该化合物的抗氧化活性与 LTBHQ 的相似[式（10-6）]。

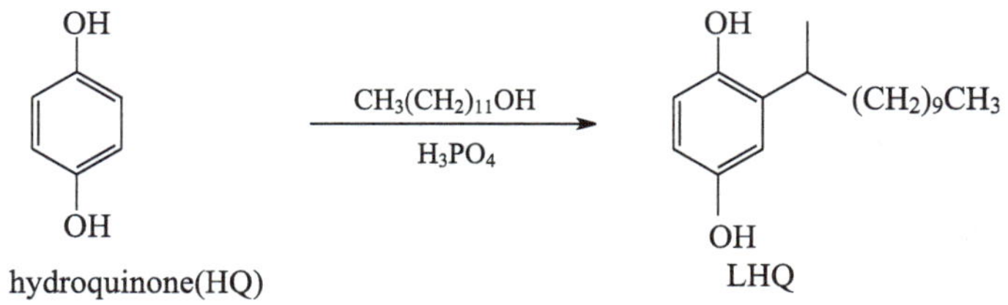

(10-6)

10.2　将两个 TBHQ 分子通过一个乙醛连接起来

新型化合物 1,1-二-(2′, 5′-二羟基-4′-叔丁基苯)乙烷(文中简称 Product)是利用一个乙醛分子和两个 TBHQ 分子缩合生成的，其反应和结构如式(10-7)所示，其化学结构鉴定见参考文献(Li et al., 2006)。

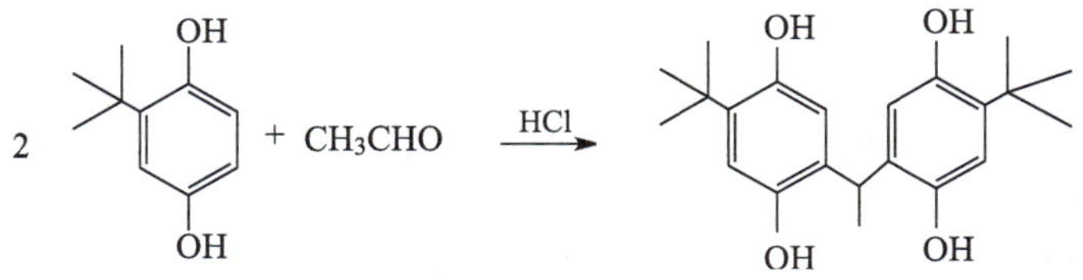

(10-7)

该化合物与 LTBHQ 相比，其最大的特点是：尽管其分子质量比 TBHQ 增加了一倍多，但是其单位质量的抗氧化功能羟基含量和其母体 TBHQ 相比几乎未变。而在 LTBHQ 中，由于正十二烷基的引入，其单位质量的抗氧化功能羟基含量和其母体 TBHQ 相比下降了 50%。另外，尽管 Product 的极性和水溶性比 TBHQ 小了很多(表 10-1)，但是比 LTBHQ 大得多，并且其分子质量也比 LTBHQ 大一些，所以在有大量热水蒸气释放的条件下，Product 比 LTBHQ 更不易被水蒸气带出。

表 10-1　TBHQ 和 Product 的溶解度

溶剂	温度/℃	Product 的溶解度/%	TBHQ 的溶解度/%
水	25	不溶	<1
水	95	<1	5
乙醇	25	34	60
乙酸乙酯	25	33	60
豆油	25	41	10
猪油	50	29	5

表 10-2 的数据表明，在 110℃ 下，用 OSI 测定含 0.02%的各个抗氧化剂效果时，TBHQ 与乙醛缩合的产物(Product)比 TBHQ 稍弱，但是略高于 PG 的抗氧化活性，依次高于 BHA 和 BHT，即各个抗氧化剂的活性以下列顺序依次减小：

TBHQ > Product >PG > BHA > BHT >空白。

表 10-2　抗氧化剂在猪油中的 OSI 值和保护系数（M±SD，*n*=3；110℃）

抗氧化剂	OSI 值	保护系数 (Pf)
空白对照	3.67±0.03	1.0
0.02%BHA	27.67±3.51	7.50
0.02%BHT	17.43±2.09	4.75
0.02%TBHQ	29.87±1.94	8.14
0.02%PG	28.75±1.87	7.83
0.02%Product	29.42±3.03	8.02

在高温煎炸时（> 180℃），由于过氧化物极易分解，故不能通过测定过氧化值随时间的变化（POV-T）来检测油脂的氧化稳定性。在氧化过程中，多不饱和双键会共轭化（见第 1 章），故我们可以在紫外 232nm 处来测定共轭双键含量的变化来判断油脂的氧化情况。从图 10-9 可非常清楚地看出 Product 的抗氧化活性在高温煎炸体系中最强，明显高于 TBHQ，而 BHA 几乎没有表现出任何抗氧化活性。另一方面，由于氧化过程中，隔离双键的共轭化，会导致碘值下降（如亚油酸能加成两个碘分子，但是共轭亚油酸只能加成一个碘分子）。另外，在高温氧化过程中，双键也会被破坏，同样会降低碘值。所以测定碘值的变化也是检测氧化情况的有效方法。从图 10-10 得到的结果和图 10-9 是完全一致的。在高温煎炸条件下，这几种抗氧化剂的抗氧化活性依以下顺序下降：

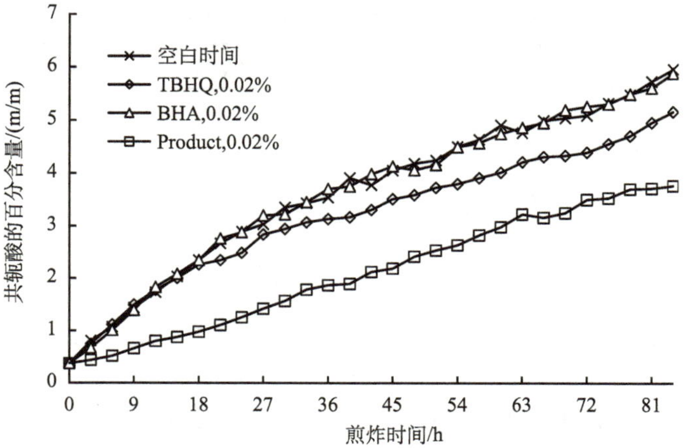

图 10-9　在（180±5）℃煎炸土豆片时，含 0.02%抗氧化剂的豆油中的共轭酸的百分含量随时间的变化

Product > TBHQ > BHA ~ 空白。

图 10-11 和图 10-12 表明，在烘箱法中 Product 的抗氧化活性要低于 TBHQ 的这几种抗氧化剂的抗氧化活性依以下顺序下降：

TBHQ > Product > BHT > BHA。

这和 110℃下 OSI 测得的抗氧化活性有所差别，即 BHA 和 BHT 的顺序刚好相反。这是因为 BHT 在 110℃下比 BHA 更易被热空气带出去。很有趣的一个现象是在猪油中 BHT 和 BHA 都表现较强的抗氧化活性（图 10-11 和图 10-12），而在豆油中，这两种化合物没有表现出抗氧化活性，BHA 甚至表现出促氧化作用。这是因为豆油的不饱和度较高，氧化速度快。尤其是 BHA 和豆油中带的生育酚相类似。因为同类结构的抗氧化剂浓度太高会起到促氧化作用。

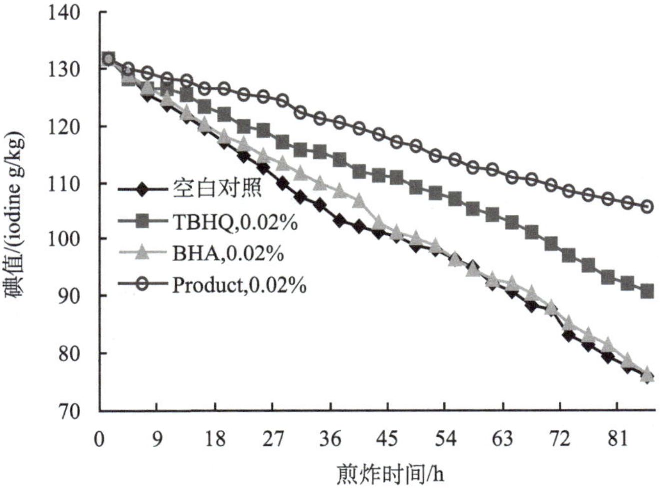

图 10-10　在(180±5)℃煎炸土豆片时，含 0.02%抗氧化剂的豆油的碘价随时间的变化

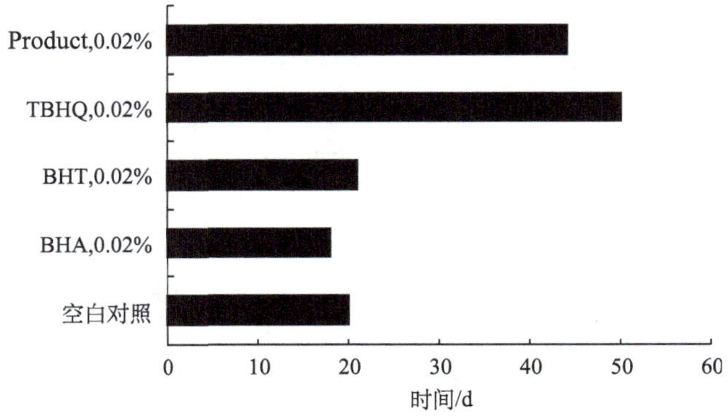

图 10-11　在(63±5)℃的烘箱内，豆油的过氧化值达到 70meq/kg 所需的时间(d)

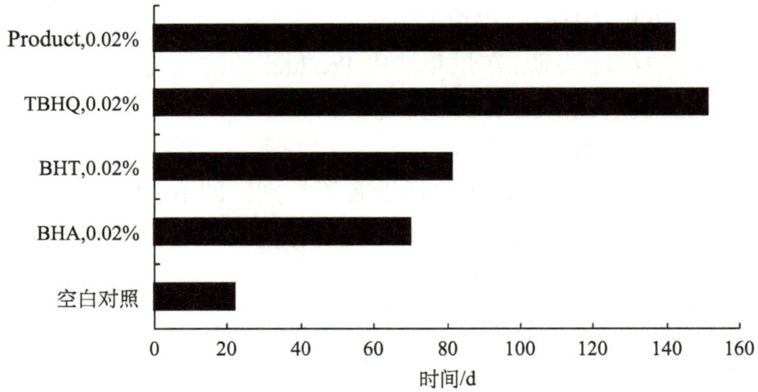

图 10-12　在(63±5)℃的烘箱内，猪油的过氧化值达到 20meq/kg 所需的时间(d)

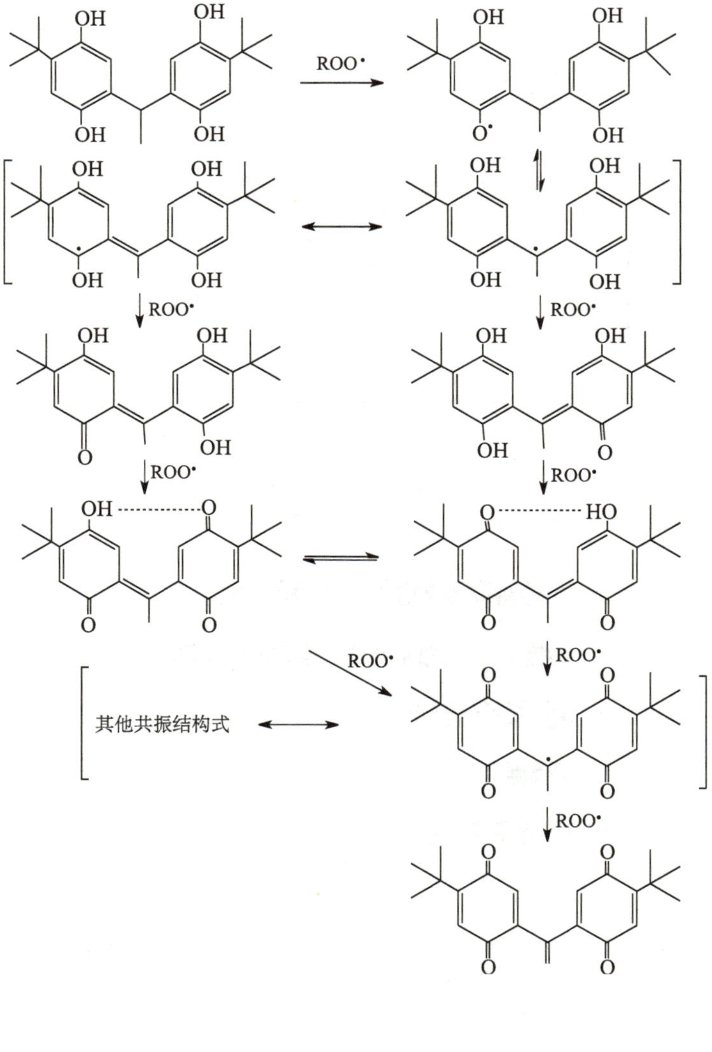

(10-8)

但是，尽管 Product 的不同位置上的羟基的抗氧化空间协同增效作用大大减小，但是在烘箱法测定中，其抗氧化活性几乎和其母体的一样强。其中一个原因是向自由基提供氢原子的基团增加了，第二个原因是提供氢原子后其共振体系加大了。这两个因素的正效应和空间协同作用的副效应相抵消了[式(10-8)]。

10.3　通过乙二醛将 4 个对二酚连起来

10.2 中可以将两个 TBHQ 分子通过乙醛连起来，这样抗氧化剂的分子质量是原来的两倍多，在高温下不易挥发，或被水蒸气带走，特别适合高温下的抗氧化作用。

那么，通过乙二醛分别与甲基对二酚(THQ)和 TBHQ 反应，得到化合物 1 和化合物 2[式(10-9)]。其产物与预想的有所差别，主要是空间阻碍和键长的限制所导致。它们的化学结构解析见参考文献 (Jiang et al., 2014)。

(10-9)

通过 Rancimat 实验，发现这两个化合物及它们的母体随着温度的升高，其保护系数(Pf)有提高的趋势，但是两个大分子产物提高得更快一点(图 10-13)。

图 10-14 说明这两个大分子化合物有一般的抗氧化剂的规律，即随着浓度提高，抗氧化效果也随之上升，但是上升的速度迅速下降，最后接近一个数值(渐近线)。

捕捉 DPPH˙自由基时，两个母体化合物 TBQ 和 TBHQ 表现得比两个产物要强得多(图 10-15)。有两个主要因素能很好地解释这一结果。一是单位质量的母体化合物所能提供的氢原子是产物的两倍(因为浓度是以质量计的，即 *w/w*)。二是产物的空间阻碍较母体更大。

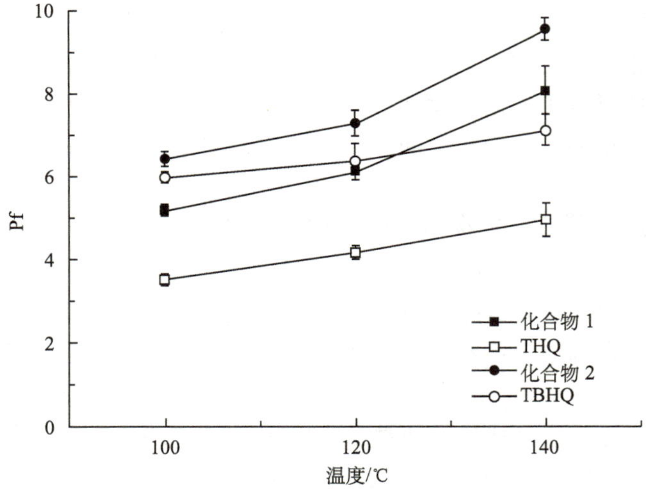

图 10-13　在不同温度下，0.02% (*w/w*)的抗氧化剂对猪油氧化保护系数(Pf)的变化 ($n = 4$)

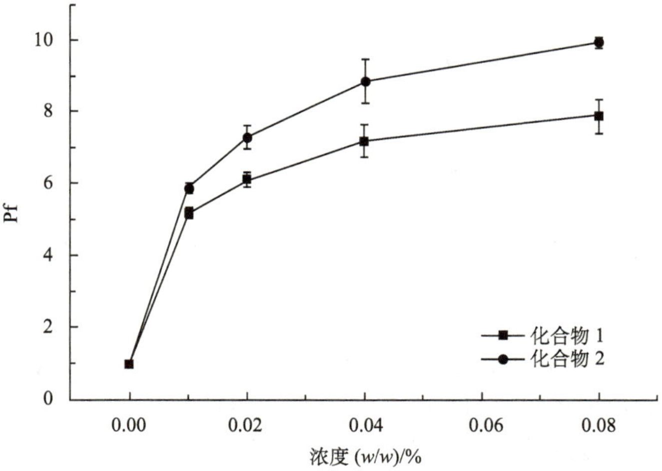

图 10-14　在 120℃下，化合物 1 和 2 在不同浓度下对猪油的氧化保护系数(Pf)的变化 ($n = 4$)

动物研究表明这两个合成化合物的毒性是较强的。

作为食用抗氧化剂，对其安全性要求越来越高。任何一个新合成的抗氧化剂要达到申报标准，从经济的角度看，是几乎不可能的。但这并不意味着对合成抗氧化剂的研究就没有意义。合成抗氧化剂至少在两个方面有着不可替代的重要意义：① 抗氧化机制的研究，如空间电子效应对抗氧化活性的影响，研究者可根据自己研究的需要，合成各种相应的抗氧化剂。② 一些高效抗氧化剂可用于化工产品中，如润滑油、工业塑料等，它们对加入的抗氧化剂毒性要求不高。

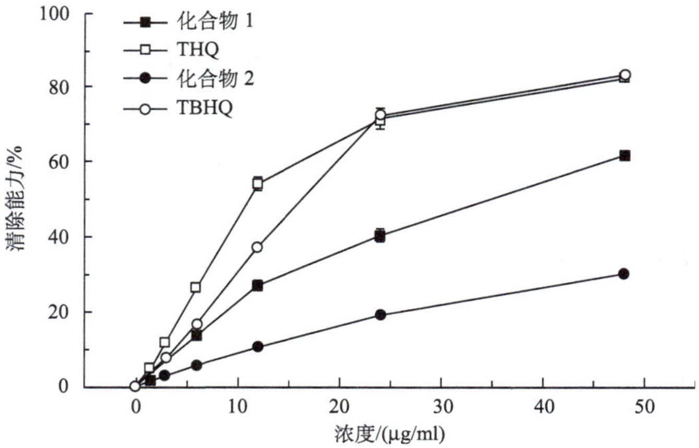

图 10-15　不同抗氧化剂 DPPH·自由基的清除能力 ($n = 3$)

参考文献

Chan H W S, Prescott F A A, Swoboda P A T. 1976. Thermal decomposition of individual positional isomers of methyl linoleate hydroperoxide: evidence of carbon-oxygen bond scission. Journal of the American Oil Chemists' Society, 53(9): 572-576.

Jiang Z W, Weng X C, Huang Y, et al. 2014. Synthesis and antioxidant activity of two novel tetraphenolic compounds derived from toluhydroquinone and tertiary butyl-hydroquinone. Grasas Y Aceites, 65 (2): e016 doi: 10.3989/gya.086513.

Li J Y, Wang T, Wu H, et al. 2006. 1,1-Di-(2,5-dihydroxy-4-tert-butylphenyl)ethane: a novel antioxidant. Journal of Food Lipids, 13: 331-340.

Zhang C X, Weng X C, Wu H. 2006. Two novel synthetic compounds as deep frying oils. Food Chemistry, 84: 219-222.

第 11 章　天然抗氧化剂的研究

在食品研究领域，抗氧化剂，尤其是天然抗氧化剂的研究是非常热门的一个方向。这一方向已经折射到医药生理领域的研究。在中国研究天然抗氧化剂有得天独厚的优势，因为有数千种植物被广泛地应用到传统的中医领域。我国地域辽阔，从南到北，从东到西，地理气候变化极大，植物物种的多样性在我国表现得特别突出。有不少学者认为，中药能够调理人体机能，增强人体免疫力，主要是因为很多中药含有较丰富的抗氧化剂。目前，已有许多科学家从事对辛香料、食用植物、中草药等十余类、数百种天然物质的抗氧化研究，并取得了许多研究成果。

11.1　植物油料中的抗氧化剂

天然抗氧化剂中分布最广、生理活性最强而又最为人们所熟知的要算生育酚(即维生素 E)了，其广泛存在于植物种子、果实、胚芽中，在粮、油植物种子的胚芽中含量尤为高，如在小麦胚芽油中生育酚含量高达 2500mg/kg，其中 60%的生育酚为α-生育酚 (Piras et al., 2009)。生育酚被广泛地使用在医药、保健食品、食品营养强化剂、化妆品和食品抗氧化剂中。其化学结构和抗氧化活性在前几章已经讨论过了。

虽然多数植物油脂的不饱和程度比动物油脂的高得多，但是植物油脂的氧化稳定性要比动物油脂大得多。因为每种植物油脂中往往含有数种天然的抗氧化物质。到目前为止，油料中的大多抗氧化物质的研究是比较透彻的。

在大多数油脂中，存在阿魏酸(图 11-1 中的化合物 1)或其酯化衍生物，它们是一类抗氧化活性较强的天然抗氧化剂，对其油脂的氧化稳定性有重要的贡献(Fukuda et al., 1985；Osawa et al., 1985；Graf, 1992；Piras et al., 2009)。芝麻中含有木质素类(图 11-1 中的化合物 2、3、4 和 5)及其糖苷类抗氧化成分 (Osawa et al., 1985；Fukuda et al., 1986;Katsuzaki et al., 1992；Katsuzaki et al., 1993)。芝麻的毛油中含有弱极性的芝麻素、芝麻酚林和少量芝麻酚等抗氧化成分，精炼芝麻油中这些抗氧化成分大部分被除去。然而，精炼后芝麻油的抗氧化性并没有什么损失，研究证实精炼芝麻油中主要的抗氧化成分是芝麻明酚，它是芝麻酚林在脱色过程中受到酸性白土的催化作用，经分子内官能团转移生成的产物。芝麻明酚的抗氧化性与γ-生育酚和芝麻酚相当，热稳定性好，但在籽中含量极少 (Osawa et al., 1985；

Fukuda et al., 1986；Nagata et al., 1987)。小磨香油的稳定性作用是其中含有的少量生育酚、芝麻酚和加工过程中的美拉德反应产物的共同作用。此外，芝麻油在煎炸过程中芝麻酚林水解生成大量的芝麻酚，也使得煎炸食品有良好的稳定性。

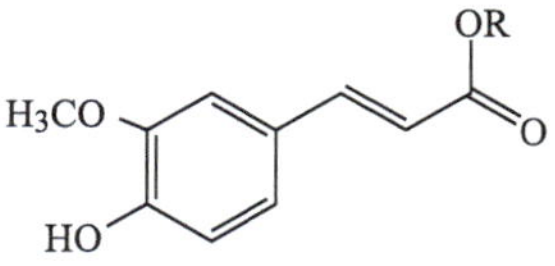

1. 阿魏酸

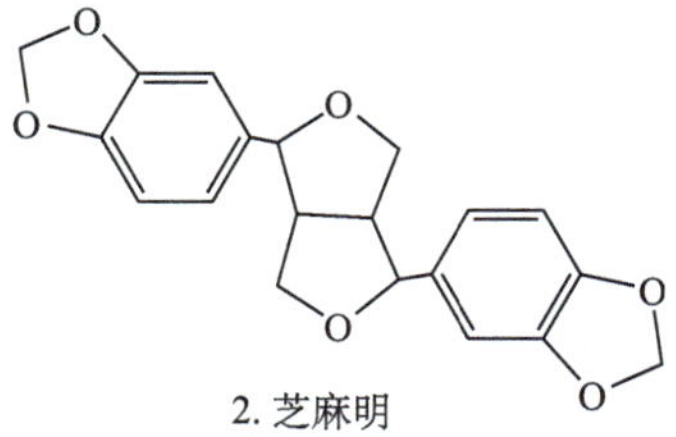

2. 芝麻明

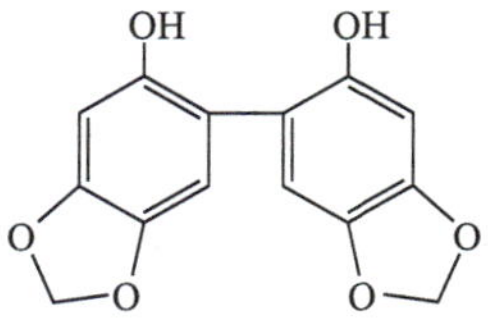

3. 二聚芝麻酚

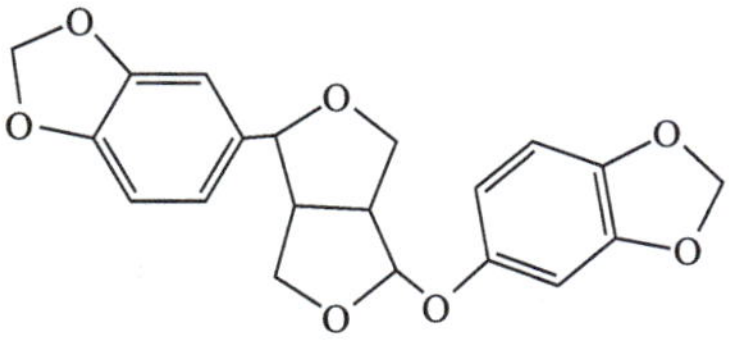

4. 芝麻酚林

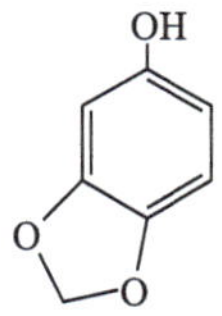

5. 芝麻酚

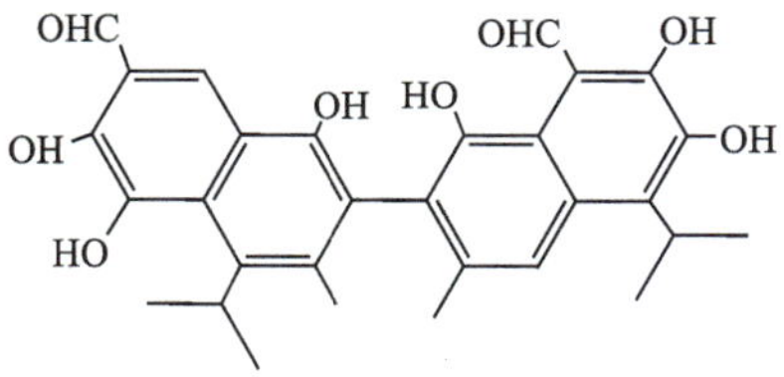

6. 棉酚

图 11-1　油料中的抗氧化剂

像芝麻油中的芝麻酚及其衍生物一样，棉籽油中的棉酚(图 11-1 中的化合物 6)具有较强的抗氧化特性。但是，棉酚又具有较强的毒性，一般都在精炼过程中除掉。在橄榄油中，也含有多种抗氧化物质(图 11-2 中的羟基酪醇及其各种衍生物，乙酯基松脂醇和松脂醇化合物)，对其氧化稳定性起到重要的作用 (Osawa et al., 1985；Fukuda et al., 1986；Nagata et al., 1987)。

从油厂的粕料中提取具有实用价值的抗氧化剂是值得开发的一种工艺。在日本曾开发出以向日葵壳和粕为原料提取制成的水溶性抗氧化剂，其主要成分是绿原酸和异绿原酸。加拿大学者研究发现，Canola 粕的 500ppm 和 1000ppm 乙醇提取物对精炼 Canola 油的抗氧化能力与 200ppm 的 BHA 和 BHT 相当。

橄榄油，尤其是特级初榨橄榄油是当今最受欢迎的植物油脂。其除了有独特的风味外，还有十分有效的保健功能 (Visioli and Galli, 1998；Owen et al., 2000a；2000b)。一些研究者坚信，地中海地区的人们患癌症和心脑血管病的比例比其他

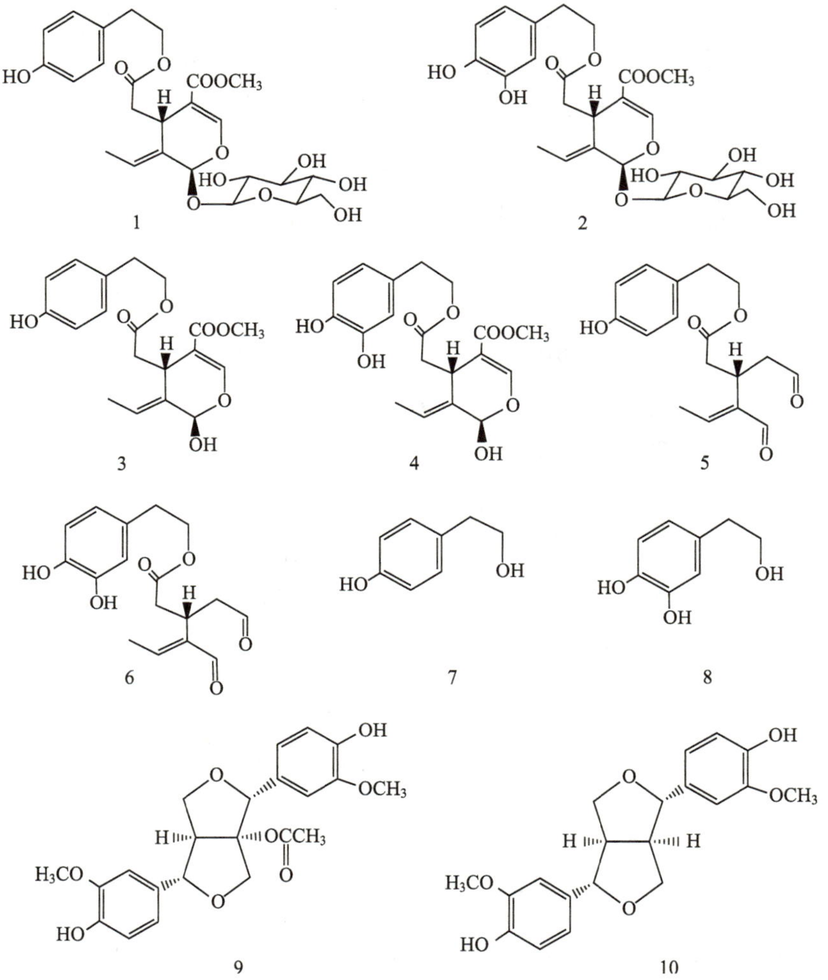

图 11-2　橄榄油中几种主要的酚类化合物

1. ligstroside; 2. 橄榄苦素葡萄糖苷；3. ligstroside 糖苷配位基；4. 橄榄苦素糖苷配位基；5. ligstroside 糖苷配位基缺失羧甲基的双醛形式；6. 橄榄苦素糖苷配位基缺失羧甲基的双醛形式；7. 酪醇；8. 羟基酪醇；9. 乙酯基松脂醇；10. 松脂醇

地区小得多，这与食用较高比例的橄榄油有关。橄榄油的保健作用不仅与其含油酸高(一般在 75%左右)有关，更与其高含量的酚类化合物有关 (Papadopoulos and Boskou, 1991；Baldioli et al., 1996; Owen et al., 2000a；2000b)。到目前为止，橄榄油是被发现含酚类化合物的种类最多的食用植物油。一类是酪醇及酪醇的衍生物(见图 11-2 中的化合物 1、3、5、7)，一类是羟基酪醇及其衍生物(见图 11-2 中的化合物 2、4、6、8)。这两组分类衍生物都有一定的抗氧化活性，尤其是羟基酪醇及其衍生物，它们是邻二酚类化合物，是抗氧化活性极强的一类物质。还有一类物质是木质素（见图 11-2 中的化合物 9 和 10），其骨架和芝麻明一样（比较图 11-1 和图 11-2），其分子上有两个邻甲氧基酚的结构，抗氧化活性也是较强的 (Papadopoulos and Boskou, 1991；Baldioli et al., 1996；Owen et al., 2000b)。

这些物质是橄榄油氧化稳定性很高的原因之一。另外，它们也是橄榄油特殊苦涩味的主要来源。据研究，羟基酪醇及其衍生物具有很强的降低血小板聚集的生理活性 (Papadopoulos and Boskou, 1991；Baldioli et al., 1996；Visioli and Galli, 1998；Owen et al., 2000a/b)。

不仅如此，橄榄油中还有较高含量的生育酚，一般为 100～250mg/kg。其中α-生育酚占 95%，β-生育酚占 5%。生育酚对橄榄油的氧化稳定性也有一定的贡献。

11.2　香辛料中的抗氧化剂

香辛料的使用历史源远流长，其不仅可以用作调味剂，还能够延缓食品的变质。然而，对香辛料抗氧化作用的研究却是最近几十年的事。

唇形科植物是辛香料的抗氧化活性研究的重点之一，该科许多植物获得了详细的研究。到目前为止，迷迭香是抗氧化研究最为透彻的植物，原因有两点：一是迷迭香是用途很广的食用香料，无毒；二是迷迭香是目前所发现的对油脂抗氧化活性最强的植物。

20 世纪 50 年代，以油脂和食品为底物对 30 多种植物香料的抗氧化活性进行了比较，发现迷迭香和鼠尾草在油脂中的抗氧化活性最强，而丁香则在乳浊液和猪肉粉末中的抗氧化活性最强 (Chipault et al., 1952)。因丁香中有丁子香酚和没食子酸 (Chipault et al., 1952；Kramer, 1985) 等物质。0.02%迷迭香的正己烷提取物在添加量的抗氧化能力强于 BHT ，而甲醇提取物的抗氧化效果与 BHT 相当 (Kramer, 1985)。从迷迭香中分离得到的明显有抗氧化活性的化合物有十来种（如图 11-3 中的化合物 3、4、5、6、7、8 和 9）。鼠尾草酚（carnosol）(Wu et al., 1982；Wei et al., 1999)、迷迭香二酚（rosmaridiphenol）(Houlihan et al., 1984)、迷迭香醌（rosmariquinone）等 (Houlihan et al., 1985)的抗氧化活性强于 BHA，与 BHT 相当；迷迭香酚（rosmanol）(Inatani et al., 1982；Nakatani and Inatani, 1984)、表迷迭香酚（epirosmanol）(Houlihan et al., 1984)、异迷迭香酚（isorosmanol）(Nakatani and Inatani, 1984) 等对猪油和亚油酸都有很强的抗氧化能力，尤其对猪油的抗氧化能力是 BHA 和 BHT 的 4 倍。鼠尾草酸（carnosic acid）、迷迭香酸（rosmarinic acid）、迷迭香二醛（rosmadial）(Brieskorn and Domling, 1969；Cuvelier et al., 1996)、芫花素（genkwanin）(Cuvelier et al., 1996)、丹参新酮（miltirone）(Wei et al., 1999) 及其他一些成分等也都具有抗氧化活性。可见，迷迭香中存在多种抗氧化活性成分，上述化合物结构主要为萜酚类、酚酸类、黄酮类等。

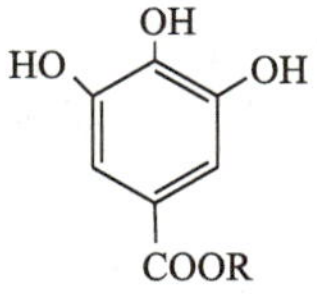

1. 棓酸酯

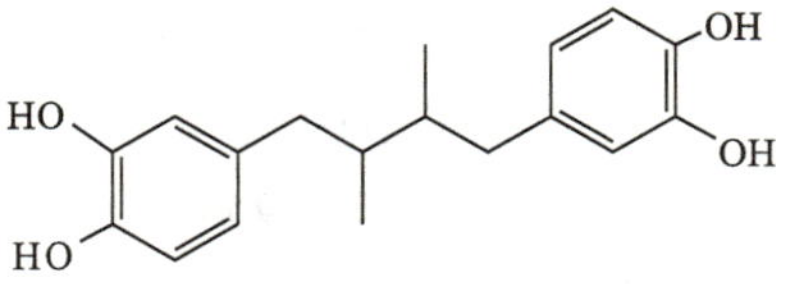

2. 正二氢愈创酸

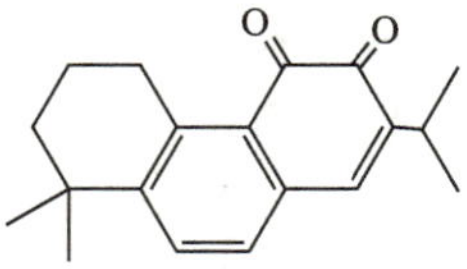

3. 迷迭香醌

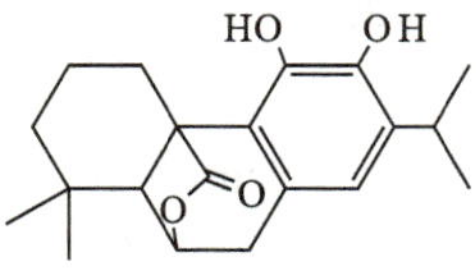

4.鼠尾草酚

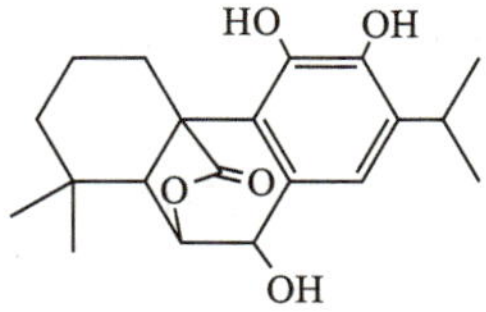

5.迷迭香酚

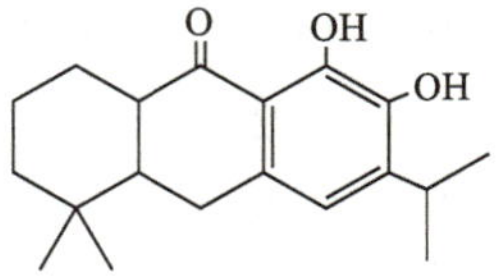

6.迷迭香二酚

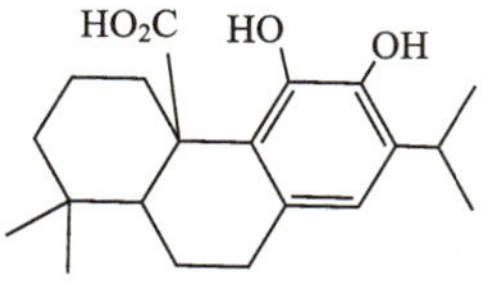

7.鼠尾草酸

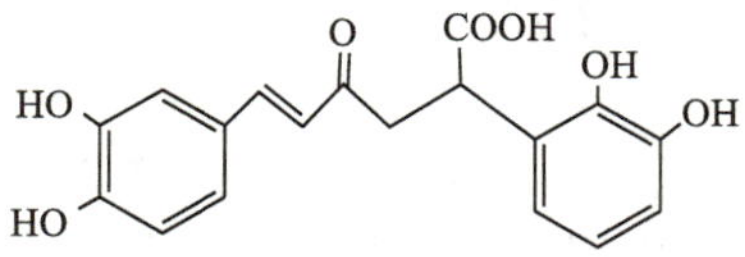

8. 迷迭香酸

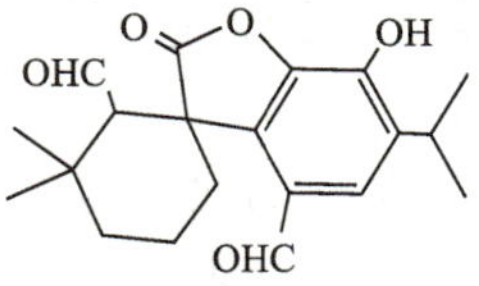

9. 迷迭香双二醛

图 11-3　非油料抗氧化剂的化学结构

从迷迭香中得到的鼠尾草酚、迷迭香酚、表迷迭香酚和异迷迭香酚等物质同样可以从鼠尾草中分离得到。最近 Djarmati 等（1991）报道了从鼠尾草乙醇提取物的 CO_2 再提物中分离出两种新的抗氧化物质 12-脱羰基鼠尾草酚（12-deoxo-carnosol）和 9-乙基醚迷迭香酚（rosmanol-9-ethylether），后者的抗氧化能力远大于 BHT。

牛至（*Origanum vulgare* L.）也是一种值得重视的唇形科香料植物。牛至的正己烷或乙醚提取物对猪油的抗氧化能力等于 BHT，乙酸乙酯提取物的抗氧化能力等于 BHA (Vekiari et al., 1993)。牛至中含有多种已知的抗氧化成分。日本学者 Nakatani 和 Kikuzaki(1987)、Kikuzaki 和 Nakatani(1989) 从牛至干叶的甲醇提取物中分离得到 5 个抗氧化酚酸，其中有一个新的糖苷化合物[4-(3,4-二羟基苯甲酸酰氧基甲基)酚基-B-D-吡喃糖苷]，一个新的酚酸类物质[2-咖啡酰氧基-3-[2-(4-羟基苯甲基)-4,5-二羟基]苯基丙酸]，经硫氰酸铁法测定，在浓度为 0.01%时，5 个酚酸的抗氧化能力都优于α-生育酚，后一种复杂酚酸的结构与迷迭香酸相似，抗氧化作用与 BHA 相当。牛至中还含有多个具有抗氧化作用的黄酮类化合物，如芹菜素、圣草酚、双氢山奈酚和双氢槲皮素等 (Vekiari et al.，1993a/b)。

百里香也是唇形科香料植物，其精油中主要含有百里香酚和香芹酚等抗氧化成分。从百里香中发现的多个黄酮类物质和联苯化合物的抗氧化能力与 BHT 相等 (Nakatani et al., 1989, Miura and Nakatani, 1989)。

生姜是人们喜爱的一种香辛料，不仅其二氯甲烷提取物的抗氧化作用强于生育酚，而且生姜中的多种成分如姜油酮、姜油醇、姜油酚及姜辣素类等大部分物质的抗氧化能力也强于生育酚。胡椒萃取物含有多种水溶性的酚酰胺类抗氧化物质。辣椒中含有的辣椒素和双氢辣椒素等抗氧化物质有强烈的辣味 (Namiki, 1990)。大蒜含有多种烯丙基硫化物 (Imai et al., 1994)，其都有不同的抗氧化性。

第一个开发出来的天然抗氧化剂是 20 世纪 30 年代从生长在西印度洋群岛的愈创树分泌的树脂中分离出来的，但是其在植物油中的抗氧化作用并不明显。而从愈创树中得到的白色结晶是正二氢愈创酸(图 11-3 中的化合物 2)，微溶于水，在油脂中的溶解度为 0.5%～1.0%, 是一种较强的抗氧化剂。 在 40 年代，棓酸酯(图 11-3 中的化合物 1)被发现有很强的抗氧化活性。现如今，棓酸丙酯和辛酯还占有较大的市场。

茶叶在我国的国民经济和生活中占有重要的地位，种植面很广。对茶叶的抗氧化作用的研究也是非常深入的，其中 4 种主要的抗氧化物质已分离鉴定，其化学结构如图 11-4 所示。从结构来看，这几个化合物应具有很强的抗氧化活性，事实也确实如此。但是它们的两个特点使得其难以大量地用在食品和油脂中：一是它们的水溶性好，但极难脂溶；二是它们有较重的茶叶涩味。但是基于其天然、无毒及高效捕捉水溶性自由基的特点，这一产品可用于保健食品的开发方面。

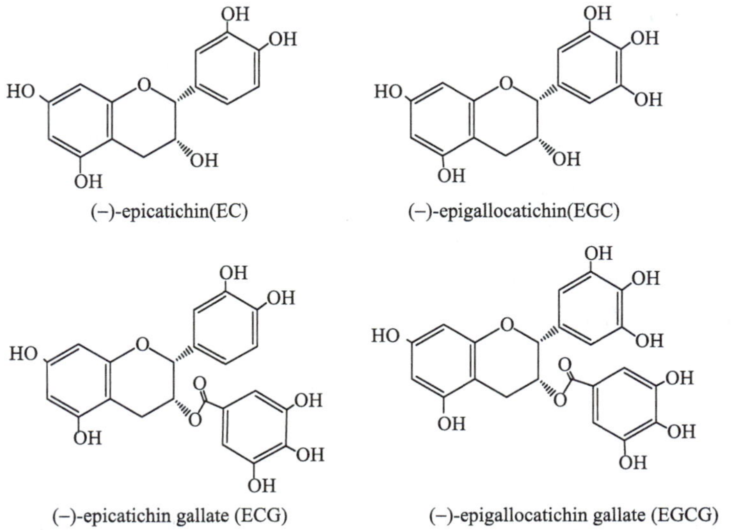

图 11-4 茶叶中茶多酚的 4 种主要成分，茶多酚的结构：EGCG(表棓儿茶酚棓酸酯)；EGC(表棓儿茶酚)；EC(表儿茶酚)；ECG(表儿茶酚棓酸酯)

针对茶多酚脂溶性差的缺点，Zhong 和 Shahidi (2011)将 EGCG 的 B 环和 D 环上 3,5-位上的两个羟基用脂肪酸衍生物酰基化。

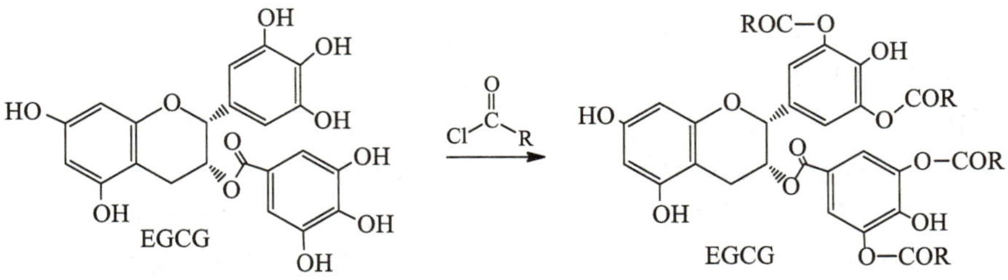

(11-1)

R: $CH_3(CH_2)_{16}$　EGCG-SA
$CH_3(CH{=}CHCH_2)_5(CH_2)_3$　EGCG-EPA
$CH_3(CH{=}CHCH_2)_6(CH_2)_3$　EGCG-DHA

这样，EGCG 的脂溶性得到了显著的加强。毫无疑问，该类抗氧化剂也可作为优质的高温抗氧化剂。

对丹参的抗氧化研究也是很深入的，同时它的抗氧化也是很有特点的，因为丹参中的主要抗氧化活性成分是醌类化合物。关于丹参中醌类物质的研究在第 6 章中已经有系统深入的探讨和研究，不再赘述。

11.3　天然抗氧化剂的筛选、研究与开发

天然抗氧化剂近年来一直是食品科学家热衷的一个研究方向。对植物的抗氧化活性，尤其是传统植物性中药和香辛料大规模的筛选已有过一些报道。韩国曾筛出 200 种中草药有抗氧化活性，我国台湾也曾经筛出 190 种中草药和香辛料有抗氧化活性。作者及其同事一道筛选了 719 种香辛料和中草药，其中发现 28 种有明显的抗氧化活性，16 种有较强的抗氧化活性，8 种有很强的抗氧化活性。其中 5 种强抗氧化活性的植物以前没有做过研究 (翁新楚等，1998)。

我国地域辽阔，植物绝对资源非常丰富，仅排在巴西和印度尼西亚之后，位列第三。加之我国是中草药的发源地，对数千种植物的药性和毒性有较全面深入的了解，植物化学的研究很发达，这些为天然抗氧化剂的筛选和研究提供了不可多得的条件。

参 考 文 献

翁新楚，任国谱，段杉，等. 1998. 天然抗氧化剂的筛选. 中国粮油学报，04: 46-48.

Baldioli M，Servili M，Perretti G，et al. 1996. Antioxidant activity of tocopherols and phenolic compounds of virgin olive oil. Journal of the American Oil Chemists' Society, 73(11): 1589-1593.

Brieskorn C H, Domling H J Z. 1969. Carnosic acid as an antioxidant in rosemary and sage leaves.

Zeitschrift für Lebensmittel-Untersuchung und –Forschung, 141(1): 10-16.

Chipault J R, Mizuno G R, Hawkins J M, et al. 1952. Antioxidant properties of natural spices. Food Research, 17: 46-55.

Cuvelier M-E, Richard H, Berset C. 1996. Antioxidative activity and phenolic composition of pilot-plant and commercial extracts of sage and rosemary. Journal of the American Oil Chemists' Society, 73(5): 645-652.

Djarmati Z, Jankov R M, Schwirtich E, et al. 1991. High antioxidant activity of extracts obtained from sage by supercritical CO_2 extraction. Journal of the American Oil Chemists' Society, 68(10): 731-734.

Fukuda Y, Nagata M, Osawa T, et al. 1986. Contribution of lignan analogues to antioxidative activity of refined unroasted sesame seed oil. Journal of the American Oil Chemists' Society, 63(8): 1027-1031.

Fukuda Y, Osawa T, Namiki M, et al. 1985. Studies on antioxidative substances in sesame seed. Agricultural and Biological Chemistry, 49(2): 301-306.

Graf E. 1992. Antioxidant potential of ferulic acid. Free Radical Biology and Medicine, 13(4): 435-448.

Houlihan C M, Ho C T, Chang S S. 1984. Elucidation of the chemical structure of a novel antioxidant, rosmaridiphenol, isolated from rosemary. Journal of the American Oil Chemists' Society, 61(6): 1036-1039.

Houlihan C M, Ho C T, Chang S S. 1985. The structure of rosmariquinone-a new antioxidant isolated from *Rosmarinus officinalis* L. Journal of the American Oil Chemists' Society, 62(1): 96-98.

Imai J, Ide N, Nagae S, et al. 1994. Antioxidant and radical scavanging effects of aged garlic extract and its constituents. Planta Medica, 60(5): 417-420.

Inatani R, Nakatani N, Fuwa H, et al. 1982. Structure of a new antioxidative phenolic diterpene isolated from rosemary (*Rosmarinus officinalis* L.). Agricultural and Biological Chemistry, 46(6): 1661-1666.

Katsuzaki H, Kawasumi M, Kawakishi S, et al. 1992. Structure of novel antioxidative lignan glucosides isolated from sesame seed. Bioscience, Biotechnology, and Biochemistry, 56(12): 2087-2088.

Katsuzaki H, Kawakischi S, Oswa T, et al. 1993. Structure of novel antioxidative lignan triglucoside isolated from sesame seed. Heterocycles, 36(5): 933-936.

Kikuzaki H, Nakatani N. 1989. Structure of a new antioxidative phenolic acid from oregano (*Origanum vulgare* L.). Agricultural and Biological Chemistry, 53(2): 519-524.

Kramer R. 1985. Antioxidants in clove. Journal of the American Oil Chemists' Society, 62(1): 111-113.

Miura K, Nakatani N. 1989. Antioxidative activity of flavonoids from thyme (*Thymus vulgaris* L.).

Agricultural and Biological Chemistry, 53(11): 3043-3045.

Nakatani N, Inatani R. 1984. Two antioxidative diterpenes from rosemary (*Rosrnarinus officinalis* L.) and a revised structure for rosmanol. Agricultural and Biological Chemistry, 48(8): 2081-2085.

Nakatani N, Kikuzaki, H. 1987. A new antioxidative glucoside isolated from oregano (*Origanum vulgare* L.). Agricultural and Biological Chemistry, 51(10): 2727-2732.

Nakatani N, Miura K, Inagaki T. 1989. Structure of new deodorant biphenyl compounds from thyme (*Thymus vulgaris* L.) and their activity against methyl mercaptan (organic chemistry). Agricultural and Biological Chemistry, 53(5): 1375-1381.

Namiki, M. 1990. Antioxidants/antimutagens in food. Food Science and Nutrition, 29(4): 273-300.

Nagata M, Osawa T, Namiki M, et al. 1987. Stereochemical structures of antioxidative bisepoxylignans, sesaminol and its isomers, transformed from sesamolin. Agricultural and Biological Chemistry, 51(5): 1285-1289.

Osawa T, Nagata M, Namiki M, et al. 1985. Sesamolinol, a novel antioxidant isolated from sesame seeds. Agricultural and Biological Chemistry, 49(11): 3351- 3352.

Owen R W, Glacosa A, Hull W E,et al. 2000b. The antioxidant/anticancer potential of phenolic compounds isolated from olive oil. European Journal of Cancer, 36: 1235-1247.

Owen R W, Glacosa A, Hull W E, et al. 2000a. Olive-oil consumption and health: the possible role of antioxidants. The Lancet Oncology,1: 107-112.

Papadopoulos G, Boskou D. 1991. Antioxidant effect of natural phenols on olive oil. Journal of the American Oil Chemists' Society, 68(9): 669-671.

Piras A, Rosa A, Falconieri D, et al. 2009. Extraction of oil from wheat germ by supercritical CO_2. Molecules, 14(7): 2573-2581.

Vekiari S A, Oreopoulou V, Tzia C, et al. 1993a. Oregano flavonoids as lipid antioxidants. Journal of the American Oil Chemists' Society, 70(5): 483-487.

Vekiari S A, Oreopoulou V, Tzia C, et al. 1993. Isolation of natural antioxidants from oregano. Rivista Italiana delle Sostanze Grasse, 70(1): 25-28.

Visioli F, Galli C. 1998. Olive oil phenols and their potential effects on human health. J Agric Food Chem, 46: 4292-4296.

Wei G-J, Wang M F, Rosen R T, et al. 1999. Identification of thermal decomposition products of carnosol, an antioxidant in rosemary and sage. Journal of Food Lipids, 6(2): 173-179.

Wu J W, Lee M H, Ho C T,et al. 1982. Elucidation of the chemical structures of natural antioxidants isolated from rosemary. Journal of the American Oil Chemists' Society, 59(8): 339-345.

Zhong Y, Shahidi F. 2011. Lipophilized epigallocatechin gallate (EGCG) derivatives as novel antioxidants. J Agric Food Chem, 59: 6526-6533.

第 12 章　空阻邻二酚型抗氧化剂的合成及其抗氧化活性的系统研究

在前面讨论的所有酚类抗氧化剂中，没有见到任何化合物具有空阻邻二苯酚，即在邻二酚的一个酚羟基旁接上具有大的空间阻碍基团（如叔丁基）结构的物质。众所周知，到目前为止，在所有食用油脂的抗氧化剂中，抗氧化活性最强的是叔丁基对氢醌（TBHQ）。那么，邻二酚的一个酚羟基邻位被叔丁基取代后的抗氧化活性和 TBHQ 相比又如何呢？这是以前未见到的，也是业内的学者所好奇的。

12.1　合成

选取 4-甲基-1,2-二酚（PMC）和甲基对二酚（OMD）为原料，以浓磷酸为催化剂，在甲苯中加热回流，与叔丁醇反应，分别合成 3-叔丁基-5-甲基-1,2-二酚（TPMC）和 2-叔丁基-5-甲基对二酚（TOMD）。其反应式见式（12-1）和式（12-2）。

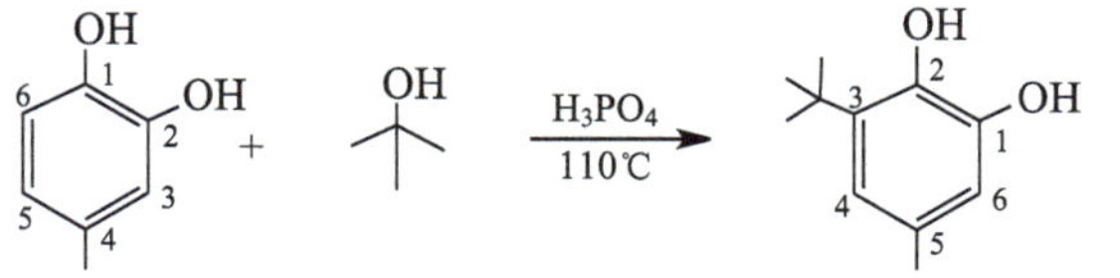

（12-1）

PMC　　叔丁醇　　TPMC

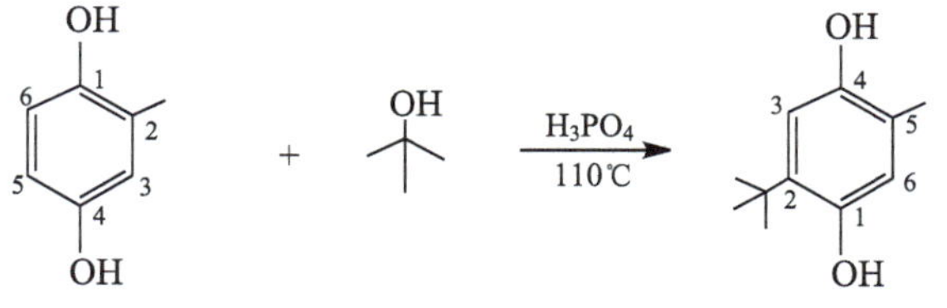

（12-2）

OMD　　叔丁醇　　TOMD

生成的产物经过水洗，柱层析，然后进行重结晶得到白色结晶。通过核磁共振、质谱、红外光谱和紫外光谱鉴定产物的结构（其结构鉴定的详细情况请见参考文献（Huang et al., 2014）。

12.2　抗氧化活性的研究

在本研究中，几个用来研究和比较抗氧化活性的化合物的结构和名称见图

12-1。在猪油中，通过 Rancimat 设置温度 100℃，空气鼓入速度 20L/h，分别在猪油中加入 0.01%的 TOMD、TPMC、OMD、PMC 和 TBHQ，其氧化保护系数分别为 1.45、9.64、2.69、2.32 和 4.55 (Huang et al., 2014)。此时叔丁基取代的邻二酚(TPMC)的抗氧化活性是叔丁基对二酚(TBHQ)的两倍多，见表 12-1，其抗氧化活性的顺序为：TPMC >> TBHQ >> OMD > PMC > TOMD。

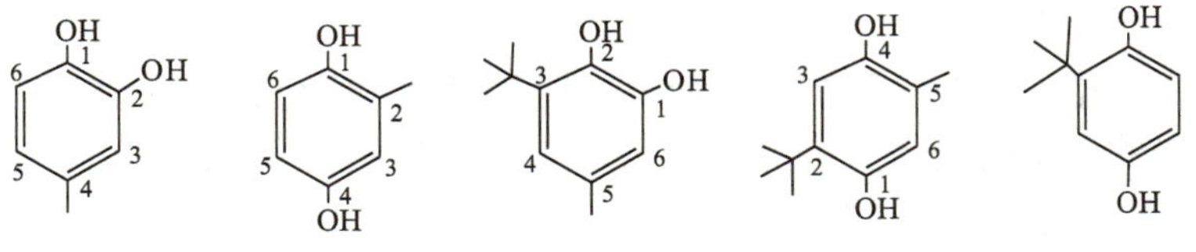

图 12-1　本章作为抗氧化剂研究的酚类化合物

表 12-1　Rancimat 法测定化合物的抗氧化活性(平均相对偏差，$n = 2$)

化合物	TOMD	TPMC	OMD	PMC	TBHQ
0.01%					
IP/h	6.74±0.005	44.76±0.005	12.51±0.033	10.77±0.045	21.15±0.026
Pf	1.45±0.005	9.64±0.013	2.69±0.033	2.32±0.044	4.55±0.026
0.02%					
IP/h	9.08±0.020	52.68±0.007	16.125±0.016	13.93±0.027	31.16±0.005
Pf	1.96±0.02	11.34±0.007	3.47±0.017	3.0±0.027	6.71±0.026
0.04%					
IP/h	10.98±0.02	60.52±0.008	24.52*	15.64±0.009	46.88±0.072
Pf	2.36±0.02	13.03±0.005	5.28*	3.34±0.003	10.09±0.031
0.08%					
IP/h	30.35±0.001	77.12±0.033	46.30±0.002	39.33±0.004	60.31±0.015
Pf	6.53±0.001	16.60±0.005	9.97±0.002	8.47±0.008	12.99±0.013

每根试管中加猪油 3.00±0.02g；100℃下，空白猪油的自动氧化诱导期为 4.64±0.013h；空气流速：20L/h。诱导期数据是两个平行试验的结果。

(Pf)=有抗氧化剂的猪油的氧化诱导期/空白猪油的氧化诱导期。

值为平均值±相对偏差。

* 结果是单个数据

随着加入量的上升，各个抗氧化剂之间的差距有缩小的趋势，但是顺序未变(表 12-1)。

十分有趣的是，在猪油中，TPMC 的抗氧化活性远远强于 TBHQ。那么这种现象是如何产生的呢？

TBHQ 上有两个对位酚羟基，都可提供给活泼自由基，并且在其中的一个酚羟基旁有空间阻碍效应很大的叔丁基，而另外一个酚羟基旁没有任何空间阻碍。这就在两个酚羟基之间产生很强的空间协同效应。即无空间阻碍的酚羟基可和自由基产生更多的有效碰撞，能更快速地提供给活泼自由基，但抗氧化剂本身形成的自由基也相对较不稳定[式(12-3)]。该 TBHQ 的自由基可以和另一分子的 TBHQ 反应，形成更稳定的自由基[式(12-4)]，这需要两个分子间发生有效碰撞才能进行转化，尤其是在浓度较低的情况下更难。

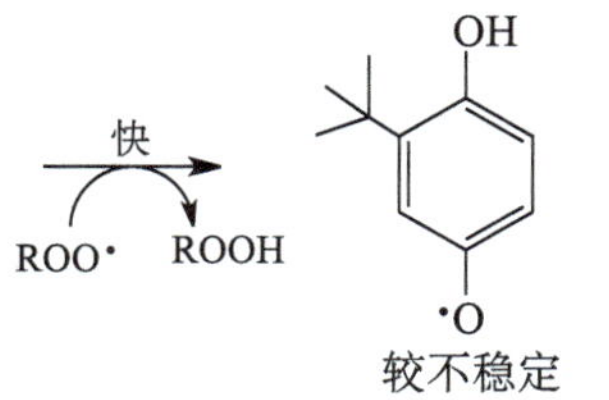

(12-3)

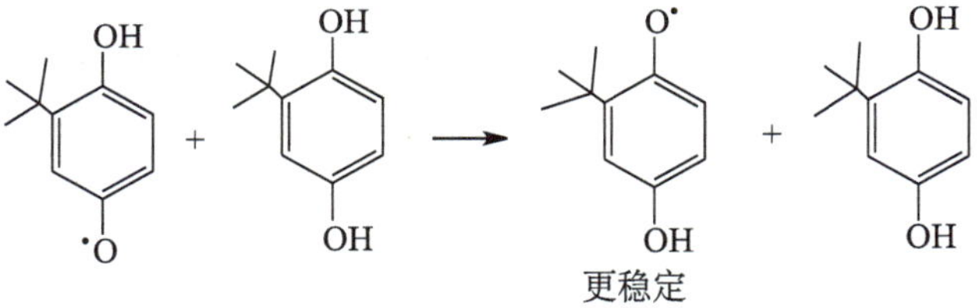

(12-4)

而 TPMC 的类似反应在分子内进行，要容易得多。比较式(12-4)和式(12-5)能很直观地阐述这一原理。这也可以解释虽然 TBHQ 有如此强的抗氧化活性却比 TPMC 低。同时也说明为什么随着浓度的增加，TBHQ 和 TPMC 之间的抗氧化活性的差异迅速减小，因为 TBHQ 自由基和 TBHQ 分子之间有效碰撞的机会越来越多。

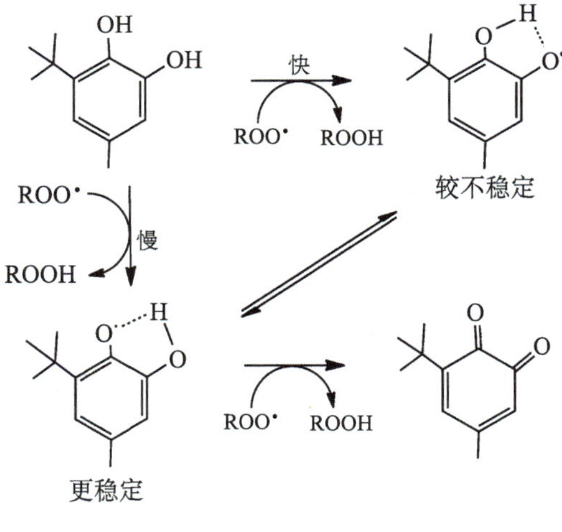

(12-5)

TPMC 也有两个能提供氢原子的功能羟基，并且一个羟基旁有一个空间阻碍很大的叔丁基。但为什么其抗氧化活性明显大于 TBHQ 呢？

问题的关键是 TPMC 上的两个功能羟基互为邻位，当空间阻碍小的羟基提供氢原子给活泼自由基后，能通过邻位羟基氢键的形式快速转换为更稳定的酚氧自由基[式(12-5)]。TPMC 酚氧自由基的转换远比 TBHQ 的高效[式(12-4)]。

非常有趣的是，甲基对二酚(OMD)的苯环被叔丁基取代后的产物(TOMD)的抗氧化活性不但没有加强，反而变得更弱，这又是为什么呢？ 因为 OMD 上的甲基对 1-位羟基有一定的空间阻碍作用，尽管比叔丁基要小，但是两个羟基之间能有一定的空间协同作用。而叔丁基化以后，两个酚羟基都有一定的空间阻碍作用，减弱了其空间协同效应。OMD 的抗氧化活性也大于对甲基邻二酚(PMC)，这是因为 PMC 上的两个羟基无任何空间协同作用。

12.3　用捕捉 DPPH˙自由基的能力来测定其抗氧化活性

DPPH˙是一个体积庞大的氮自由基(图 12-2)，比一般脂类自由基和过氧自由基要稳定，主要原因：一是共轭体系大，二是空间阻碍大，这两点图 12-2 已经展现得十分清晰明了。

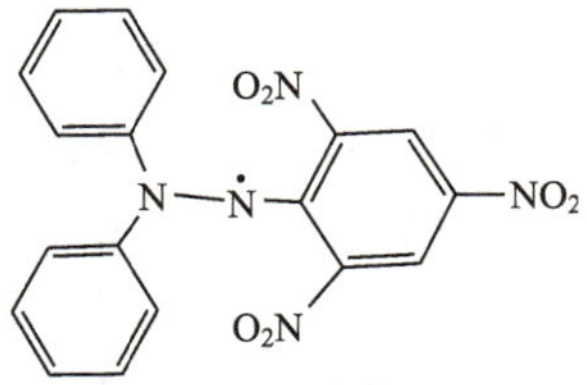

DPPH˙

图 12-2　DPPH 自由基

表 12-2 中的实验数据说明了一个十分有趣的事实，即 TBHQ 和两个甲基二酚对 DPPH˙自由基的半数清除浓度要远低于 TOMD 和 TPMC，不到它们的一半。这说明以半数清除浓度为标准来评估抗氧化活性，TOMD 和 TPMC 的抗氧化活性只有它们相对应母体及 TBHQ 抗氧化活性的一半。这是因为 DPPH˙自由基的空间阻碍太大，只能与空间阻碍较小的 TBHQ、OMD 和 PMC 自由基结合，然后重排生成新的酚类化合物。这样一分子的 TBHQ、OMD 和 PMC 分别能捕捉 4 分子的 DPPH˙自由基，而 TOMD 和 TPMC 只能捕捉两分子的 DPPH˙自由基，并且前 3 个物质的分子质量还小于后者，式(12-6)和式(12-7)能非常清楚地阐述上述机制。

表 12-2　5 个酚类化合物清除 DPPH˙自由基的能力（用半清除浓度表示）

化合物	EC_{50}/(mg/ml)
TOMD	0.039±0.003
TPMC	0.044±0.002
OMD	0.018±0.000
PMC	0.016±0.004
TBHQ	0.017±0.001

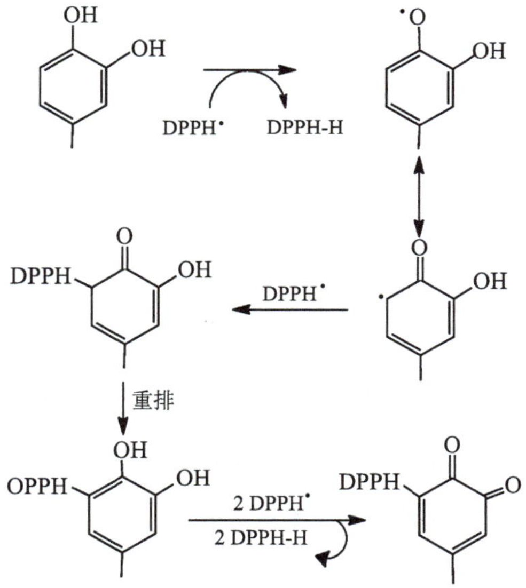

(12-6)

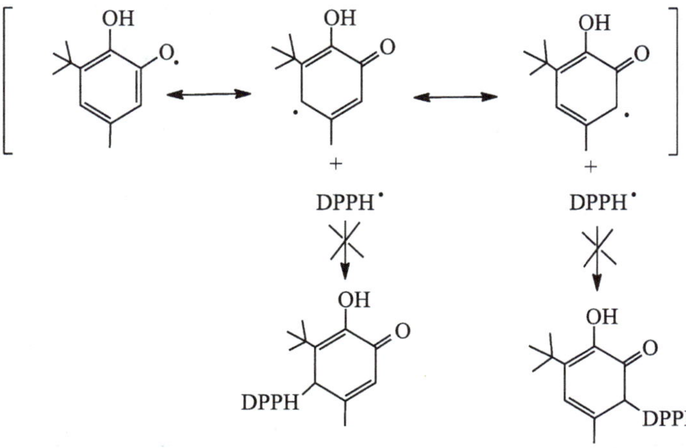

(12-7)

从对 DPPH˙自由基的半数清除浓度来看，这 5 个化合物的抗氧化活性顺序为（表 12-2）：**PMC～OMD～TBHQ >> TOMD～TPMC**。

图 12-3 中的曲线表明了 5 个酚类化合物不同浓度对 DPPH 自由基消除的百分率。其结果与半数消除率浓度所表示的顺序基本一致，但 TBHQ 的表现相差较大。随着浓度大于 0.04mg/ml, TBHQ 捕捉 DPPH 自由基的效率越来越与 OMD 和 PMC 越来越接近。所以在浓度低于 0.20mg/ml 之前，这 5 种酚类化合物的抗氧化活性的顺序为(相应化学结构见图 12-1)：**OMD > PMC >> TBHQ > TOMD > TPMC**。

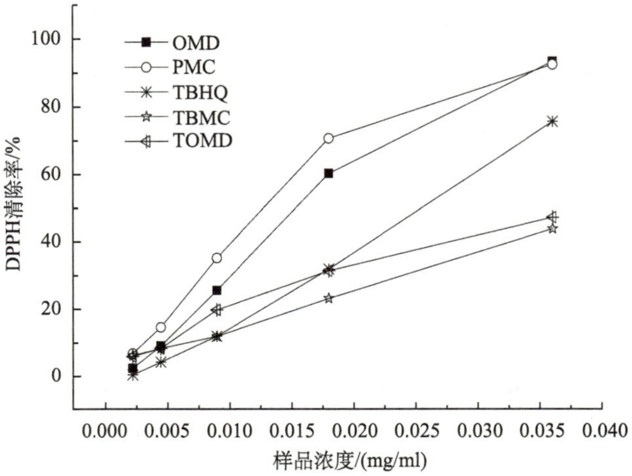

图 12-3　5 个酚类化合物在不同浓度时消除 DPPH 自由基的百分率

当浓度大于 0.20mg/ml 时，这 5 种酚类化合物的抗氧化活性的顺序为：**OMD～PMC > TBHQ > TOMC～TPMC**。

当然，捕捉自由基 DPPH 来评估抗氧化活性，不但要看半数清除浓度，还要看半数清除时间。综合起来看，1/(EC$_{50}$ $t_{1/2}$)这个参数能较综合全面地表达酚类化合物清除自由基的能力(表 12-3)：TBHQ >> TOMD > OMD > TPMC > PMC。

表 12-3　5 个酚类化合物对 DPPH 自由基的半数清除浓度(EC$_{50}$)、半数清除时间($t_{1/2}$)及新参数 1/(EC$_{50}$ $t_{1/2}$)

化合物	1/(EC$_{50}$ $t_{1/2}$)/(mol/L)$^{-1}$ • min^{-1}	$t_{1/2}$ /min	EC$_{50}$/(mol/L)
TBHQ	1754.85±0.04	19.65±0.08	2.90×10^{-5}±0.03
OMD	702.40±0.00	58.83±0.00	2.42×10^{-5}±0.04
PMC	241.32±0.00	180.17±0.00	2.30×10^{-5}±0.04
TOMD	955.46±0.07	17.83±0.08	5.87×10^{-5}±0.06
TPMC	359.02±0.08	54.83±0.01	5.08×10^{-5}±0.07

注：EC$_{50}$ (半数消除浓度)定义为自由清除剂清除全部(100%)自由基的一半(50%)所需的浓度，是置信度为 95%的回归线，其值表示为：平均值±标准偏差，三次试验平均值

$t_{1/2}$ (半数消除时间)定义为消除一半 DPPH˙所需时间，其值为：平均值±两次实验的相对偏差。

通过上文具体分析抗氧化构效关系，总结出影响抗氧化剂抗氧化活性的因素主要有：①提供氢以后形成的自由基的稳定性；②提供氢的个数；③提供氢的速度；④酚自由基能否轻易地结合更多的自由基；⑤提供氢原子后自身所形成的自由基能否结合形成新的抗氧化剂。

在不同的体系中，主要影响因素不同 (翁新楚和吴侯, 2000)。例如，在一般的油脂体系中，活泼自由基产生的速度很慢，体系中的自由基的浓度也极低，所以抗氧化剂提供氢原子的速度并非最重要的，而是抗氧化剂提供的氢原子数及提供氢原子后自身所形成自由基的稳定性是非常重要的。所以 BHT 在饱和度较高的油脂中，如猪油、羊脂等，也表现出很强的抗氧化活性，但是在不饱和度很高的油脂中，如高浓度的 EPA 和 DHA 中，BHT 甚至 BHA 都几乎表现不出任何抗氧化活性，但是 TBHQ 能起到很强的抗氧化活性 (翁新楚, 1993；曹国锋和翁新楚, 1995a；曹国锋和翁新楚, 1995b；Bondet et al., 1997；Duan et al., 1998)。当在 DPPH 体系中时，如只考察半消除浓度，则抗氧化剂提供氢原子数是最重要的，而同时考虑清除 DPPH 自由基的速度时，则空间阻碍和功能酚羟基的 OH 键能都显得很重要。

参 考 文 献

曹国锋, 翁新楚. 1995a. 鱼油氧化稳定性的研究（Ⅰ). 中国油脂, 20(4): 49-52.

曹国锋, 翁新楚. 1995b. 鱼油氧化稳定性的研究（Ⅱ). 中国油脂, 20(5): 44-46.

翁新楚, 吴侯. 2000. 抗氧化剂的抗氧化活性的测定方法及其评价. 中国油脂，25(6): 119-122.

翁新楚. 1993. 抗氧化剂及其抗氧化机制. 郑州粮食学院学报, (03): 20-29.

Bondet V, Brand-Williams W, Berset C, et al. 1997. Kinetics and mechanisms of antioxidant activity using the DPPH· free radical method. LWT-Food Science and Technology, 30: 609-615.

Duan S, Weng X C, Dong X W, et al. 1998. Antioxidant properties of butylated-hydroxytoluene refluxed in ferric chloride solution. Food Chemistry, 61: 101-105.

Huang Y, Jing Z W, Liao X Y, et al. 2014. Antioxidant activities of two novel synthetic methylbenzenediol derivatives. Czech Journal of Food Science, 32 (4): 348-353.

Weng X C, Huang Y. 2014. Relationship structure-antioxidant activity of hindered phenolic compounds. Grasas Y Aceites, 65 (4): e051.

第 13 章　抗氧化剂的营养、保健及体内抗氧化作用

抗氧化剂在食品工业、油脂工业、化妆品工业中被广泛使用，其对人们的身体健康起着非常重要的作用。绝大多数果蔬、香辛料和中草药中都含有或多或少的酚类或其他种类有抗氧化活性的化合物，这是它们被认为有保健作用、增强免疫力的主要原因之一。

要真正弄明白抗氧化剂在体内的重要作用，首先就要搞清楚自由基、过氧化物及其分解产物对人体的危害。

人体在新陈代谢的过程中产生一些自由基，如超氧自由基、氢氧自由基、脂氧自由基、脂过氧自由基、脂自由基(以碳为核心的自由基)等；在污染较严重的空气中呼吸，或在吸烟及被动吸烟过程中，人们会吸入更高浓度和更多种类的自由基，尤其是氮氧自由基。一般说来，自由基越活泼，其攻击对象的选择性就越差，危害也就越大。

13.1　自由基、过氧化物及其分解产物在人体内的作用

研究表明，自由基、过氧化物及分解产物对人体产生多种危害，并与下列疾病有关：心脑血管疾病、癌症、人体的加速老化、糖尿病、风湿病和白内障。

活泼自由基能高效率地启动链锁反应，形成脂肪酸、蛋白质及核酸等相对应的自由基、过氧化物、衍生物和分解产物，如在动物的尿液中检测出 8-羟基脱氧核酸鸟嘌呤、8-羟基核酸鸟嘌呤、8-羟基鸟嘌呤。它们都是鸟嘌呤的自由基链锁反应的氧化衍生物，其反应机制见式(13-1)。

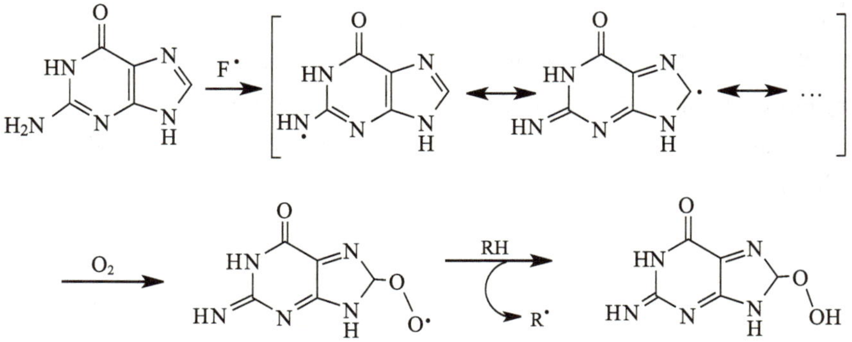

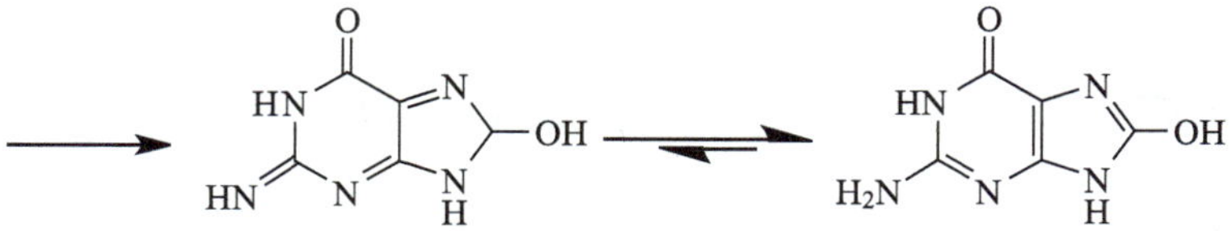

(13-1)

事实上，尿酸也是嘌呤碱基被氧化的产物。众所周知，鸟嘌呤是组成 DNA 的 4 种碱基之一，DNA 的双螺旋结构主要是通过强大的氢键维持的。氧化使得碱基结构的改变，从而使氢键的作用也有所改变，DNA 的局部功能发生变化，因而能导致癌症。

鸟氨酸在极活泼的自由基-羟自由基的攻击下，也能发生如反应式(13-2)的反应(Fried et al., 2005)。

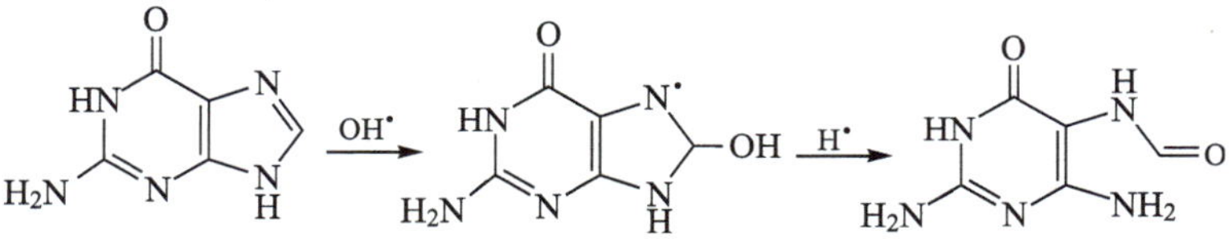

(13-2)

蛋白质在经受自由基攻击时，巯基会形成硫桥键：

$$\text{R-SH} + \text{F}^{\bullet} \longrightarrow \text{R-S}^{\bullet} + \text{F-H} \tag{13-3}$$

$$2\,\text{R-S}^{\bullet} \longrightarrow \text{R-S-S-R} \tag{13-4}$$

据称，自由基导致白内障的病因之一就在于此。

多不饱和脂肪酸(PUFA)的过氧化物的分解产物非常复杂，其中一个典型有害的产物就是丙二醛(赵保路, 1999)。丙二醛和两个蛋白质分子的残氨基起缩合反应，形成西夫碱，经过重排后，形成了较大共轭体系的褐色物质。特别是当蛋白质具有两个或两个以上的自由氨基(如蛋白质含有较多的赖氨酸)时，多个蛋白质分子就通过丙二醛横向铰链，形成老年斑，使肌肉失去弹性。这也是心脑血管壁老化变脆，血管爆裂，形成脑出血的原理，也是人机体老化的原理。

$$\begin{aligned}&\text{R}'\text{—NH}_2 + \text{O}{=}\text{CHCH}_2\text{CH}{=}\text{O} + \text{R—NH}_2 \longrightarrow\\&\text{R}'\text{—N}{=}\text{CH—CH}_2\text{—HC}{=}\text{N—R} \rightleftharpoons \text{R}'\text{—N}{=}\text{CH—CH}{=}\text{CH—NH—R}\end{aligned} \tag{13-5}$$

丙二醛也能直接与 DNA 上的碱基反应，发生如反应式(13-6)所示的反应。反应式中的 dR 是表示连接的脱氧核酸。

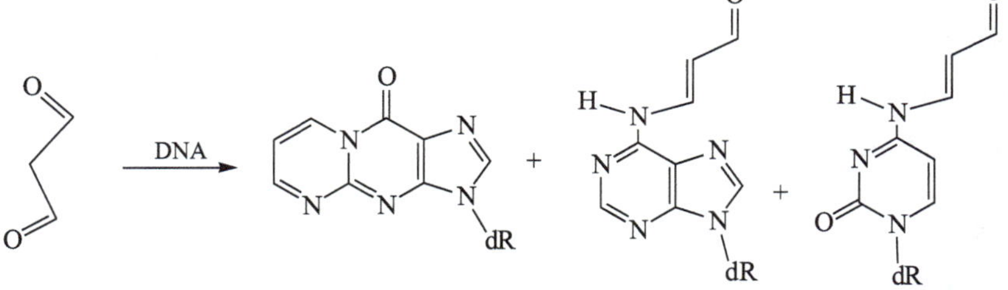

(13-6)

13.2 体内抗氧化剂的种类和抗氧化模型

由于体内产生自由基的机制复杂，所形成的自由基种类及其所在的环境也差别很大，因此，抗氧化剂的种类、形成和作用机制也各有差别。

13.2.1 自由基的来源和机制

自由基的来源主要有：工业污染、吸烟、食入过氧化物含量较高的食物、线粒体反应、Fenton 反应。

$$ROOH + Fe^{2+} \longrightarrow Fe^{3+} + RO^{\bullet} + HO^{-} \quad (13\text{-}7)$$

$$2O_2 + NADPH \longrightarrow 2O_2^{\bullet-} + NADP^{+} + H^{+} \quad (13\text{-}8)$$

$$2O_2^{\bullet-} + 2H^{+} \longrightarrow H_2O_2 + O_2 \quad (13\text{-}9)$$

$$Fe^{2+} + H_2O_2 \longrightarrow Fe^{3+} + HO^{\bullet} + OH^{-} \quad (13\text{-}10)$$

13.2.2 超过氧化物歧化酶(SOD)对超氧自由基的清除机制

1. Cu-Zn SOD

$$\text{酶-}Cu^{2+} + O_2^{\bullet-} \longrightarrow \text{酶-}Cu^{+} + O_2 \quad (13\text{-}11)$$

$$\text{酶-}Cu^{+} + O_2^{\bullet-} + 2H^{+} \longrightarrow \text{酶-}Cu^{2+} + H_2O_2 \quad (13\text{-}12)$$

Zn^{2+}在催化过程中不起作用，只起稳定酶的作用。将铜和锌从酶的活性中心取代下来，单独加入铜离子，可得到 SOD 的活性。Mn^{2+}、Hg^{2+}等都不能取代铜离子，Co^{2+}、Hg^{2+}和 Ca^{2+}可以取代锌离子稳定 SOD。 Co^{2+}也可代替 Cu^{2+}，得到一些 SOD 的活性，但比 Cu-Zn SOD 的活性要低得多。

Cu-Zn SOD 催化歧化反应的速率在 pH 5.3～9.5 内几乎不变， 约为 1.6×10^9 L/(mol · s)，氰化物是 Cu-Zn SOD 的强抑制剂。

2. Mn-Fe SOD

$$\text{酶-}Fe^{3+} + O_2^{\bullet-} \longrightarrow \text{酶-}Fe^{2+} + O_2 \quad (13\text{-}13)$$

$$\text{酶-}Fe^{2+} + O_2^{\bullet-} + 2H^{+} \longrightarrow \text{酶-}Fe^{3+} + H_2O_2 \quad (13\text{-}14)$$

在中性条件下，Mn-Fe SOD 与 Cu-Zn SOD 的催化歧化速率常数是一样的，在偏碱性的条件下，则 Mn-Fe SOD 的催化歧化速率大大地降低。另外，氰化物对 Mn-Fe SOD 的催化活性没有抑制作用。

3. 过氧化氢酶

SOD 只是将超氧自由基转化成了双氧水，而双氧水是一个潜在的自由基，也是毒性比较大的物质。在有变价金属的存在下，产生极活泼的羟基自由基(如 Fenton 反应)。过氧化氢酶将双氧水进一步分解成无毒的物质：

$$2\,H_2O_2 \xrightarrow{\text{过氧化氢酶}} 2\,H_2O + O_2 \tag{13-15}$$

4. 谷胱甘肽过氧化物酶

谷胱甘肽过氧化物酶催化底物是一简单的三肽(Gly-Cys-Glu)，简写为 GSH，其氧化态是 GSSG。

$$H_2O_2\ \text{或}\ (ROOH) + GSH \xrightarrow{\text{谷胱甘肽过氧化物酶}} GSSG + H_2O_2\ \text{或}\ (ROOH) \tag{13-16}$$

$$GSSG + NADPH + H^+ \xrightarrow{\text{谷胱甘肽过氧化物酶}} 2\,GSH + NADP^+ \tag{13-17}$$

13.2.3　非酶小分子抗氧化剂

1. 内源水溶性抗氧化剂

在人体内，整个体系很复杂，有相当多水溶性的蛋白质、DNA 或 RNA 体系，也有脂质体系，以及由两性分子和脂类组成的胶束。一般在体内新陈代谢过程中产生的自由基以水溶性的活泼自由基为主，如 $O_2^{\cdot-}$ 和 $OH^{\cdot}$。一般内源水溶性小分子(如尿酸和 GSH)抗氧化剂能部分有效地解决这些自由基。

上面谈到在谷胱甘肽过氧化物酶的催化作用下，GSH 能有效地分解双氧水。其实，GSH 也能单独有效地捕获自由基：

$$GSH + OH^{\cdot} \longrightarrow GS^{\cdot} + H_2O \tag{13-18}$$

在人体血浆中尿酸的浓度为 0.25～0.45mmol/L。尿酸能有效地清除单线态氧、过氧自由基和羟基自由基(Stocker et al., 1987; Schlesier et al., 2002)。

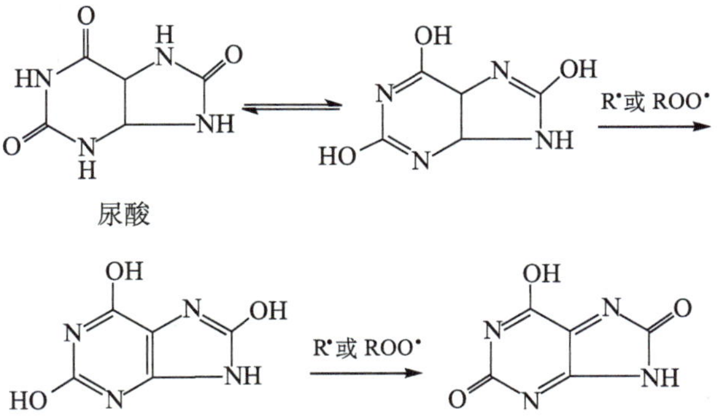

尿酸　(13-19)

2. 天然外源水溶性抗氧化剂

抗坏血酸(维生素 C)、茶多酚、咖啡酸、各种黄酮类及其糖苷衍生物、单宁等，这些化合物都是在植物中丰富存在的，而动物及人体都不能合成，只能从食物中摄入，极性很大，易溶于水。这些人体内不能合成，但天然存在的，人体靠从外部摄入的一类抗氧化剂称为天然外源性抗氧化剂。研究发现，维生素 C 在人体中起到第一防线的作用，水溶性自由基首先和维生素 C 反应，维生素 C 先于生育酚消失。维生素 C 还能有效地还原维生素 E 的自由基，在体内起到抗氧化协同增效作用。

茶多酚清除水溶性自由基的能力特别强。过去认为茶叶的保健作用主要是因为茶叶含有维生素，但是近来的研究表明主要是因为茶叶中含有各种多酚类物质。在茶叶中主要有 4 种多酚类物质，其化学结构见第 11 章图 11-4。

各种茶多酚、黄酮类及其糖苷衍生物保健的基本原理是它们有强的生物抗氧化作用。现以 EGCG 为例，阐明它们在体内的抗氧化机制[式(13-20)]。

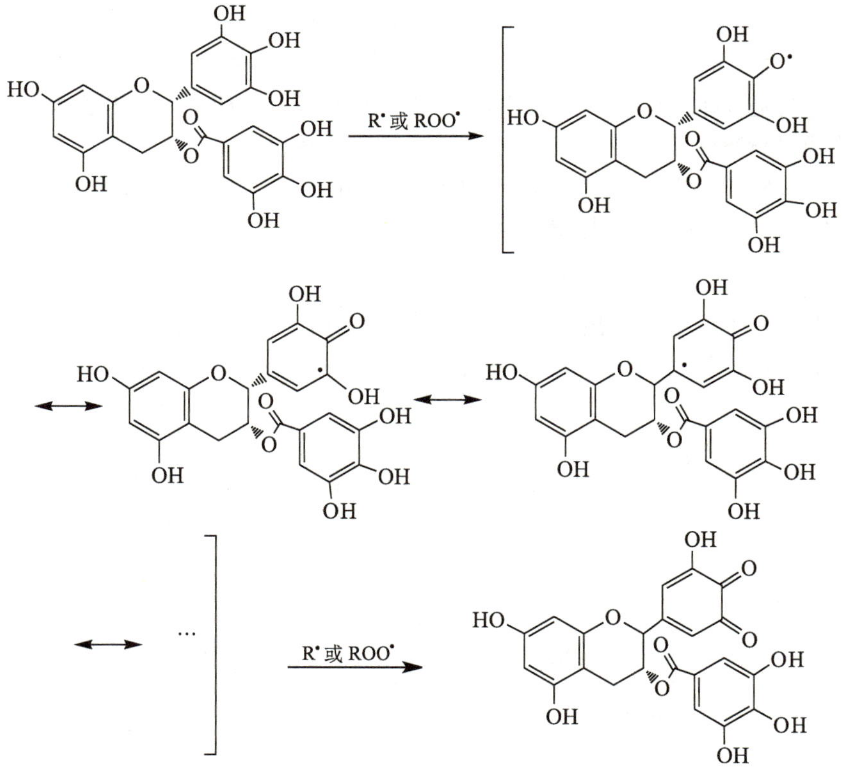

(13-20)

在 EGCG 中，邻三酚最易放出氢原子给活泼自由基，因为其中间的羟基形成自由基后有左右两个供电性很强的羟基可稳定化自由基。而棓酸上有一个羧基，有较强的吸电作用，对自由基的稳定是不利的，所以，上面的羟基的抗氧化活性不如邻三酚的强。在 ECG 上，B 环只有两个羟基，故其抗氧化活性不如 EGCG。以上 4 种多酚的抗氧化活性按下列顺序依次减弱(石碧和狄莹，2000)：**EGCG > EGC > ECG > EC**。

Zafra-Stone 等(2007)的研究发现各种可食用莓类，如蓝莓、蔓越莓、草莓等有明显的抗癌、抗动脉粥样硬化、抗炎症、抗老化和抗退行性疾病作用；也能改进大脑认知、眼健康，以及基因组 DNA 的完整性。并证明主要是花青素类在起作用，而花青素是典型的水溶性强抗氧化剂。在第 9 章的图 9-5 中的第 3 个化合物，cyanidin 就是花青素的一个代表。

3. 天然外源脂溶性抗氧化剂

这一类抗氧化剂和天然外源水溶性抗氧化剂一样，植物能合成，但人体不能合成。它们的极性很小，不溶于水，只溶于有机溶剂和脂类。

生育酚，尤其是α-生育酚(维生素 E)，是一类生物活性最高、分布最广的抗氧化剂，广泛地存在于各种植物油中。动物实验发现，当饲料中不含生育酚时，动物会出现很多疾病，并且会失去生育能力。但是，当饲料中加入一定量的二苯亚氨后，动物生长正常，并且第二代的生育能力及所产的幼子正常。因此，有的科学家认为生育酚在体内的唯一功能是作为脂溶性的抗氧化剂。另外，胡萝卜素类、维生素 A 在人体内也有明显的抗氧化活性。尤其是当维生素 A 和维生素 E 在一起使用时，维生素 E 的抗氧化活性得到了极大的加强，有很强的抗氧化协同增效作用。维生素 A 对幼儿的发育及维持视力的正常功能是否包括它的抗氧化作用还不十分清楚。这些物质有很强的捕捉人体内的活泼自由基的抗氧化作用，因而有明显的抗衰老，预防癌症及心脑血管病的作用。

参 考 文 献

石碧，狄莹. 2000. 植物多酚. 北京：科学出版社，154-270.

赵保路. 1999. 氧自由基和天然抗氧化剂. 北京：科学出版社，77-95.

Friedberg E C, Walker G C, Siede W, et al. 2005. DNA Repair and Mutagenesis. 2nd Edition, American Society for Microbiology.New York, 11-171.

Schlesier K, Harwat M, Bohm V, et al. 2002. Assessment of antioxidant acivity by using different *in vitro* methods, Free Radic Res. 36(2): 177-187.

Stocker R, Glazer A N, Ames B N. 1987. Antioxidant activity of albumin-bound bilirubin (reactive oxygen species/plasma antioxidants/biliverdin/evolution). Proc. Natl. Acad. Sci. USA, 84. 5918-5922.

Zafra-Stone S, Yasmin T, Bagchi M, et al. 2007. Berry anthocyanins as novel antioxidants in human health and disease prevention. Mol. Nutr. Food Res., 51: 675-683.

第 14 章　食用抗氧化剂的安全性与毒性

14.1　概述

食用抗氧化剂是食品添加剂中的一大类。作为食品的添加成分，安全、无毒是最重要的。所谓安全、无毒，只是相对的，是根据添加到食品中的含量和人们摄入量而论的，即在规定添加比例的范围内是绝对安全的。在人们一般的概念中，认为来自天然的总是更安全，而合成的总是不太安全的。事实上，天然的不一定安全。这些由动植物合成的天然产物是其在千百万年的进化过程中，为了有利于它们自己的种群更好地生存、生长和繁殖，抗拒天敌和恶劣环境的需要，是“物竞天择，适者生存”的需要，而不是为了人们或其他物种食用它们的需要而合成的。即使有的天然产物是人类必不可少的营养物，但是当摄入量过大时，也会产生毒性作用，如生育酚(维生素 E)、视黄醇(维生素 A)和多不饱和脂肪酸(PUFA)等。食品加工中使用的抗氧化剂应该具有无毒性、价廉、有效浓度低、稳定的特点，并对食品的色泽、风味不产生显著的影响。

以下将以不同抗氧化剂为例来讨论抗氧化剂的安全性与毒性。图 14-1 列举了部分抗氧化剂的结构式。

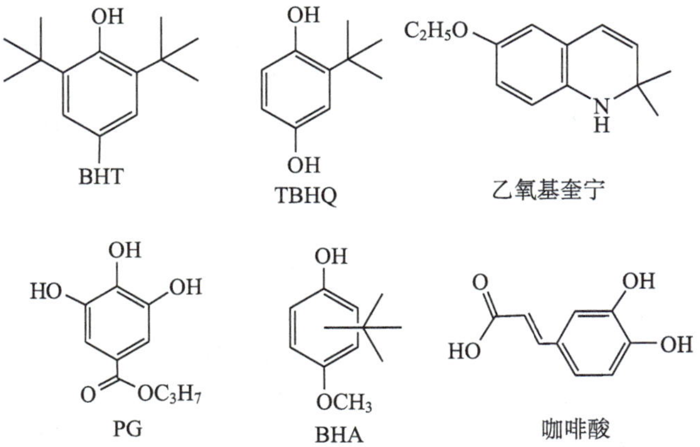

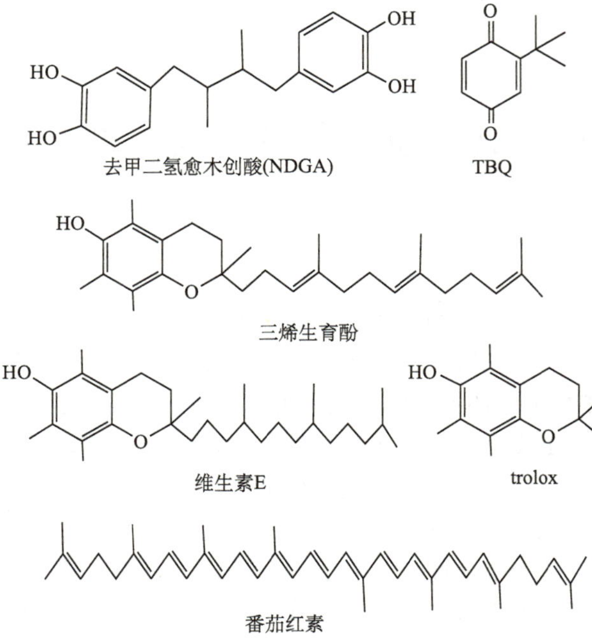

图 14-1　部分做过毒理试验的抗氧化剂的化学结构

14.2　叔丁基羟基茴香醚(BHA)

按照我国食品添加剂使用标准，BHA(其化学结构见图 14-1)可应用于油脂、油炸食品、干鱼制品、饼干、方便面、罐头、腌腊肉制品等，最大使用量为 0.2g/kg。

国际癌症研究机构(IARC)通过动物实验评价 BHA，发现对于动物实验有足够的证据表明 BHA 具有致癌性，而对于人体，则无数据表明 BHA 具有致癌性。

14.2.1　BHA 的遗传毒性研究

在 DNA 加合物的研究中，并没有发现 BHA 具有 DNA 反应性，并且几乎所有的遗传毒性研究结果都为阴性 (Williams et al., 1999)。在染色体畸变及姐妹染色单体交换实验中，发现 BHA 的遗传毒性研究结果为阳性。然而这些阳性结果并不一定是由于 BHA 与 DNA 的结合。因此，DNA 反应性与遗传毒性的结果，包括染色体畸变及姐妹染色单体交换的阳性与阴性结果，都不能表明与 DNA 的反应性是 BHA 诱导致癌性的机制。在肝脏中，BHA 代谢为叔丁基氢醌(TBHQ)及叔丁基醌(TBQ)(其化学结构见图 14-1)。

研究发现 TBQ 可导致前胃的 DNA 损伤，而并没有 DNA 加合物的形成。BHA

与 TBHQ 则不能造成前胃的 DNA 损伤。因此，没有证据表明 BHA 及其代谢物在前胃中可以与 DNA 反应。

BHA 的遗传毒性研究如表14-1(Williams et al., 1999)所示。

表 14-1　BHA 的遗传毒性研究

终点指示	结果		
	体内	体外	
		未活化	活化
• DNA 相互作用			
DNA 加合物形成			
F344 系大鼠　前胃	—[1]	NA[2]	NA
F344 系大鼠　前胃	—	NA	NA
F344 系大鼠　前胃，胃	—	NA	NA
DNA 链断裂及修复			
F344 系大鼠肝细胞	—	NA	NA
F344 系大鼠前胃，上皮细胞	—	NA	NA
Ss φX-174 DNA	NA	—	ND[3]
• 诱变性试验			
可逆突变			
鼠伤寒沙门氏菌　TA98,100,1535,1537	NA	—	—
鼠伤寒沙门氏菌　TA98,100,1535,1537,	NA	—	—
鼠伤寒沙门氏菌　TA98,100	NA	—	—
鼠伤寒沙门氏菌　TA97,100,102,104	NA	—	—
鼠伤寒沙门氏菌　TA97,98,100,102	NA	—	—
鼠伤寒沙门氏菌　TA98,100,1535,1537	NA	—	—
基因突变			
金黄色葡萄球菌	NA	+[4]	ND
大鼠 ARL/HGPRT	NA	—	ND
中国仓鼠　CHO/HGRPT	NA		ND
中国仓鼠　V79/HGRPT	NA		
伴性隐性致死			
黑腹果蝇	(+)[5]	NA	NA
黑腹果蝇	—	NA	NA
• 细胞遗传学试验			
染色体畸变			
中国仓鼠 Don	NA	—	
中国仓鼠 CHL	NA	—	ND
中国仓鼠 CHO	NA	—	ND
中国仓鼠 CHL	NA	—	+
中国仓鼠 CHO	NA	—	+
姐妹染色单体交换			+
中国仓鼠 Don	NA	+	ND
中国仓鼠 V79	NA	—	—
中国仓鼠 CHO	NA	—	—

1 “—” 代表阴性结果；2 “NA” 代表不适用；3 “ND” 代表试验未做；4 “+” 代表阳性结果。5 “(+)” 表明弱阳性结果

14.2.2　BHA 的致癌性研究

Ito 等 (1983，1984)首先做了 BHA 致癌性的生物鉴定，实验采用 F344 系大鼠，分 3 组：高剂量组、低剂量组及对照组，每组雌雄各 51 只。起始的高剂量及低剂量分别为 20 000ppm 及 5000ppm，然后减少为 10 200ppm 及 2500ppm。实验发现，喂养 2 年后，在高剂量组中，雄性鼠前胃的细胞增生损伤发生率为 100%，雌性为 98%；雄性鼠前胃的乳头状瘤的损伤发生率为 100%，雌性为 96.1%；雄性鼠前胃的鳞状细胞瘤的发生率为 34.6%，雌性鼠为 29.4%。在低剂量组中，并无癌变发生；雄性鼠与雌性鼠前胃的乳头状瘤的损伤发生率只有 2%；雄性鼠与雌性鼠前胃的细胞增生损伤率分别为 26.0%及 19.6%。实验未发现与 BHA 相关的其他肿瘤发生。Ito 等后来研究了 BHA 在前胃中瘤形成的剂量—反应关系。实验仍采用 F344 系大鼠，按剂量分为 6 组：0ppm、1250ppm、2500ppm、5000ppm、10 000ppm 及 20 000ppm。实验发现，前胃细胞增生，乳头状瘤及鳞状细胞瘤都显示了剂量相关性，即随着剂量的增加发生率增长。他们对没有前胃的臭鼩进行了研究，分 0ppm、5000ppm、10 000ppm 及 20 000ppm 4 个剂量组。8 周后 20 000ppm 组所有的鼠都死于胃肠出血。5000ppm 组及 10 000ppm 组都有 50%～67%的肺腺瘤细胞增生的发生率 (Ito et al.,1982, 1984)。

BHA 的致癌性研究如表 14-2 (Williams et al.,1999)所示。

表 14-2　口服(饮食)BHA 的慢性研究结果

种类	每组性别及个数	剂量/ppm	持续时间/个月	结果(前胃瘤或其他部位瘤的发生率)
$B6C3F_1$ 小鼠	雄 150	10 000	24[a]	*14%乳头状瘤，5%鳞状细胞癌
		5000	24[a]	*14%乳头状瘤，3%鳞状细胞癌
		对照	24[a]	0%乳头状瘤，0%鳞状细胞癌
F344 系大鼠	雄 150	20 000	24[a]	*92%乳头状瘤，*14%鳞状细胞癌
		10 000	24[a]	*76%乳头状瘤，0%鳞状细胞癌
		对照	24[a]	0%乳头状瘤，0%鳞状细胞癌
F344 系大鼠	雄 50	20 000	24	*100%乳头状瘤，*22%鳞状细胞癌
		10 000	24	20%乳头状瘤，0%鳞状细胞癌
		5000	24	0%乳头状瘤，0%鳞状细胞癌
		2500	24	0%乳头状瘤，0%鳞状细胞癌
		1250	24	0%乳头状瘤，0%鳞状细胞癌
		对照	24	0%乳头状瘤，0%鳞状细胞癌

续表

种类	每组性别及个数	剂量/ppm	持续时间/个月	结果(前胃瘤或其他部位瘤的发生率)
F344 系大鼠	雄 51，雌 51	10 200[b]	24	*雄 100%雌 96%乳头状瘤，*雄 35%雌 29%鳞状细胞癌
		2500[c]		
		对照	24	雄 2%雌 2%乳头状瘤，雄 0%雌 0%鳞状细胞癌
			24	雄 0%雌 0%乳头状瘤，雄 0%雌 0%鳞状细胞癌
F344 系大鼠	雄 27	12 000	25	*33%乳头状瘤，22%肝细胞腺瘤
		对照	25	0%乳头状瘤，36%肝细胞腺瘤
叙利亚金黄仓鼠	雄 150	20 000	24[a]	*95%乳头状瘤，*10%鳞状细胞癌
		10 000	24[a]	*98%乳头状瘤，*7%鳞状细胞癌
		对照	24[a]	0%乳头状瘤，0%鳞状细胞癌
叙利亚金黄仓鼠	雄 10	20 000	51/2	*100%乳头状瘤
		10 000	51/2	*100%乳头状瘤
		对照	51/2	0%乳头状瘤
日本家养臭鼩[d]	雄 30，雌 30	20 000	2[e]	
		10 000	18	雄 6%雌 0%肺腺细胞瘤
		5000	18	雄 4%雌 4%肺腺细胞瘤
		对照	18	雄 0%雌 0%肺腺细胞瘤

*代表数据与对照组不同；a 第 8~104 周每间隔 8 周动物被处死进行研究;b 食物中 BHA 浓度由 20 000ppm 减少到 10 200ppm;c 食物中 BHA 浓度由 5000ppm 减少到 2500ppm;d 日本家养臭鼩没有前胃;e 该组动物在给药后 8 周内全部死于胃肠出血

Sakai 等(1997)对 BHA 在促进 BALB/3T3 细胞变形的活性方面进行了研究。研究发现，在无其他的抑制剂及助催化剂的情况下，BHA 既表现抑制作用，又表现促进作用。但是，BHA 不能增加变形频率，表明 BHA 的变形活性非常弱。

人类不具有前胃器官，因此对于 BHA 的作用不如啮齿类动物那么敏感。另外，人类对于细胞增生的敏感性较啮齿类动物差些。可以得出，BHA 对于啮齿类动物具有特异性的致癌性，而与人类无关(Williams et al., 1999)。

Botterweck 等(2000)对荷兰人群进行了调查研究，显示并无证据表明日常 BHA 及 BHT 的摄入与人类胃癌的发生有关。

联合国粮食及农业组织与世界卫生组织下的食品添加剂联合专家委员会(JECFA)允许使用 BHA。而国际癌症研究机构(IARC)则评价 BHA 可能对人类具有致癌性。

14.3　2,6-二叔丁基-4-甲基苯酚(BHT)

按我国食品添加剂使用标准规定，BHT(结构见图 14-1)可应用于油脂、油炸食品、干鱼制品、饼干、方便面、罐头和腌腊肉制品等，最大使用量为 0.2g/kg。

国际癌症研究机构发现对于动物实验只有有限的证据表明 BHT 具有致癌性，而对于人体则无数据表明 BHT 的致癌性。

14.3.1　BHT 的遗传毒性研究

BHT 不会导致枯草杆菌的 DNA 损伤。然而在一项研究中，BHT 对人工培养的中国仓鼠 V79 细胞在外源代谢系统下具有致畸性。在对沙门氏菌及成年大鼠肝上皮细胞的突变性研究中并无证据显示 BHT 对其有致突变性。因此，BHT 不具有遗传毒性。

BHT 的遗传毒性研究如表 14-3(Williams et al., 1999)所示。

表 14-3　BHT 的遗传毒性研究

终点指示	结果		
	体内	体外	
		未活化	活化
• DNA 相互作用			
DNA 加合物形成			
F344 系大鼠前胃，胃 DNA 加合物	—[1]	NA[2]	NA
DNA 损伤			
小牛胸腺 DNA　DNA 结合	NA	ND[3]	—
小牛胸腺 DNA　DNA 结合	NA	ND	—
人体支气管细胞 DNA 结合	NA	—	ND
Sprague-Dawley 雄性大鼠 DNA　DNA 结合	—	NA	NA
枯草芽孢杆菌 rec＋／－DNA 结合	NA	—	ND
姐妹染色体单体交换 CHO 细胞	NA	—	—
DNA 链断裂及修复			
F344 系大鼠肝细胞原始培养	NA	ND	—
人体淋巴细胞　DNA 修复	NA		ND
人体皮肤成纤维细胞 DNA 修复	NA		ND
中国仓鼠 V79　DNA 修复	NA		ND
• 诱变性试验			
可逆突变			
鼠伤寒沙门氏菌 TA98,100,1537,1538	NA	—	ND

续表

终点指示	结果		
	体内	体 外	
		未活化	活化
鼠伤寒沙门氏菌 TA98,100	NA	ND	+[4]
鼠伤寒沙门氏菌 TA100	NA	—	ND
鼠伤寒沙门氏菌 TA97,100,102,104	NA	—	—
鼠伤寒沙门氏菌 TA98,100,1535,1537,1538	NA	—	—
鼠伤寒沙门氏菌 TA98,100	NA	—	—
鼠伤寒沙门氏菌 TA98	NA	—	—
基因突变			
成年鼠上皮细胞 HGPRT	NA	—	ND
伴性隐性致死			
黑腹果蝇 伴性基因突变	(+)[5]		
黑腹果蝇 伴性基因突变	—	NA	NA
• 细胞遗传学试验		NA	NA
染色体畸变			
黑腹果蝇 染色体易位	(+)	NA	NA
黑腹果蝇 染色体易位(显性致死)	—	NA	NA
黑腹果蝇 染色体 丢失(X 环)	—	NA	NA
黑腹果蝇 染色体 丢失(X)	—	NA	NA
人体淋巴细胞 染色体结构畸变	NA	(–)[6]	ND
SD 雄性大鼠生殖细胞 显性致死研究	+	NA	NA
CD-1 雄性小鼠生殖细胞 显性致死研究	—	NA	NA
CD-1 雄性小鼠生殖细胞 可遗传易位试验	—	NA	NA

1 “—” 代表阴性结果；2 “NA” 代表不适用；3 “ND” 代表试验未做；4 “+” 代表阳性结果；5 “(+)”表明弱阳性结果；6 “(–)”表示在阴性对照中的高畸变数量

14.3.2　BHT 的致癌性研究

在一项对小鼠的研究中，发现给药组与对照组间在癌瘤发生率上并无不同。而在另一项对小鼠的研究中，7500ppm 剂量的 BHT 会增加小鼠肺癌的发生率。Olsen 等(1983)对 Wistar 大鼠做了研究，从大鼠出生前即开始 BHT 的给药，持续 114 周。F_0 代大鼠交配前持续 13 周给药，分 0ppm、375ppm、1500ppm、7500ppm 4 个剂量组。交配后，F_0 代雄性鼠及断奶后 F_0 代雌性鼠从研究中被排除。断奶后，

F_1 代鼠继续同等剂量给药，由于考虑到在 F_0 代雌性鼠最高剂量组出现肾中毒现象，将 F_1 代鼠的最高剂量降低为 3750ppm。结果表明，3750ppm 剂量的 BHT 不会增加雄性及雌性鼠良性肝细胞腺瘤，仅能增加雄性鼠肝细胞癌。在这项研究中，断奶期间高剂量组的幼鼠体重下降了 41% (Olsen et al.,1983)。

BHT 的致癌性研究如表 14-4 所示。

表 14-4　口服(饮食)BHT 的慢性研究结果

种类	每组性别及个数	剂量/ppm	持续时间/个月	结果(肿瘤的发生率)
BALB/c 小鼠	雄 50	7500	18	问题同上一个表，并且应该加表注说明 64%
		对照	18	肺腺肿瘤，12.5%网状细胞肉瘤
BALB/c 小鼠	雄 100，雌 50	7500	18	24%肺腺肿瘤，56%网状细胞肉瘤
$B6C3F_1$ 小鼠	雄 50，雌 50	6000	25	未观察到肺腺肿瘤及网状细胞肉瘤
		3000	25	雄 35%雌 14%肺泡肿瘤/支气管肿瘤
		对照	25	雄 42%雌 35%肺泡肿瘤/支气管肿瘤
$B6C3F_1$ 小鼠	雄 51，雌 52	5000	23	雄 35%雌 5%肺泡肿瘤/支气管肿瘤
		1000	23	未观察到剂量相关肿瘤
		200	23	
Wistar 大鼠	雄 15，雌 15	10 000	24	
		8000	24	未观察到剂量相关肿瘤
		5000	24	
		2000	24	
F344 系大鼠	雄 50，雌 50	6000	25	
		3000	25	未观察到剂量相关肿瘤
Wistar 大鼠	雄 57，雌 57	10 000	24	雌 3%脑垂体腺瘤，雌 7%脑垂体癌
		2500	24	雌 6%脑垂体腺瘤，雌 3%脑垂体癌
		对照	24	雌 0%脑垂体腺瘤，雌 3%脑垂体癌
Wistar 大鼠 [1]	雄 100，雌 100	3750	25	雄 18%雌 12%肝细胞腺瘤，雄 8%雌 2%肝癌
		1500	25	雄 5%雌 6%肝细胞腺瘤，雄 1%雌 0%肝癌
		375	25	雄 1%雌 3%肝细胞腺瘤，雄 0%雌 0%肝癌
		对照	25	雄 1%雌 2%肝细胞腺瘤，雄 1%雌 0%肝癌

Søndergaard 和 Olsen (1982)研究证明，BHT 在较高的浓度下，对小鼠甲状腺碘的吸收无影响。因而，以上数据并未提供一个确信证据显示 BHT 对大鼠及小鼠具有致癌性。基于这些考虑，联合国粮食及农业组织与世界卫生组织下的

食品添加剂联合专家委员会(JECFA)将 BHT 列为对人类无任何癌症危害的食品添加剂。

14.4　叔丁基对苯二酚(TBHQ)

我国国标 GB 2670—1996 规定 TBHQ 可用于食用油脂、油炸食品、干鱼制品、饼干、方便面、速煮米、干果罐头、腌制肉制品，最大使用量为 0.2g/kg。

TBHQ 其代谢产物为叔丁基苯醌(TBQ)(其化学结构请见图 14-1)。研究发现，尽管 TBHQ 对大鼠及小鼠无致癌性，但高剂量(400μmol/kg 体重)的谷胱甘肽与 TBHQ 的结合物(尿道代谢物)对肾及膀胱仍具有毒性。TBHQ 对中国仓鼠 V79 具有弱的遗传毒性，TBQ 对 V79 细胞有细胞毒性而无遗传毒性。TBHQ 不会导致 F344 系雄性大鼠前胃上皮细胞的 DNA 损伤，而低浓度的 TBQ 则会诱导 DNA 损伤。

Okubo 等(2003)对 TBHQ 及其代谢物 TBQ 进行了体外毒性研究。实验采用人体单核白血病 U937 细胞。RPMI1640 培养基中加入 10%(*V/V*)的牛犊血清，抗生素、庆大霉素硫酸盐、卡那霉素各 100μg/ml，二氧化碳浓度低于 5%, 温度 37℃。实验分析包括 TBHQ 及 TBQ 的细胞毒性、细胞的形态、线粒体膜势能、半胱氨酸蛋白酶(caspase)的酶活性、多腺苷二磷酸核糖聚合酶(PARP)的分裂、procaspase-3 及 procaspase -7 的活化，以及谷胱甘肽或乙酰半胱氨酸对于 caspase-3 或 caspase-7 活性的作用，细胞内的谷胱甘肽水平，细胞色素 C 从线粒体到细胞溶质的释放，细胞内的 ATP 水平。结果表明，TBHQ 与 TBQ 都会诱导细胞毒性，两种化合物都会诱导线粒体膜势能降低，伴随着细胞液泡形成及线粒体结构的瓦解，线粒体细胞色素 C 释放, caspase 活化，PARP 分裂及细胞内的 GSH 及 ATP 减少。

Sakai 和 Teshima(2001)在另一项研究中发现 TBHQ 不能促进 BALB/3T3 细胞的变形，并且不能诱导钙离子浓度的提高。

Nakagawa(1996)发现 TBHQ 具有急性毒性，并伴随细胞内 ATP、谷胱甘肽的损耗，并且发现线粒体的呼吸系统是 TBHQ 作用的一个重要目标。

由于 TBHQ 可以通过自动氧化转化为 TBQ，因而一种假设认为目前观察到的 TBHQ 的作用是 TBQ 引起的，TBHQ 本身不会引起作用。

JECFA 认为 TBHQ 作为食品添加剂在体内不具有毒性。

14.5　没食子酸丙酯(PG)

没食子酸丙酯(PG)(其化学结构请见图 14-1)也是比较常用的油溶性抗氧化剂。按我国食品添加剂使用卫生标准(GB 2760-2014)，没食子酸丙酯及其制剂适用于油脂、油炸食品、干鱼制品、饼干、速煮面、速煮粥、干制食品、果仁罐头、腌制肉制品等，最大使用量为 0.1g/kg。与其他抗氧化剂复配使用时，PG 不得超过 0.05g/kg。

研究发现，没食子酸丙酯可以抑制呼吸作用及核酸合成，并降低肝微粒水解酶及脱甲基酶活性，从而抑制微生物生长。同时它还可以抑制氧化还原酶的活性。Nakagawa 等(1996)发现 PG 而不是其代谢物对分离的肝细胞具有毒性。另外，PG 诱导的细胞毒性与线粒体呼吸作用的抑制相关，而与细胞内蛋白质硫醇及谷胱甘肽的减少相关性较小。之后，Nakagawa 等对 PG 的毒性做了进一步研究。实验采用 F334 系雄性大鼠肝细胞。

如表 14-5 所示，果糖激酶催化果糖生成果糖-1-磷酸，并伴随 ATP 的消耗，因而实验中果糖可以明显地降低 ATP 的含量。事实上，尽管高浓度的果糖导致细胞内 ATP 的水平初始时快速地损失，但果糖在大于或等于 5mmol/L 时会保护 PG 诱导的肝细胞毒性。

表 14-5　果糖对 PG 诱导的分离大鼠肝细胞毒性的作用

处理		细胞死亡率/%	细胞出泡率/%	ATP/(nmol/10^6细胞)
果糖/(mmol/L)	PG/(mmol/L)			
0		17.8±3.7*	3.9±1.2*	15.3±1.0*
0	1.5	76.5±4.9	17.7±2.9	1.1±0.3
0.5	1.5	70.3±3.9	28.7±7.0*	2.3±0.7*
1.0	1.5	65.1±8.6	29.7±3.7*	3.4±0.7*
5.0	1.5	23.6±3.0*	31.2±1.8*	7.0±0.6*
10.0	1.5	22.0±3.1*	24.4±4.6*	6.6±0.7*
15.0	1.5	21.6±4.6*	22.6±3.8	6.3±1.1*
20.0	1.5	19.5±9.3*	18.4±1.6	5.3±1.0*

* 代表数据与未加入果糖的 PG 诱导组明显不同

研究发现，PG 诱导的细胞毒性取决于细胞内的能量状况，并且得出线粒体是 PG 的关键目标。另外，PG 通过抑制线粒体 ATP 合成而诱导的毒性与 PG 在细胞悬浮液中的浓度有关。PG 在分离的大鼠肝细胞中导致急性细胞死亡，并导致细胞内 ATP 水平降低，如图 14-2～图 14-4 所示。

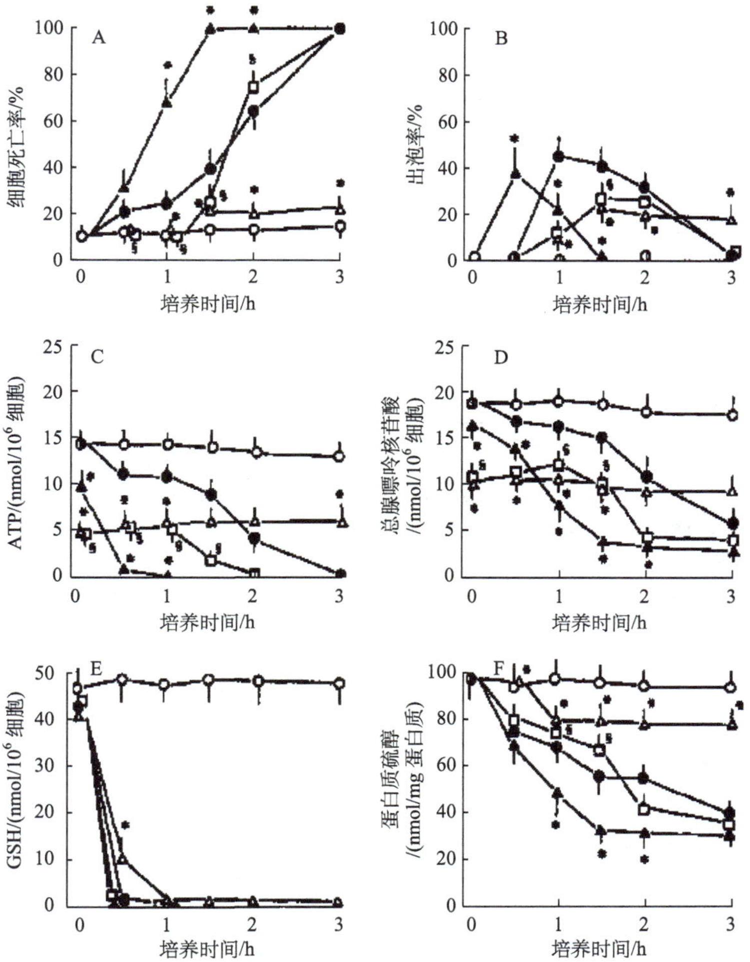

图 14-2　果糖及叠氮化钠对 PG 诱导的从禁食大鼠分离的肝细胞毒性的作用

细胞毒性分别用细胞死亡率(cell death)(A)、出泡率(blebbing)(B)、细胞内 ATP 水平(levels of intracellular ATP)(C)、总腺嘌呤核苷酸(total adenine nucleotides)(D)、谷胱甘肽(GSH)(E)及蛋白质硫醇(protein thiol)(F)指示。新鲜分离肝细胞 37℃下在 Kreb- Henseleit 缓冲液中培养(incubation)。各种处理方法：无任何添加物，(○)；只添加 PG，(●)；添加果糖及 PG，(△)；添加叠氮化钠及 PG，(▲)；添加果糖、叠氮化钠及 PG(□)。*表示只添加 PG 组与添加果糖及 PG 或者添加叠氮化钠及 PG 组结果明显不同。§ 表示添加叠氮化钠及 PG 组与添加果糖、叠氮化钠及 PG 组结果明显不同

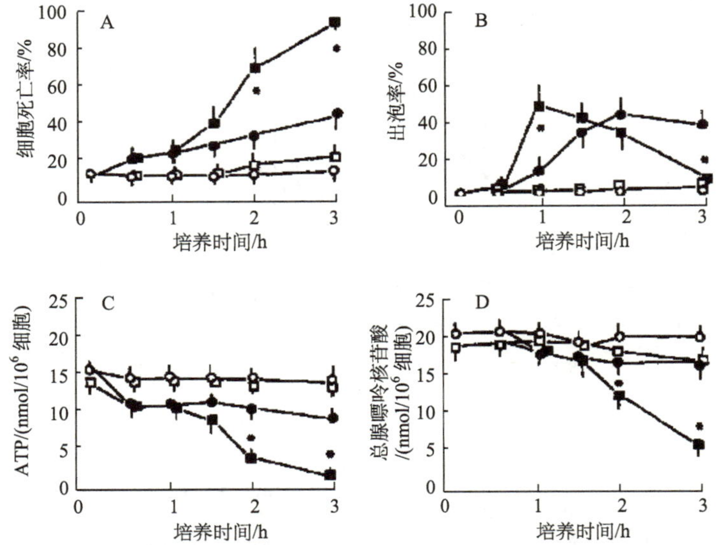

图 14-3　营养状况对 PG 诱导的细胞毒性的作用

细胞毒性分别由细胞死亡率（cell death）(A)、出泡率(blebbing)(B)、细胞内 ATP 水平（levels of intracellular ATP）(C)及总腺嘌呤核苷酸(total adenine nucleotides)(D)指示。肝细胞 37℃下在 Kreb-Henseleit 缓冲液中培养(incubation)。各种处理方法：喂食大鼠的未处理肝细胞，(○)；添加 PG 的喂食大鼠的肝细胞，(●)；禁食大鼠的未处理肝细胞，(□)；添加 PG 的禁食大鼠的肝细胞，(■)。*表示添加 PG 的喂食大鼠组的肝细胞与添加 PG 的禁食大鼠组的肝细胞结果明显不同

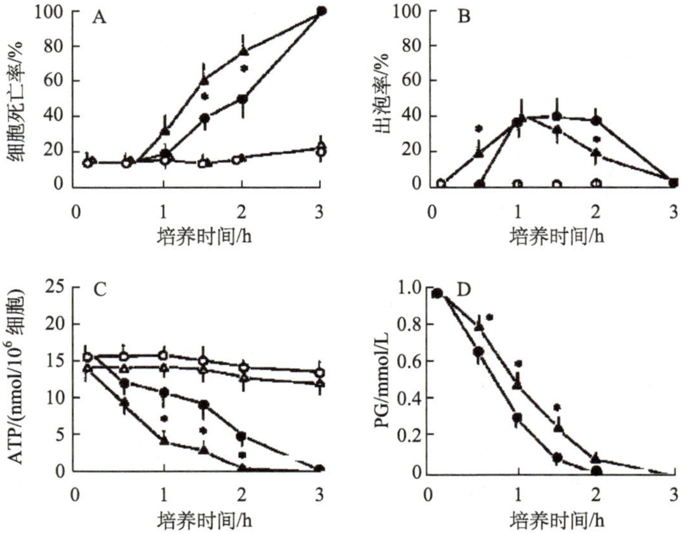

图 14-4　水杨酰胺对 PG 诱导的从禁食大鼠分离的肝细胞毒性作用

细胞毒性分别由细胞死亡率(cell death)(A)、出泡率(blebbing)(B)、细胞内 ATP 水平(levels of intracellular ATP)(C)及 PG(D)指示。肝细胞 37℃下在 Kreb-Henseleit 缓冲液中培养(incubation)。各种处理方法：无任何添加物，(○)；添加 2mmol/L 的水杨酰胺，(△)；添加 1mmol/L 的 PG，(●)；添加 2mmol/L 的水杨酰胺及 1mmol/L 的 PG，(▲)。*表示添加 PG 组与添加水杨酰胺及 PG 组结果明显不同

14.6　乙氧基奎宁

乙氧基奎宁(其化学结构请见图 14-1)广泛应用于动物饲料中。

实验发现，乙氧基奎宁对大鼠肾脏有害处，并且乳头末端为作用位点。有趣的是，乙氧基奎宁的肾脏毒性具有性别差异。在 24 周高剂量的给药后，F344 系雄性鼠更易导致乳头严重坏死，而雌性鼠只表现轻微的乳头毒性。Neal 等(2003)对乙氧基奎宁诱导的肾脏毒性的性别差异进行了研究。首先剂量—反应研究显示，乙氧基奎宁剂量在 0.25%～0.5%内，对雄性鼠的肾脏乳头毒性作用阈值很窄。

0.5%剂量的乙氧基奎宁作用于雄性鼠及雌性鼠，都会诱导清蛋白水平的提高，但是雄性鼠的乳头坏死更为明显。雄性鼠的窄阈值显示了乙氧基奎宁的致毒与脱毒的新陈代谢的平衡。

另外，研究发现，乙氧基奎宁对 TA88 及 TA100 鼠伤寒沙门氏菌无诱导突变性，但它可以增大 2′, 3 -二甲基-4-氨基联苯(DMAB)的诱导突变活性。乙氧基奎宁在大鼠及小鼠中的主要代谢产物有区别：小鼠产生更多的葡糖苷酸，然而大鼠中产生较多的硫酸盐代谢物。Blaszczyk 等(2003)对乙氧基奎宁的染色体畸变诱导作用进行了研究。实验采用培养的人体淋巴细胞，细胞来自于 3 位健康女性。乙氧基奎宁通过 3 种方式加入细胞当中：淋巴细胞在初始培养 48h 后，加入乙氧基奎宁作用 3h；淋巴细胞在培养中的前 24h 不断加入乙氧基奎宁；淋巴细胞在初始培养 48h 后，加入 S9 混合物与乙氧基奎宁作用 2h。其中 S9 混合溶液由 0.8ml S9(由 Aroclor 1254 灌喂的大鼠肝脏获得)与 0.2ml 0.2mol/L 的葡萄糖-6-磷酸、0.2ml 0.2mol/L 的烟酰胺腺嘌呤二核苷酸(NADP)、0.2ml 1.65mol/L 的氯化钾(KCl)、0.2ml 0.4mol/L 的氯化镁($MgCl_2$)、5ml 0.2mol/L 的磷酸盐缓冲液(pH7.4)及 3.15ml 的蒸馏水混合而成。

第一种给药方式的结果如表 14-6 (Blaszczyk et al.，2003) 所示。表 14-6 表明，只有高剂量的乙氧基奎宁能明显地抑制淋巴细胞的分裂。乙氧基奎宁在浓度为 0.5mmol/L 时具有最强的细胞毒性作用。在两个捐赠者中淋巴细胞的有丝分裂指数减少了 50%，而另一个捐赠者的淋巴细胞中在乙氧基奎宁 0.5mmol/L 时也没有发现中期(细胞核的有丝分裂和减数分裂阶段，发生于前期之后和后期之前，在此期间内染色体在中期板平面上定向排列)。染色体畸变研究表明，乙氧基奎宁诱导的畸变主要发生在染色单体类型方面。在 3 个捐赠者的淋巴细胞中，都观察到了非典型的易位染色体。

表 14-6　乙氧基奎宁(作用 3h)诱导培养的人体淋巴细胞(未加入 S9 混合物)所诱导的染色体畸变

捐赠人编号	乙氧基奎宁剂量/(mmol/L)	刮伤的细胞数量	有丝分裂指数/%	非正常细胞百分率(%)		染色体结构畸变数								结构畸变率	多倍体
				包括间隙	不包括间隙	A	B	C	D	E	F	G	总量		
1	0	150	8.1	2.0	2.0	1	2	0	0	0	0	0	3	0.020	0
1	ET	150	7.8	2.0	2.0	2	1	0	0	0	0	0	3	0.020	0
1	0.01	150	9.1	2.0	1.3	0	1	0	1	1	0	0	3	0.020	1
1	0.025	150	8.0	4.0	2.0	2	0	0	1	3	0	0	6	0.040	2
1	0.05	150	8.8	3.3	3.3	0	3	1	0	0	0	1	5	0.033	4
1	0.1	150	4.9*	3.3	3.3	1	2	0	0	3	0	0	6	0.040	3
1	0.25	150	6.1	6.0	3.3	3	5	0	1	0	0	0	9	0.060	5
1	0.5	n.m.[a]													
2	0	150	7.6	0.7	0.0	1	0	0	0	0	0	0	1	0.007	0
2	ET	150	6.4	1.3	0.7	1	1	0	0	0	0	0	2	0.013	0
2	0.01	150	6.0	4.0	3.3	1	3	0	0	1	0	1	6	0.040	2
2	0.025	150	7.8	2.0	0.7	1	0	0	1	1	0	0	3	0.020	5
2	0.05	150	5.7	2.0	2.0	0	2	0	0	1	0	0	3	0.020	3
2	0.1	150	5.2	1.3	0.7	1	1	0	0	0	0	0	2	0.013	3
2	0.25	150	6.0	3.3	2.7	1	2	0	0	1	0	1	5	0.033	3
2	0.5	130	3.2*	2.3	0.8	2	1	0	0	0	0	0	3	0.023	3
3	0	150	6.5	1.3	0.7	1	1	0	0	0	0	0	2	0.013	0
3	ET	150	6.2	1.3	0.7	1	1	0	0	0	0	0	2	0.013	0
3	0.01	150	6.1	2.0	1.3	1	2	0	0	0	0	0	3	0.020	0
3	0.025	150	5.8	2.7	2.0	1	2	0	0	1	0	0	4	0.027	0
3	0.05	150	5.5	3.3	2.0	2	2	0	0	1	0	0	5	0.033	0
3	0.1	150	4.9	4.0	2.7	2	2	0	0	2	0	0	6	0.040	0
3	0.25	150	5.1	3.3	2.7	1	2	0	0	1	0	1	5	0.033	0
3	0.5	140	3.4*	2.1	1.4	1	1	0	0	1	0	0	3	0.021	0

注：A，染色单体间隙；B，染色单体断裂；C，染色单体交换；D，染色体间隙；E，染色体断裂；F，具双着丝粒；G，非典型易位染色体；ET，乙醇

a　n.m.表示未观察到中期染色体

*　与各自的对照组明显不同

第二种给药方式的结果如表 14-7 所示。表 14-7 也显示了乙氧基奎宁的细胞毒性。乙氧基奎宁在 0.25mmol/L 时，淋巴细胞的有丝分裂指数减少超过 50%，

而在 0.5mmol/L 时，完全抑制了分裂中期。染色单体的断裂及间隙是畸变的主要形式，但同时也观察到了具有双着丝粒的及非典型的易位染色体(Blaszczyk et al., 2003)。

表 14-7 乙氧基奎宁(作用 24h)诱导培养的人体淋巴细胞(未加入 S9 混合物)所诱导的染色体畸变

捐赠人编号	乙氧基奎宁剂量/(mmol/L)	刮伤的细胞数量	有丝分裂指数/%	非正常细胞百分率/%		染色体结构畸变数								结构畸变率	多倍体
				包括间隙	不包括间隙	A	B	C	D	E	F	G	总量		
1	0	150	7.1	0.0	0.0	0	0	0	0	0	0	0	0	0	0
1	ET	150	7.3	0.0	0.0	0	0	0	0	0	0	0	0	0	0
1	0.01	150	6.7	0.7	0.7	0	1	0	0	0	0	0	0	0.007	1
1	0.025	150	6.8	2.0	1.3	0	2	0	1	0	0	0	3	0.020	1
1	0.05	150	6.2	2.0	0.7	1	1	0	1	0	0	0	3	0.020	1
1	0.1	150	6.0	1.3	0.7	1	1	0	0	0	0	0	2	0.013	1
1	0.25	135	3.0*	5.2*	3.7*	1	2	0	1	3	0	0	7	0.052*	4
1	0.5	n.m.[a]													
1	ME	150	6.8	22.7*	20.0*	8	17	2	1	8	0	0	36	0.240*	1
2	0	150	12.0	1.0	0.0	1	0	0	0	0	0	0	1	0.010	4
2	ET	150	11.6	1.3	0.7	1	1	0	0	0	0	0	2	0.013	1
2	0.01	150	10.0	2.7	2.7	0	3	0	0	0	0	1	4	0.026	3
2	0.025	150	11.5	0.7	0.7	0	1	0	0	0	0	0	1	0.007	2
2	0.05	150	11.5	3.3	2.7	1	2	0	0	1	1	0	5	0.033	3
2	0.1	150	9.2	4.7	4.0	1	6	0	0	0	3	0	10	0.067*	1
2	0.25	0[b]	4.5*												
2	0.5	n.m.[a]													
2	ME	150	11.5	20.0*	12.7*	10	10	2	3	7	0	0	32	0.427*	0
3	0	150	5.9	2.0	0.7	2	1	0	0	0	0	0	3	0.020	0
3	ET	150	5.8	2.0	1.3	1	2	0	0	0	0	0	3	0.020	0
3	0.01	150	5.3	2.7	2.0	1	2	0	0	0	0	1	4	0.030	1
3	0.025	150	6.1	4.7	2.0	4	3	0	0	0	0	0	7	0.047	1
3	0.05	150	5.0	6.7*	6.0*	1	7	0	0	5	0	0	13	0.087*	1
3	0.1	150	6.0	7.3*	6.0*	2	6	0	0	6	0	0	14	0.093*	1
3	0.25	0	2.9*												
3	0.5	n.m.[a]													
3	ME	150	6.8	28.7*	16.0*	13	10	6	6	8	0	0	43	0.287*	1

注：A，染色单体间隙；B，染色单体断裂；C，染色单体交换；D，染色体间隙；E，染色体断裂；F，具双着丝粒；G，非典型易位染色体；ET，乙醇；ME，二氯甲基二乙胺(0.0001mmol/L，阳性对照)

a n.m.表示未观察到中期染色体

* 与各自的对照组明显不同

第三种给药方式的结果如表 14-8 所示。表 14-8 中染色体有丝分裂指数分析说明，如果淋巴细胞的培养基中加入 S9 混合物，乙氧基奎宁的细胞毒性就会降

表 14-8　乙氧基奎宁诱导培养的人体淋巴细胞(加入 S9 混合物)所诱导的染色体畸变

捐赠人编号	乙氧基奎宁剂量/(mmol/L)	刮伤的细胞数量	有丝分裂指数/%	非正常细胞百分率/%		染色体结构畸变数								结构畸变率	多倍体
				包括间隙	不包括间隙	A	B	C	D	E	F	G	总量		
1	0	150	7.0	1.3	1.3	1	1	0	0	0	0	0	2	0.013	0
1	S9	150	4.6	1.3	1.3	1	1	0	0	0	0	0	2	0.013	0
1	ET+S9	150	4.8	2.7	2.0	1	3	0	0	0	0	0	4	0.027	0
1	0.01	150	4.5	2.7	2.7	0	4	0	0	0	0	0	4	0.027	2
1	0.025	150	4.2	8.7*	4.7	4	3	0	2	3	0	1	13	0.087*	1
1	0.05	40	3.0	7.5	5.0	1	2	0	0	0	0	0	3	0.075	0
1	0.1	150	6.0	4.7	4.7	0	3	0	0	2	0	0	7	0.047	1
1	0.25	150	3.0	10.7*	4.0	7	5	0	3	0	0	1	16	0.107*	1
1	0.5	150	2.8*	10.0*	5.3	6	6	0	1	1	0	1	15	0.100*	1
1	CP	150	5.5	33.3*	30.7*	2	33	1	2	7	0	0	58	0.387*	0
2	0	150	7.7	0.7	0.7	0	1	0	0	0	0	0	1	0.007	0
2	S9	150	8.8	1.3	0.7	1	1	0	0	0	0	0	2	0.013	0
2	ET+S9	150	7.3	1.3	1.3	0	2	0	0	0	0	0	2	0.013	2
2	0.01	150	6.8	3.3	3.3	1	2	0	0	1	3	0	7	0.047	0
2	0.025	150	6.2	2.0	2.0	0	2	0	0	0	0	1	3	0.020	2
2	0.05	150	8.2	1.3	1.3	0	2	0	0	0	0	0	2	0.013	1
2	0.1	150	7.7	1.3	1.3	0	2	0	0	0	0	0	2	0.013	2
2	0.25	150	6.3	4.0	2.0	3	3	0	0	0	0	0	6	0.040	1
2	0.5	150	3.9*	15.3*	13.3*	3	14	0	0	4	1	1	23	0.153*	0
2	CP	150	8.9	31.3*	28.0*	6	42	0	3	1	0	0	52	0.393*	0
3	0	150	4.5	2.0	0	2	0	0	0	0	0	0	2	0.020	0
3	S9	150	3.6	2.0	1.3	1	2	0	0	0	0	0	3	0.020	0
3	ET+S9	150	3.2	2.0	1.3	1	2	0	0	0	0	0	3	0.020	0
3	0.01	150	3.0	2.0	2.0	0	3	0	0	1	0	0	3	0.020	1
3	0.025	150	4.0	10.0*	5.3	8	6	0	2	2	0	2	20	0.133*	2
3	0.05	150	3.3	10.7*	5.3	7	4	1	0	3	0	1	16	0.107*	1
3	0.1	150	4.0	3.3	2.0	2	3	0	0	0	0	0	5	0.033	0
3	0.25	150	2.8	12.5*	7.5*	4	10	0	2	3	0	1	20	0.167*	0
3	0.5	0	3.1												
3	CP	150	4.6	34.7*	32.7*	1	30	12	2	9	0	0	54	0.360*	

注：A，染色单体间隙；B，染色单体断裂；C，染色单体交换；D，染色体间隙；E，染色体断裂；F，具双着丝粒；G，非典型易位染色体；S9，S9 对照组；ET+S9，乙醇与 S9 对照组；CP，环磷酰胺(0.02mmol/L，阳性对照)

* 与各自的对照组明显不同

低。对于所有的捐赠者，在乙氧基奎宁高剂量时也可以观察到有丝分裂指数的减少。染色单体的断裂及间隙是畸变的主要形式，同时也观察到了具有双着丝粒的及非典型的易位染色体，以及一个染色单体的交换(Blaszczyk et al.，2003)。

该染色体畸变研究表明，乙氧基奎宁可以诱导染色体畸变：间隙、断裂及具有双着丝粒的及非典型的易位染色体。

14.7　番茄红素

番茄红素(lycopene)（其化学结构请见图 14-1）属胡萝卜素类抗氧化剂。天然的番茄红素本身并不具有毒性，反而其癌症防治效果很好，研究表明，番茄红素可以防止前列腺癌、乳腺癌及消化道癌的发生。

这里主要讨论的是合成番茄红素。合成番茄红素包括 Lycopene 10 Cold Water Dispersion(CWD, 番茄红素冷水分数)及 Lyco Vit 10%。这些产品可作为营养添加剂加到早餐谷物、水果饮料、低脂调味品、咸快餐、酸奶酪、饼干等中，以增加番茄红素的摄入量。

Mellert 等(2002)对合成番茄红素的安全性进行了研究。试验采用 Wistar 大鼠，饲养条件：有空调间，温度 20～24℃，相对湿度 30%～70%。Lycopene CWD 的给药量分 0mg/(kg·d)、500 mg/(kg·d)、1500 mg/(kg·d)、3000 mg/(kg·d)4 个水平，持续 13 周；Lyco Vit 10%、Lycopene CWD 及 Lyco Vit 各自的配方基质给药量都为 3000mg/(kg·d)，持续 13 周。Lycopene CWD 的配方基质为鱼胶 30%～35%，干燥葡萄糖浆 50%~65%，水 1%～6%，抗坏血酸 1%～2.5%，DL-α 生育酚 1%～2%及维生素 C 棕榈酸盐 1%～2.5%。Lyco Vit 的配方基质为玉米淀粉 20%～30%，凝胶 25%～35%，蔗糖 20%～30%，DL-α 生育酚 0.5%～2%，抗坏血酸钠 0.5%～2.5%及维生素 C 棕榈酸盐 0.1%～1.2%。试验期间，每两天检查一次药剂毒性、试验大鼠的死亡数及临床数据。并且每周要称量试验大鼠的体重以计算试验期间的体重累积。13 周后，试验大鼠将被处死，并对其进行研究。分析包括血液研究、临床化学及尿样分析、行为反应及反射测试、测眼膜曲率术等。结果发现，唯一与药剂相关的是试验大鼠粪便及胃肠道组织表面变红。他们解释为这只是合成番茄红素的着色反应，不能说是具有毒性作用。临床化学、血液研究、血凝固时间及尿样分析等显示试验动物组中无毒性相关性，也无剂量相关性。

部分实验数据如表 14-9、表 14-10 (Mellert et al.，2002)所示。

Christian 等(2003)研究了合成番茄红素对大鼠及兔子的试验性毒性(胚胎毒性/致畸性)。分析包括生存能力、体重、尸体剖检、尿样成分和血液研究等。结果发现，Lycopene 10 CWD 或 Lyco Vit 10%即使为 2000～3000mg/(kg · d)的高剂量，对兔子及大鼠也无直接毒性。

表 14-9　填喂 Lycopene CWD、Lyco Vit 或它们各自的配方基质 90 天后，大鼠的绝对体重及器官质量(单位：g)

参数	对照	Lycopene CWD 配方基质 3000mg/kg	Lycopene CWD 配方基质 500mg/kg	Lycopene CWD (配方基质) 1500mg/kg	Lycopene CWD (配方基质) 3000mg/kg	Lyco Vit 配方基质 3000mg/kg	Lyco Vit (配方基质) 3000mg/kg
雄性[a]							
最终体重	330.22±30.38	343.97±28.31	325.29±25.98	334.40±18.96	325.57±10.66	331.84±18.07	314.13±24.65
肝脏	8.15±0.61	8.94±1.12	7.88±0.70	8.11±0.54	8.32±1.37	8.26±0.81	8.24±1.48
肾	2.32±0.14	2.48±0.28	2.24±0.17	2.28±0.22	2.41±0.45	2.30±0.18	2.28±0.32
睾丸	2.90±0.94	3.33±0.30	3.22±0.26	2.72±0.78	3.11±0.71	3.26±0.31	3.02±0.71
附睾	0.97±0.26	1.12±0.06	1.06±0.01	0.94±0.21	1.01±0.20	1.08±0.12	1.04±0.17
心脏	0.99±0.06	1.07±0.08	1.01±0.11	1.00±0.08	1.01±0.078	1.01±0.09	1.01±0.08
脾脏	0.56±0.05	0.59±0.08	0.56±0.08	0.58±0.09	0.58±0.10	0.57±0.07	0.58±0.09
胸腺	0.235±0.080	0.264±0.046	0.279±0.061	0.269±0.050	0.277±0.030	0.256±0.048	0.238±0.040
脑	2.05±0.06	2.02±0.10	2.00±0.08	2.01±0.06	2.04±0.09	2.02±0.12	2.05±0.11
肾上腺	0.061±0.071	0.062±0.089	0.067±0.085	0.061±0.059	0.065±0.068	0.062±0.097	0.061±0.051
雌性[a]							
最终体重	202.04±16.72	204.58±13.85	205.26±20.02	206.44±21.54	198.49±14.93	198.55±13.03	209.46±18.03
肝脏	5.52±0.39	5.77±0.53	5.59±0.60	5.68±0.61	5.41±0.38	5.40±0.42	6.09±1.81
肾	1.61±0.13	1.59±0.16	1.58±0.12	1.61±0.14	1.52±0.12	1.55±0.06	1.73±0.28
卵巢	0.10±0.03	0.11±0.02	0.09±0.01	0.11±0.03	0.10±0.01	0.11±0.02	0.12±0.04
子宫	0.80±0.32	1.09±0.64	0.80±0.28	0.70±0.27	0.76±0.37	0.74±0.26	0.80±0.38
心脏	0.75±0.05	0.78±0.11	0.75±0.08	0.75±0.06	0.71±0.05	0.73±0.05	0.78±0.07
脾脏	0.42±0.05	0.49±0.06	0.43±0.08	0.47±0.05	0.44±0.04	0.41±0.04	0.44±0.09
胸腺	0.272±0.032	0.314±0.085	0.287±0.043	0.302±0.054	0.274±0.037	0.256±0.036	0.281±0.061
脑	1.89±0.06	1.87±0.05	1.90±0.08	1.87±0.09	1.90±0.06	1.87±0.09	1.91±0.08
肾上腺	0.080±0.008	0.081±0.008	0.079±0.011	0.086±0.010	0.074±0.008	0.074±0.008	0.079±0.016

a 给药组与对照组间无明显区别

表 14-10　填喂 Lycopene CWD、Lyco Vit 或它们各自的配方基质 13 周后，大鼠的临床化学平均值

参数	对照		Lycopene CWD 配方基质 3000mg/kg		Lycopene CWD 配方基质 500mg/kg		Lycopene CWD 配方基质 1500mg/kg		Lycopene CWD 配方基质 3000mg/kg		Lyco Vit 配方基质 3000mg/kg		Lyco Vit 配方基质 3000mg/kg	
	雄性	雌性	雄性	雌性	雄性	雌性	雄性	雌性	雄性	雌性	雄性	雌性	雄性	雌性
镁/(mmol/L)	0.92±0.06	1.01±0.06	0.89±0.05	1.04±0.07	0.87±0.03	0.98±0.06	0.98±0.06	0.97±0.07	0.86±0.03	1.01±0.10	0.95±0.20	1.01±0.10	0.9±0.07	1.01±0.06
无机磷酸盐/(mmol/L)	2.07±0.20	0.88±0.24	1.95±0.11	1.88±0.34	1.98±0.17	1.91±0.23	2.10±0.21	1.94±0.23	1.94±0.19	1.92±0.19	2.22±0.75	2.13±0.39	2.1±0.30	2.03±0.19
尿素/(mmol)	6.05±0.84	7.73±0.88	6.15±0.72	8.31±0.84	5.99±0.67	7.67±0.70	6.28±0.60	7.47±0.92	6.00±0.81	8.04±1.35	5.98±0.88	8.10±0.88	6.6±0.99	7.80±0.65
肌氨酸酐/(mmol/L)	47.0±4.6	55.1±3.8	48.1±3.0	55.7±5.9	48.7±4.5	53.9±4.5	50.4±4.7	53.8±6.4	48.7±5.0	55.7±5.3	50.5±9.3	57.2±3.4	50.0±7.8	56.9±3.9
葡萄糖/(mmol/L)	5.62±0.39	5.12±0.33	5.66±0.31	4.85±0.46	5.32±0.39	5.27±0.48	5.42±0.38	5.38±0.36	5.53±0.28	5.31±0.50	5.51±0.50	5.34±0.24	5.5±0.51	5.12±0.36
总胆红素/(mmol/L)	1.90±0.26	2.62±0.54	1.94±0.32	2.67±0.59	1.90±0.41	2.67±0.43	1.93±0.25	2.42±0.37	2.01±0.35	2.72±0.55	1.90±0.30	2.95±0.51	2.1±0.58	2.35±1.02
总蛋白/(g/L)	64.6±2.8	70.3±3.7	65.0±2.2	72.6±3.2	64.3±2.2	69.9±1.9	65.7±3.5	68.9±3.4	63.8±1.9	70.8±3.9	66.7±6.1	70.4±3.8	65.0±3.71	70.0±2.91
清蛋白/(g/L)	36.5±1.47	39.7±1.91	36.2±1.16	39.9±1.82	36.2±1.34	39.6±1.21	36.9±1.43	38.9±1.65	35.7±2.75	40.1±2.09	37.3±2.55	39.7±1.84	36.0±3.54	38.4±3.12
球蛋白/(g/L)	28.2±1.62	30.6±1.92	28.8±1.31	32.7±2.28	28.0±1.40	30.3±1.26	28.8±2.25	30.0±1.89	28.2±2.57	30.6±1.84	29.4±3.63	30.7±2.06	29.0±3.06	31.5±4.64
甘油三酯/(mmol/L)	0.50±0.12	0.34±0.03	0.46±0.12	0.39±0.07	0.48±0.19	0.37±0.09	0.49±0.09	0.37±0.07	0.69±0.33	0.39±0.07	0.51±0.13	0.33±0.07	0.6±0.43	2.0±5.1
胆固醇/(mmol/L)	1.56±0.19	1.53±0.25	1.46±0.17	1.58±0.31	1.51±0.24	1.57±0.37	1.57±0.28	1.53±0.35	1.87±1.34	1.44±0.28	1.52±0.28	1.25±0.37	2.1±1.71	2.07±2.26
丙氨酸转氨酶[a]	0.82±0.10	0.66±0.17	0.78±0.13	0.70±0.13	0.77±0.09	0.78±0.11	0.84±0.16	0.75±0.13	0.74±0.11	0.68±0.08	0.83±0.13	0.77±0.23	0.8±0.18	0.65±0.07
天冬氨酸盐转氨酶[a]	2.21±0.39	2.06±0.60	2.09±0.62	1.79±0.41	2.08±0.48	1.94±0.33	2.39±0.51	1.92±0.09	1.84±0.29	1.84±0.24	2.11±0.64	2.45±1.5	2.1±0.62	1.72±0.38
碱性磷酸酶[a]	3.78±0.58	2.07±0.45	3.93±0.68	2.51±0.58	3.36±0.42	1.95±0.53	3.68±0.54	2.18±0.96	3.43±0.65	1.84±0.52	3.52±0.80	2.11±0.75	4.1±1.2	1.97±0.85
血清-γ-谷氨酰转移酶[a]	2±3	3±5	1±2	3±6	0±1	6±10	2±5	4±7	5±8	2±3	1±2	3±6	2±4	3±4

a 单位 μKatals/L(mol 底物/s/l)

14.8 咖啡酸

研究发现，咖啡酸(其化学结构请见图 14-1)在食物中的剂量为 2%时，对 F344 系大鼠及 B6C3F1 小鼠的前胃及肾都表现出致癌性。在对 F344 系大鼠喂给 *N*-甲基-*N'*-硝基-*N*-亚硝基胍 (MUNG)后，再给 0.5%咖啡酸持续 35 周或 1%咖啡酸持续 51 周，相比于只喂给 MUNG，咖啡酸会增加前胃瘤的发生率。咖啡酸在 2%时显示致癌性，在 0.5%～1%时显示促进肿瘤活性，在 0.05%～0.5%时显示抗癌性(图 14-5 至图 14-7)。

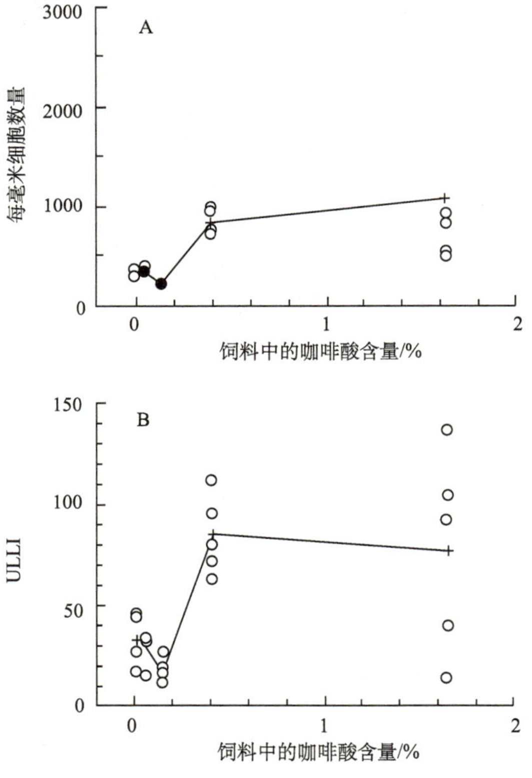

图 14-5　F344 系雄性大鼠通过喂食不同剂量咖啡酸(caffeic acid) 4 周后，前胃(forestomach)中，每毫米长度的上皮细胞数量(A)；单位长度标记指数(ULLI，每毫米长度的 5-溴-2′-脱氧尿嘧啶核苷-阳性细胞数量)

○，各剂量组大鼠；+，平均值(n=5)

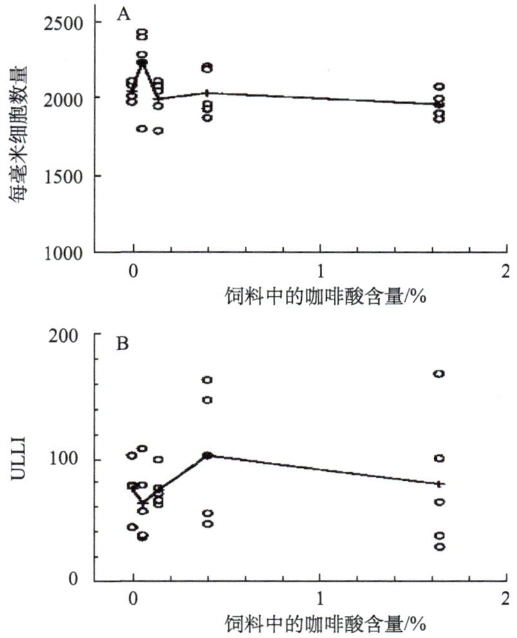

图 14-6　F344 系雄性大鼠通过喂食不同剂量咖啡酸(caffeic acid)4 周后，腺胃(glandular stomach)中，每毫米长度的细胞数量(A)；单位长度标记指数(ULLI，每毫米长度的 5-溴-2′-脱氧尿嘧啶核苷-阳性细胞数量)

○，各剂量组大鼠；+，平均值(*n*=5)

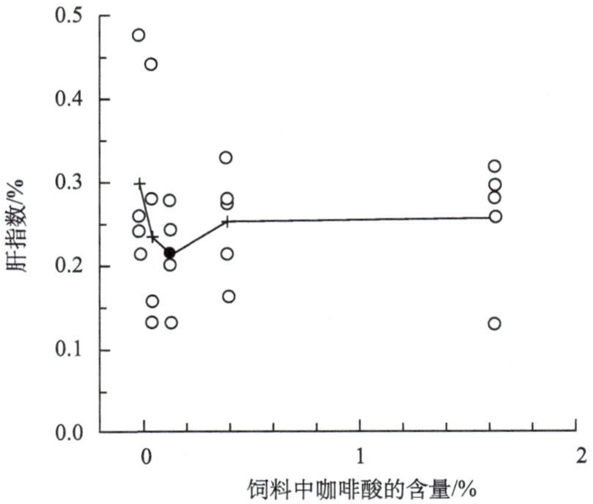

图 14-7　F344 系雄性大鼠通过喂食不同剂量咖啡酸对其肝指数的影响

Lutz 等(1997)对咖啡酸对细胞分裂促进作用的剂量—反应进行了研究。实验采用 F344 系大鼠，分 0%、0.05%、0.14%、0.40%及 1.64% 5 个剂量组。4 周后，所有大鼠将注射 5-溴-2′-脱氧尿嘧啶核苷溶液(BrdU)，2h 后用乙醚麻醉并被杀死。将胃、肝、左肾及第二厘米的十二指肠取出保存，然后进行研究。实验结果显示，前胃与肾作为目标器官具有较好的剂量相关性，而肝与腺胃两种非目标器官不具有剂量相关性。将动物肿瘤数据推测应用到人类，可得出致癌性与咖啡酸的摄入量不存在线性关系，如图 14-8 所示。

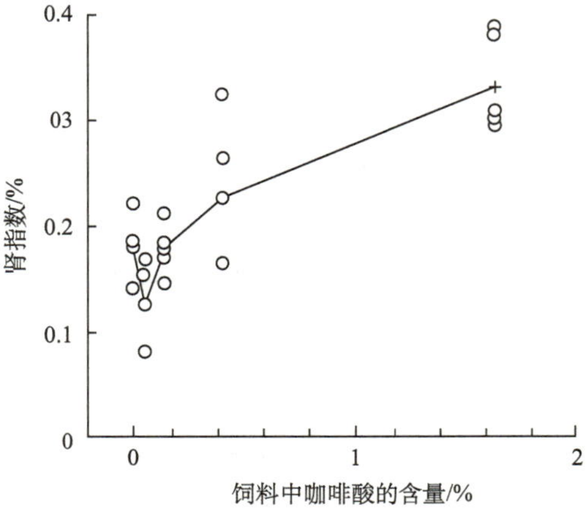

图 14-8　F344 系雄性大鼠通过喂食不同剂量咖啡酸对其肾指数的影响

14.9　去甲二氢愈创木酸(NDGA)

体内及体外研究发现，NDGA（其化学结构请见图 14-1）可以阻止人体癌瘤的生长。因而美国食品药品监督管理局（Food and Drug Administration，FDA）曾一度对 NDGA 给予肯定为 GRAS（generally regarded as safe, 即一般认为是安全的）级。还有更重要的原因就是 NDGA 是从食物中分离得到的。但是由于后来发现 NDGA 具有很强的皮肤敏感性，不久后 NDGA 又被 FDA 从 GRAS 级的食品添加剂中剔除。这也打破了“天然即安全”的错误观点。

Lambert 等(2002)对 NDGA 的肝中毒进行了研究。实验采用 balb/c 雌性小鼠，分析包括体内急性毒性、体外急性肝中毒、体内急性肝中毒，同时，对 ACC375 人体黑色素瘤细胞毒（图 14-9A），即有抗癌的活性。体内急性毒性实验显示 NDGA 的 LD_{50}（半数致死剂量）为 75mg/kg。与对照组相比，NDGA 导致小鼠体重明显减少。并且在 NDGA 剂量达到 100～500mg 时，30h 即导致 100%的死亡率。体外肝中毒研究显示分离的肝细胞比人体黑色素瘤（melanoma）细胞更易受到 NDGA 作用，尤其是浓度高于 50μmol/L 时，其差别迅速加大，如图 14-9A

所示。这个研究结果说明 NDGA 又杀死癌瘤的功能，但同时杀死正常肝细胞的作用更强，所以，这个也作为 NDGA 不能作为食品抗氧化剂的主要原因。体内急性肝中毒研究显示 NDGA 可以增加小鼠血清的丙氨酸转氨酶水平。由图 14-9B (Lambert et al.，2002)可知，在 100mg/kg 剂量的 NDGA 作用下，约 16h 后，血清丙氨酸转氨酶水平持续快速增长，24h 左右最大可达到对照组的 50 倍。表明 NDGA 对肝具有毒性。

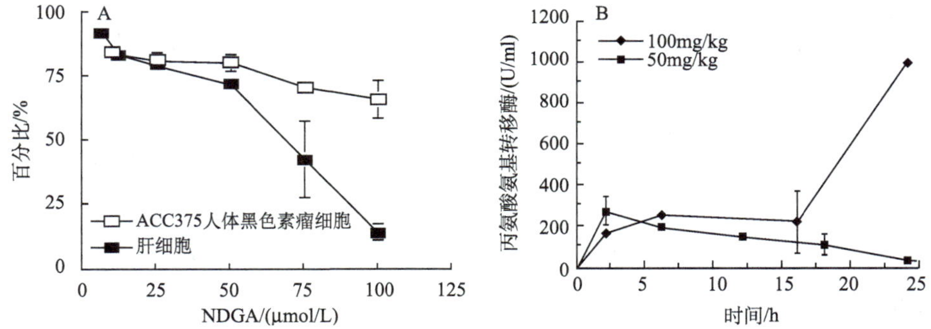

图 14-9　A：NDGA 对 bal b/c 小鼠肝细胞的(hepatocyte)与 ACC375 人体黑色素瘤细胞(melanoma)毒性的体外研究；B：NDGA 对分离的 bal b/c 小鼠肝细胞。受试小鼠的给药剂量为 50mg/kg 或 100 mg/kg 的体外细胞毒性比较

14.10　维生素 E

维生素 E 又称生育酚(其化学结构请见图 14-1)，作为食品抗氧化剂具有沸点高、热稳定好的优点，适用于方便面、人造奶油、奶粉等，特别适用于各种功能保健食品如婴幼儿、孕妇营养强化食品等。

此外，维生素 E 还具有医药作用，如抗癌、预防老年病、预防妇女病、增加机体免疫功能、延缓人体衰老、预防和治疗心血管疾病等。

然而，有研究发现生育三烯酚可造成体内及体外血胆固醇过少。血浆中胆固醇提高可能导致动脉粥样硬化，因而生育三烯酚(其化学结构请见图 14-1)的加入可能起到预防或治疗作用。但是其安全性也应首先得到认可。

Nakamura 等(2001)对生育三烯酚作了安全性评价。实验采用 F344/DuCrj 系大鼠，饲养条件：温度(24±1)℃，相对湿度 55%±5%，通风频率 18 次/h。实验采用的生育三烯酚从生育酚中分离，但由于分离有限，生育三烯酚为混合物：α-生育三烯酚 21.4%，β-生育三烯酚 3.5%，γ-生育三烯酚 36.5%，δ-生育三烯酚 8.6%，α-生育酚 20.5%，β-生育酚 0.7%，γ-生育酚 1.0%，δ-生育酚 0.5%。生育三烯酚的剂量分 4 组：0%、0.19%、0.75%、3%。由于该实验中所使用的生育三烯酚中含有生育酚，因而增加第五组剂量 α-生育酚 0.69%，与生育三烯酚 3%高剂量组中的生育酚含量相同，以评定生育酚本身的影响。分析包括体重、摄入量、血液学及血清生物化学数据(称为生化指标)，器官(包括脑、心、肝、肾等)质量等。血液研究发现，所有给药雄性鼠(不包括第五组)的平均红细胞容积降低，在第三组与第四组中雄性鼠的血小板明显减少。在第三组与第四组中雌性鼠的白蛋白/球蛋白上升，碱性磷酸酶上升，肾上腺质量增加。研究中未观察到毒性作用水平(NOEL)的最大剂量，因而推测生育三烯酚不具有毒性。实验部分数据如表 14-11，表 14-12 和表 14-13 所示。

表 14-11　F344 系雄性大鼠喂食生育三烯酚 13 周，血液学及血清生物化学数据

项目	生育三烯酚				生育酚
	组 1(0%)	组 2(0.19%)	组 3(0.75%)	组 4(3%)	组 5(0.69%)
红细胞数/(10^4/μl)	920.3±35.0	912.4±23.4	901.7±31.7	916.9±61.7	926.1±19.6
血红蛋白浓度/(g/dl)	15.2±0.5	15.0±0.3	14.7±0.5	14.8±1.0	15.3±0.4
红细胞压积/%	44.3±1.7	43.4±1.1	42.5±1.4	43.3±3.0	44.6±1.0
平均红细胞容积/(FL)	48.1±0.3	47.6±0.5	47.1±0.3	47.2±0.5	48.2±0.4
平均红细胞血红蛋白含量/pg	16.5±0.4	16.4±0.2	16.3±0.1	16.1±0.1	16.5±0.2
平均红细胞血红蛋白浓度/(g/dl)	34.3±0.9	34.6±0.3	34.6±0.4	34.1±0.3	34.3±0.3
血小板/(10^4/μl)	76.8±3.7	75.6±4.0	71.3±3.6	68.7±5.6	74.4±5.1
白细胞数/(10^2/μl)	36.1±6.7	42.2±4.7	36.5±4.4	44.0±9.8	40.6±6.8
杆状白细胞/%	0.3±0.4	0.1±0.2	0	0.1±0.2	0.3±0.3
分叶白细胞/%	19.3±3.3	21.5±2.8	21.4±4.1	21.3±5.4	22.2±4.2
嗜酸性白细胞/%	1.1±0.7	0.9±0.7	0.9±1.0	1.3±0.9	1.3±0.7
嗜碱性白细胞/%	0	0	0	0	0
淋巴细胞/%	77.7±3.5	76.0±3.6	76.4±3.5	76.8±6.1	74.9±4.2
单核细胞/%	1.7±0.9	1.5±0.8	1.2±0.8	0.4±0.6	1.4±1.0
总蛋白/(g/dl)	6.0±0.3	6.0±0.3	5.8±0.3	6.0±0.1	6.0±0.2
白蛋白/球蛋白	2.5±0.2	2.7±0.2	2.9±0.2	3.5±0.3	2.7±0.2
白蛋白/g/dl)	4.3±0.2	4.4±0.2	4.3±0.2	4.7±0.1	4.4±0.1
总胆红素/(mg/dl)	0.19±0.28	0.10±0.00	0.10±0.00	0.11±0.03	0.10±0.00
甘油三酸酯/(mg/dl)	44.2±11.1	56.3±14.6	45.7±16.1	55.9±10.9	38.6±12.9
总胆固醇/(mg/dl)	65.3±8.1	61.5±3.1	53.3±4.0	53.7±5.9	59.5±7.8

续表

项目	生育三烯酚				生育酚
	组 1(0%)	组 2(0.19%)	组 3(0.75%)	组 4(3%)	组 5(0.69%)
血尿氮/(mg/dl)	16.0±1.9	17.9±1.7	18.9±1.7	22.0±4.1	16.4±1.1
肌氨酸酐/(mg/dl)	0.27±0.05	0.26±0.05	0.26±0.05	0.30±0.00	0.22±0.04
钙/(mg/dl)	9.6±0.4	10.0±0.3	9.6±0.3	10.1±0.5	9.9±0.2
磷/(mg/dl)	5.8±0.4	6.0±0.3	5.4±0.4	5.0±1.1	5.8±0.2
钠/(mEQ/L)	142.5±1.4	142.2±0.6	141.2±1.1	142.3±1.4	142.3±0.9
钾/(mEQ/L)	4.5±0.2	4.3±0.3	4.4±0.4	4.6±0.4	4.4±0.3
氯/(mEQ/L)	103.3±1.3	103.8±0.8	104.2±0.6	104.5±2.1	104.6±1.3
天冬酰胺转氨酶(IU/L)	79.1±9.2	77.5±13.8	86.1±17.3	90.6±6.2	153.4±89.6
丙氨酸转氨酶(IU/L)	50.7±6.0	54.7±6.6	50.9±5.6	78.4±9.3	103.8±51.7
碱性磷酸酶(IU/L)	326.5±21.4	365.8±23.9	393.7±44.3	437.6±38.4	366.5±32.3

表 14-12　F344 系雌性大鼠喂食生育三烯酚 13 周，血液学及血清生物化学数据

项目	生育三烯酚				生育酚
	组 1(0%)	组(0.19%)	组 3(0.75%)	组 4(3%)	组 5(0.69%)
红细胞数/(10^4/μl)	870.7±37.0	862.4±27.7	859.7±23.1	852.4±30.7	891.0±30.2
血红蛋白浓度/(g/dl)	16.0±0.6	15.6±0.5	15.2±0.4	14.7±0.4	16.3±0.5
红细胞压积/%	43.6±1.7	43.2±1.3	42.7±1.1	41.9±1.4	44.5±1.5
平均红细胞容积/(FL)	50.1±0.3	50.1±0.2	49.6±0.2	49.2±0.5	50.0±0.5
平均红细胞血红蛋白含量/pg	18.3±0.2	18.1±0.2	17.7±0.1	17.2±0.3	18.2±0.2
平均红细胞血红蛋白浓度/(g/dl)	36.6±0.4	36.2±0.4	35.7±0.3	35.0±0.5	36.5±0.3
血小板/(10^4/μl)	75.9±7.4	79.1±5.2	78.0±2.5	74.3±5.0	77.5±3.1
白细胞数/(10^2/μl)	32.8±4.1	33.0±3.7	28.3±5.1	37.5±5.1	33.7±6.8
杆状白细胞/%	0.1±0.2	0.1±0.2	0.1±0.2	0.1±0.2	0.1±0.3
分叶白细胞/%	20.4±3.4	21.2±3.9	16.0±2.5	13.2±2.1	17.5±4.7
嗜酸性白细胞/%	1.1±0.7	0.8±0.5	0.9±0.2	0.5±0.6	0.6±0.6
嗜碱性白细胞/%	0	0	0	0	0
淋巴细胞/%	76.3±3.4	76.7±3.3	82.3±2.6	85.8±2.4	79.9±5.1
单核细胞/%	2.1±1.2	1.3±0.9	0.7±0.9	0.6±0.6	2.0±1.1
总蛋白/(g/dl)	5.9±0.2	5.9±0.2	5.8±0.2	5.8±0.1	6.1±0.2

续表

项目	生育三烯酚				生育酚
	组 1(0%)	组(0.19%)	组 3(0.75%)	组 4(3%)	组 5(0.69%)
白蛋白/球蛋白	3.2±0.2	3.1±0.3	3.3±0.2	3.7±0.2	3.1±0.2
白蛋白/(g/dl)	4.5±0.1	4.5±0.1	4.5±0.1	4.6±0.1	4.6±0.2
总胆红素/(mg/dl)	0.10±0.00	0.10±0.00	0.10±0.00	0.10±0.00	0.10±0.00
甘油三酸酯/(mg/dl)	13.4±2.4	17.5±4.6	14.8±2.5	29.1±6.0	12.8±3.9
总胆固醇/(mg/dl)	82.0±7.6	87.6±7.9	86.6±7.9	75.0±6.1	86.6±10.3
血尿氮/(mg/dl)	15.7±1.1	16.1±1.3	16.5±0.6	20.1±1.8	17.9±2.8
肌氨酸酐/(mg/dl)	0.29±0.03	0.25±0.05	0.29±0.03	0.27±0.05	0.30±0.00
钙/(mg/dl)	9.6±0.2	9.8±0.2	9.7±0.1	9.7±0.1	9.9±0.4
磷/(mg/dl)	5.4±0.4	5.6±0.2	5.5±0.4	5.8±0.4	5.6±0.7
钠/(mEQ/L)	144.5±1.0	143.9±0.9	143.4±0.8	142.2±1.0	144.2±0.8
钾/(mEQ/L)	3.7±0.2	3.9±0.3	4.1±0.2	4.5±0.2	3.8±0.3
氯/(mEQ/L)	106.8±1.1	107.6±1.0	107.4±0.8	107.0±0.8	106.6±2.8
天冬酰胺转氨酶/(IU/L)	80.8±6.7	70.3±3.2	78.0±5.2	97.7±8.4	71.6±5.1
丙氨酸转氨酶/(IU/L)	39.3±3.6	41.5±5.0	37.1±2.3	58.4±10.0	42.8±7.1
γ-谷氨酰转氨酶/(IU/L)	—	—	—	6.5±0.7	—
碱性磷酸酶(/IU/L)	256.4±29.5	276.0±33.2	278.7±22.2	413.5±31.9	282.0±34.1

表 14-13　大鼠喂食生育三烯酚 13 周，器官相对质量

项目	生育三烯酚				生育酚
	组 1(0%)	组 2(0.19%)	组 3(0.75%)	组 4(3%)	组 5(0.69%)
雄性					
体重/g	290.9±18.9	296.4±10.2	281.8±21.1	244.9±14.5	276.7±14.7
脑/(g/%)	0.66±0.04	0.65±0.02	0.68±0.04	0.77±0.04	0.68±0.04
心脏/(g/%)	0.34±0.10	0.30±0.01	0.30±0.01	0.32±0.01	0.30±0.01
胸腺/(g/%)	0.065±0.011	0.062±0.005	0.058±0.010	0.056±0.006	0.058±0.008
肺脏/(g/%)	0.331±0.015	0.319±0.025	0.318±0.017	0.349±0.016	0.312±0.013
肝脏/(g/%)	2.28±0.11	2.34±0.05	2.31±0.06	2.60±0.10	2.30±0.10
脾脏/(g/%)	0.20±0.01	0.19±0.01	0.19±0.01	0.21±0.02	0.19±0.01
肾上腺/(g/%)	0.011±0.001	0.013±0.001	0.013±0.002	0.016±0.002	0.012±0.002
肾/(g/%)	0.63±0.03	0.63±0.02	0.65±0.03	0.69±0.03	0.65±0.02
睾丸/(g/%)	1.05±0.05	1.04±0.03	1.04±0.03	1.14±0.06	1.10±0.07

续表

项目	生育三烯酚				生育酚
	组 1(0%)	组 2(0.19%)	组 3(0.75%)	组 4(3%)	组 5(0.69%)
雌性					
体重/g	149.8±8.8	154.2±8.1	152.6±8.9	145.3±6.7	164.5±5.6
脑/(g/%)	1.17±0.06	1.12±0.08	1.15±0.07	1.18±0.05	1.13±0.07
心脏/(g/%)	0.36±0.02	0.37±0.06	0.35±0.02	0.35±0.02	0.36±0.03
胸腺/(g/%)	0.104±0.012	0.107±0.009	0.098±0.012	0.100±0.008	0.107±0.008
肺脏/(g/%)	0.48±0.05	0.43±0.03	0.43±0.03	0.43±0.05	0.43±0.03
肝脏/(g/%)	2.27±0.09	2.20±0.07	2.22±0.05	2.44±0.10	2.47±0.14
脾脏/(g/%)	0.23±0.01	0.22±0.01	0.23±0.01	0.25±0.02	0.23±0.02
肾上腺/(g/%)	0.025±0.004	0.024±0.004	0.024±0.002	0.022±0.004	0.025±0.003
肾/(g/%)	0.67±0.03	0.68±0.03	0.69±0.03	0.70±0.03	0.68±0.03
卵巢/(g/%)	0.039±0.004	0.039±0.003	0.040±0.005	0.033±0.003	0.037±0.005
子宫/(g/%)	0.35±0.14	0.35±0.10	0.32±0.09	0.20±0.09	0.31±0.09

另外，Takahashi (1994)对大剂量的 α-生育酚、β-生育酚、γ-生育酚、δ-生育酚的出血毒性进行了研究，实验采用 SD 大鼠，剂量都为 0.5%，结果表明 4 个天然生育酚导致出血趋势为 α-生育酚＞β-生育酚＞γ-生育酚＞δ-生育酚。

Takahashi(1994)同时也对大剂量的辅酶 Q、β-胡萝卜素、维生素 A 及 L-抗坏血酸的出血毒性进行了研究。发现辅酶 Q-10 具有较强的出血毒性，而 β-胡萝卜素具有相对较弱的出血毒性。L-抗坏血酸不具有出血毒性，实际上它具有促进凝血的作用，但是，它对胃肠道及肾具有毒性。一些大剂量的抗氧化剂导致出血的研究如表 14-14 所示。

表 14-14　喂食相对大剂量导致出血或血凝结缺陷的抗氧化剂

抗氧化剂	参考资料
二丁基羟基甲苯	Takahashi, 1994; Hiraga, 1978a
叔丁基羟基茴香醚	Takahashi et al., 1985
2,4,6-三叔丁基苯酚	Takahashi and Hiraga, 1978b
4-叔丁基-2,6-二异丙基苯酚	Takahashi and Hiraga, 1980
2,6 -二叔丁基苯酚	Takahashi and Hiraga, 1978b
2,6-二叔丁基氢醌	Takahashi and Hiraga, 1978b
2,6-二叔丁基-4-羟甲基苯酚	Takahashi and Hiraga, 1978b
2,2′-亚甲基双(4-甲基-6-叔丁基苯酚)	Takagi et al., 1994; Takahashi and Hiraga, 1981
乙氧基奎宁	Takahashi and Hiraga, 1978b
N, *N*′-二苯基对苯二胺	Takahashi and Hiraga, 1978b

14.11　儿茶酚

已发现的儿茶酚(其化学结构见第 11 章，图 11-4)的功能包括抗氧化和抗衰老、抗菌、抗病毒、抗肿瘤、抗突变、抗过敏、防止放射线和紫外光伤害、抑制酵素活性、抑制胆固醇和血脂增加、抑制血糖上升、预防心血管疾病、消臭、改善肠道菌相、抗发炎、促进免疫力、预防龋齿、促进尿液中毒素排泄、改善痛风和关节痛等。在日本、欧洲和美国，儿茶酚已经进入商品化阶段，产品种类繁多。

但是，儿茶酚的安全性与毒性研究也不容忽视。研究发现，儿茶酚可以诱导仓鼠前胃增生，并且导致胃腺上皮细胞增生。根据沙门氏菌的诱变性实验结果，儿茶酚可以划分成为非诱导剂。Hirose 等(1999)发现儿茶酚对 F344 系大鼠胃腺上皮具有致癌性，持续给药剂量 0.8% 104 周，胃腺癌的发生率分别为雄性鼠 54%，雌性鼠 43%，而在 $B6C3F_1$ 系小鼠中只有雄性鼠出现腺瘤。Tanaka 等(1995)对儿茶酚的胃致癌性进行了研究。实验采用 Wistar、WKY、 Lewis 及 SD 4 种雄性大鼠。实验条件：温度(22±2)℃，相对湿度 55%±10%，通风频率＞15 次/h。每种大鼠都将分为 0、0.8%两个剂量组，持续给药 104 周。

结果发现，在 Wistar、Lewis 及 SD 大鼠中恶性胃损伤的发生率为 67%～77%，而在 WKY 大鼠中恶性胃损伤的发生率仅为 10%。但是在 WKY 大鼠中胃腺瘤的发生率为 100%，如表 14-15 所示(Tanaka et al.，1994)。因此，Wistar、Lewis 及 SD 大鼠在 0.8%剂量的儿茶酚作用下比 WKY 大鼠更易诱导产生胃腺癌，并且儿茶酚对 SD 大鼠前胃也有弱的致癌性。

表 14-15　雄性大鼠喂食儿茶酚后腺胃的组织病理变化

	种类	数量	各种病态大鼠数量(发生率%)				
			黏膜下层增生	腺瘤	腺癌	肉瘤	糜烂/溃疡
儿茶酚	Wistar	30	30(100%)	29(97%)	20(67%)	3(10%)	13(43%)
	WKY	30	30(100%)	30(100%)	3(10%)	0	22(73%)
	Lewis	30	30(100%)	29(97%)	22(73%)	3(10%)	21(70%)
	SD	30	30(100%)	30(100%)	23(77%)	0	24(80%)
对　照	Wistar	20	0	0	0	0	0
	WKY	20	0	0	0	1(3%)	0
	Lewis	20	0	0	0	0	0
	SD	21	0	0	0	0	0

14.12 其他抗氧化剂

O'Donoghue 等(1999)对苯二酚(HQ)的遗传毒性及抗遗传毒性进行了研究，实验采用 Swiss CD-1 雄性小鼠。结果发现，0.8%浓度的 HQ 也不能产生微核及骨髓减少，而 $KBrO_3$ 可在小鼠骨髓中诱导产生微核，并且 HQ 可以降低 $KBrO_3$ 所诱导产生的微核。表明 HQ 具有抗遗传毒性。

Shoji 等(2004)对苹果多酚提取物的安全性与毒性进行了研究，实验包括诱变性实验、急性毒性实验及 90 天亚慢性毒性实验。结果表明苹果多酚提取物在日常饮食水平下是安全的，不具有毒性。

Wong 和 Mclean(1999)对一些酚类抗氧化剂及类黄酮对 DNA 的合成作用进行了研究，结果显示一些酚类抗氧化剂对 DNA 的合成具有抑制作用，并且这些抑制剂对 DNA 的作用会因组织不同而作用效果发生变化。同时，并不是所有酚类抗氧化剂都会对 DNA 产生抑制作用，如咖啡酸(caffeic acid, 其化学结构请见图 14-1)及交拉克斯(trolox,一种维生素 E 的类似物)几乎对 DNA 的合成不具有作用。

综上所述，目前对于抗氧化剂的安全性及毒性研究存在不确定性，可能原因主要有以下几个。

(1) 实验动物或微生物的选择。例如，在对 BHA 的致癌性进行研究时，选择啮齿类动物是否合理并不确定，由于人体内不具有前胃器官，因而单凭啮齿类动物对于 BHA 的反应来判断 BHA 对人体的危害性并不很科学。另外，采用细胞实验是否合理也值得异议。动物实验的个体差异性对实验结果数据的可靠性有相当的影响。

(2) 实验条件的选择。实验当中条件的选择对实验结果有很大的影响。例如，对于动物实验，温度、相对湿度、通风频率、给药剂量、给药持续时间等都是饲养动物的重要参数。是否选择梯度给药剂量及确定最大给药剂量尤为重要。对于一般动物实验，给药时间需达到一定程度，如一般肿瘤常在两年半后出现，若缩短给药时间必然会影响结果的正确性。所以这些参数的选择对于实验结果有很大影响。对于细胞实验，培养基参数的选择对结果有很大影响。

(3) 分析指标的选择。在动物实验中应综合考虑分析血液学指标，尸验指标等，实验结果，以增加结果的可靠性。

不能单纯判断合成抗氧化剂的毒性，实际上有很多合成抗氧化剂具有抗癌性及其他营养特性。因而对于这些既有致癌性又有抗癌性的抗氧化剂应综合考虑。Williams 等(1999)曾提出按目前食品添加剂水平，BHA 及 BHT 不但不具有致癌性，反而会降低人类癌症的发生率，并具有其他潜在的健康作用。

总之，对抗氧化剂的安全性与毒性研究仍存在许多问题，基于人们对食品安全性的关注，在这方面的研究必然具有广阔的空间。

参 考 文 献

Blaszczyk A, Osiecka R，Skolimowski J. 2003. Induction of chromosome aberrations in cultured human lymphocytes treated with ethoxyquin. Mutation Research, 542: 117-128.

Botterweck A A M, Verhagen H, Goldbohm R A, et al. 2000. Intake of butylated hydroxyanisole and and butylated hydroxytoluene and stomach cancer risk: result from analyses in the Netherlands cohort study. Food and Chemical Toxicology, 38: 599-605.

Christian M S, Schulte S, Hellwig J. 2003. Developmental (embryo-fetal toxicity/teratogenicity) toxicity studies of synthetic crystalline lycopene in rats and rabbits. Food and Chemical Toxicology, 41: 773-783.

Hirose M, Takahashi S, Ogawa K, et al. 1999. Phenolics: blocking agents for heterocyclic amine-induced carcinogenesis. Food Chem Toxicol, 37(9-10): 985-992.

Ito N, Haglwara A, Shibata M, et al. 1983. BHA carcinogenic in rats: induction of squamous cell carci-noma in the forestomach of f344 rats treated with butylated hydroxyanisole (rapid communication). Food and Chemical Toxicology，20(6): 971-972.

Ito N, Hirose M, Kurata Y, et al. 1984. Induction of forestomach hyperplasia by crude butylated hydroxyanisole, a mixture of 3-tert and 2-tert isomers, in Syrian golden hamsters is due to 3-tert-butylated hydroxyanisole. The Japanese Journal of Cancer Research, 75(6): 471-474.

Lambert J D, Zhao D, Meyers R O, et al. 2002. Nordihydroguaiaretic acid hepatotoxicity and detoxification in the mouse. Toxicol, 40: 1701-1708.

Lutz U, Lugli S, Bitsch A, et al. 1997. Dose response for the stimulation of cell division by caffeic acid in fore stomach and kidney of the male F344 rat. Fundamental and Applied Toxicology, 39: 131-137.

Mellert W, Deckardt K, Gembardt C, et al. 2002. Thirteen-week oral toxicity study of synthetic lycopene products in rats. Food and Chemical Toxicology, 40: 1581-1588.

Nakagawa Y, Moldeus P, Moore G A. 1996. Relationship between mitochondrial dysfunction and toxicity of propyl gallate in isolated rat hepatocytes. Toxicology, 114: 135-145.

Nakagawa Y. 1996. Effects of dicoumarol on cytotoxicity caused by tert-butyl-hydroquinone in isolated rat hepatocytes. Toxicology Letters, 84: 63-68.

Nakamura H, Furukawa F, Nishikawa A, et al. 2001. Oral toxicity of a tocotrienol preparation in rats.